U0157692

忧伤与欢愉

罗西与斯卡帕的建筑对话

青 锋 著

中国建筑工业出版社

送给青铜与青禾

前　言

Foreword

这本书诞生于疑惑。

从学生时代开始，阿尔多·罗西、卡洛·斯卡帕的作品就令我着迷也感到疑惑：是什么样的品质让它们如此动人？我又为何会被这些品质所吸引？在此前的几年中我分别针对这两位建筑师的作品展开了一些研究，相关成果陆续发表在《关于死亡与建筑的片段沉思》《经由希腊来到威尼斯的拜占庭人——卡洛·斯卡帕与维罗纳古堡博物馆》《视觉逻辑的呈现——对卡洛·斯卡帕的奎里尼·斯坦帕尼亚基金会小桥扶手的设计解读》等文章之中。在研究过程中我逐渐意识到，在特定的阐释角度下，他们两人的作品之间可以建立起一种联系，围绕着死亡的议题展开。是两位出色的哲学家，大卫·库珀（David E. Cooper）与朱利安·杨（Julian Young）对海德格尔哲学理论的清晰阐释，让我看到了这种联系的可能性。此外，我对意大利画家德·基里科以及德国哲学家汉斯·约纳斯的作品与著作的阅读，也帮助我更深入地理解了这种联系。所以，我进行了一些初步的尝试，完成了一篇名为"忧伤与欢愉：圣卡塔尔多公墓与布里昂墓园"的论文，首先在西安建筑科技大学举办的"2019年第八届世界建筑史教学与研究国际研讨会"上宣读，经过进一步调整之后发表于清华大学建筑学院主办的刊物《建筑史学刊》第一期之上。

那篇文章也是这本书的雏形。深感这样复杂的问题很难在一篇文章的篇幅中说明，我决定将其扩展成为一本单独的书，并且将更多的此前完成的研究成果纳入其中，以求更全面地解析相关议题。所以，这本书中除了涵盖了上述文章的内容之外，还包含了我在其他一些文章中论及的相关内容。非常感谢《建筑学报》《世界建筑》《时代建筑》《建筑师》以及《建筑史学刊》等杂志允许我重新使用这些文章的内容。此外，这些文章很多都被编入了我之前出版的三本文集《在托斯卡纳的阴影中》《评论与被评论》《飞翔的代达罗斯》之中。也要感谢这三本书的出版方，江苏人民出版社与中国建筑工业出版社同意我在本书中使用其中的部分内容。

很多人需要感谢。中国建筑工业出版社的老朋友易娜为这本书的出版付出了巨大的努力。我的五位博士生，鞠鹤宁、王惠、叶征冰、高乐桐、王钰坤为书稿提供了细致的校对。施鸿锚、张钰淳、杨澍、杨恒源、唐其桢、何欣冉、杨一钒慷慨地提供了他们拍摄的罗西与斯卡帕作品的照片，部分用于此书之中。还要感谢Wikimedia Commons网站的无私贡献者们，他们分享的大量开放版权文件让我们得以充实本书的图像资料。意大利阿尔多·罗西基金会同意本书使用部分阿尔多·罗西的绘图，他们也为本书提供了图像资源。清华大学教学改革项目以及清华大学建筑学院为本书出版提供了经费上的支持。

最后，还要感谢家人们的支持与鼓励，尤其是青铜与青禾两个孩子，他们让我更深切地感受到生命的可贵。

青锋
2022年5月24日
于海淀西王庄

目　录

Contents

引　子

Prologue

1978年的夏季，意大利建筑师卡洛·斯卡帕（Carlo Scarpa）（图1）在西班牙马德里作了一个名为《一千棵柏树》（*A Thousand Cypresses*）的讲座。在讲座中，斯卡帕较为详细地谈到了他的几个设计作品。对卡洛·斯卡帕有所了解的人会知道，这是一件不同寻常的事情。

对于今天的建筑师来说，面向公共介绍自己的作品与思想是必不可少的环节。一名知名建筑师可能在一年内要作数十次这样的讲座，让更多的人了解自己的工作及其价值。在很大程度上，是勒·柯布西耶（Le Corbusier）开启了这样一个当代传统：一个重要的革新者不仅要有杰出的作品，还应该有强大的传媒宣传，利用讲座、采访、出版、展览塑造自己的先锋形象，奠定自己在建筑界的领导性地位。

但斯卡帕显然不属于这一个传统，甚至可以说是站在了这一传统的反面。他没有出版过书籍，也没有留下多少文字，由他的同事，著名意大利历史学家弗朗西斯科·达尔·科（Francesco Dal Co）编辑出版的《卡洛·斯卡帕：作品全集》（*Carlo Scarpa, The Complete Works*）仅仅收录了一篇斯卡帕参与撰写的文章，[①]那还是一篇由5位青年建筑师共同署名的信件——《威尼斯理性主义者的信》（*Letter of the Venetian Rationalists*）。撰写这封信时（1931年5月13日）斯卡帕仅仅24岁，他的建筑创作活动基本上还没有展开。所以这封信件除了体现出年轻人对仍然处于激烈论战中的现代建筑的热情支持之外，无法告诉我们太多后来成为建筑师的卡洛·斯卡帕的讯息。除此之外，达尔·科的书里收录的其他来自于卡洛·斯卡帕的文字都转录自斯卡帕的录音，而这也仅仅只有4篇，一篇《家具》（*Furnishings*）是他在自己所任教的威尼斯建筑大学（Istituto Universitario di Architettura di Venezia，IUAV）1964年开学典礼上的讲话，一篇《建筑能成为诗吗？》（*Can architecture be poetry?*）是他1976年11月16日在维也纳美术学院的发言，第三篇就是前面提到的《一千棵柏树》，而第四篇则是一位记者在1978年5月采访他的实录。

① FRANCESCO DAL CO, GIUSEPPE MAZZARIOL, CARLO SCARPA. Carlo Scarpa: the complete works[M]. New York: Electa/Rizzoli, 1984.

图1

图1

卡洛·斯卡帕

[Mario De Biasi（Mondadori Publishers）, Public domain, via Wikimedia Commons]

在三篇斯卡帕自己独立完成的发言中，《一千棵柏树》是最长的，翻译成中文的话可能有3页，其他两篇都只有1～2页。而且只有在《一千棵柏树》中，斯卡帕直接谈论到他自己的作品，其他两篇则是关于“实体”与“诗”这样抽象和模糊的主题。这种特殊情况，使得《一千棵柏树》变得不同寻常。几乎任何一篇严肃的斯卡帕研究论文都不可避免地要引用这篇文章，学者们千方百计地试图从这篇简短文献的只言片语中“榨取”出解读斯卡帕建筑内涵的线索。斯卡帕也的确创造了这样的机会，他的文字平淡而简短，有时缺乏连贯，具有强烈的散文气质。但其中的很多语句有着毋庸置疑的深度，尤其是结合他的创作以及建筑理论传统一起来看的话。

为何来自卡洛·斯卡帕的文献会如此稀少？是学者们没有很好地整理和发现他的著述，并给予发表吗？这种可能性似乎不大。作为优秀的历史学家，而且又是斯卡帕在威尼斯建筑大学的同事，我们有充分的理由相信弗朗西斯科·达尔·科有令人信赖的能力与资源来编辑这本《卡洛·斯卡帕：作品全集》。这本书中汇集了极为充沛的斯卡帕设计作品的资料，从草图到图纸，提供了极为翔实和全面的设计信息。除此之外，达尔·科还邀请了从曼弗雷多·塔夫里（Manfredo Tafuri）到拉斐尔·莫内欧（Rafael Moneo）等17位学者撰写评论与分析文章。这样富有雄心的书籍，不太可能将最重要的史料——斯卡帕自己的文字排除在外。而且在注释中，编纂者还特意强调了只有第一篇信件是斯卡帕直接的文字作品，他们还就录音转录所带来的文字上的错漏和碎片化而道歉。我们当然有理由期待还有其他出自斯卡帕的文字作品被发现。但事实上，自1984年这本书出版以来，我们至今也没有看到这样的发现公诸于众。[①]在一段纪录片片段中，斯卡帕曾经说道：“在我去世之前，我想出版一本小册子，用尽所有我赚的钱。因为我不是爱钱的人，我不在乎。”[②]很遗憾，斯卡帕的话没有变成事实，或许是他的突然离世阻止了这个愿望的实现。我们最终没有看到一本斯卡帕自己写作的书。所以，对于本段开头所提

① 弗朗西斯科·达尔·科提到了斯卡帕编过一本关于布里昂墓园设计的小册子，作为礼物送给女业主奥诺里娜·布里昂夫人（Signora Onorlna Brion）。但是达尔·科并没有将这本小册子的内容纳入《卡洛·斯卡帕：作品全集》之中。

② CRESCENTE INTERNI 1939. Cassina Simoncollezione Carlo Scarpa. Youtube, 2014.

出的问题的可能答案是，斯卡帕的确很少写文章或者做公开讲座，正是在这个意义上，他站在了勒·柯布西耶所开启的重视自我宣传的明星建筑师传统的对立面。

针对这一现象，斯卡帕做过稍许解释。他在1964年威尼斯建筑大学开学典礼上的讲话是这样开始的："任何认识我的人都会理解我现在的感受，在公众面前讲话对于我来说始终是一种折磨。甚至在每节课开始之前，我都会感到某种恐惧。这是一种我永远不会克服的失败。"[①]斯卡帕没有解释他为何会有这样的倾向，但至少部分解释了他的文献稀少的原因。是"折磨"与"恐惧"让他不愿意做太多的公开发言。如果将公开发表的文字视为另一种公共发言的话，斯卡帕也"成功"地回避了这种场景。古希腊哲学家柏拉图在他的《斐德罗篇》（*Phaedrus*）与《斐多篇》（*Phaedo*）中讨论了语言与文本谁更有利于真理的传递，他的结论是更倾向于语言，因为语言更为直接、更为真实。有趣的是，斯卡帕似乎同时拒绝了语言与文本，但这并不意味着斯卡帕拒绝了真理。1972年，在斯卡帕就任威尼斯建筑大学校长之时，他的大学主入口设计也最终得以实施。在大门的石壁上，镌刻着斯卡帕从18世纪威尼斯哲学家詹巴蒂斯塔·维柯（Giambattista Vico）那里摘录来的短语"*Verum Ipsum Factum*"，大概可以翻译为"真理就是被造就的东西"（图2）。在他的指引下，这个短语也被印制在威尼斯建筑大学的毕业证书中。斯卡帕避开了"折磨"与"恐惧"，仅仅给我们留下了只言片语，但是通过另一种途径告诉我们他所认为重要的东西，那就是"造就"，制作器皿、家具、装置，乃至于建筑。在斯卡帕看来，这是他的方式，一个建筑师的方式。

正是这个特殊的背景，让《一千棵柏树》变得不同寻常。他以极为罕见的方式，相对"深入"地谈论了自己所设计的位于意大利圣维托达尔蒂沃勒（San Vito di Altivole）的布里昂墓园（Tomba Brion），以及他对这个设计的看法。之所以被命名为"一千棵柏树"，是因为斯卡帕想为布里昂墓园栽种一千棵柏树，那么在很多年后，这些树会形成一个自然

① CARLO SCARPA. A thousand cypresses[M]//CO & MAZZARIOL. Carlo Scarpa: the complete works. New York: Electa/Rizzoli, 1984: 282.

公园，一个“自然事件”（natural event）。斯卡帕认为，这个“自然事件”显然会优于自己的建筑设计，以至于在布里昂墓园完成时，一个熟悉的场景再次发生，斯卡帕说道：“我当时在想：‘亲爱的我，我完全做错了。’”在意大利，柏树是墓地中常常栽种的植物，斯卡帕也的确在通向布里昂墓园的大道两侧栽种了两行柏树。将近50年后，这些树已经变得非常高大，虽然没有“一千棵柏树”那么壮观，也多少具备成为一个“自然事件”的品质。

在这个开头之后，斯卡帕继续谈论被认为“完全做错了”的布里昂墓园。就像前面提到的，随后的几段话，是他留下的资料中几乎绝无仅有的对自己作品的细节说明，如水池、石材、模数等。其中有一段话尤其重要，他说道：“这是唯一一个我带着欢愉去看的作品，因为我感到我按照布里昂家族希望的方式抓住了乡村的感觉。所有人都喜欢去那里——孩子们在玩耍，狗在周围奔跑——所有的墓地都应该这样。实际上我曾经为摩德纳设想了一个很有意思的墓地设计。”[①]在我看来，斯卡帕提供了一个关键性的线索，提示我们应该怎样去看待布里昂墓园这个作品。他的观点很明确，这是一个“欢愉”的作品，“孩子们在玩耍，狗在周围奔跑”，“所有人都喜欢去那里”，而建筑师本人也会“带着欢愉去看”这个作品，这也是唯一一个让他怀有这种情绪的作品。一个墓地如何是“欢愉”的，因为什么会感到“欢愉”，这种“欢愉”又具有什么样的内涵与意义，它与“死亡”有什么样的关系？这些问题是这本书想要解答的核心问题，不过要到书的后半部分才会直接面对这个项目和这些问题。现在要关注的是这段话中的最后一句：“实际上我曾经为摩德纳设想了一个很有意思的墓地设计。”

在这里，斯卡帕提到了他为意大利城市摩德纳设想了一个墓地的设计，与布里昂墓园有类似的特征。这很可能是指摩德纳市政府在1966年向斯卡帕提出的，邀请他设计城市公墓的项目。起初，当地政府请斯卡帕为市中心摩德纳大教堂（Duomo di Modena）旁的教堂广场（Piazza del

① CARLO SCARPA. A thousand cypresses[M]//CO & MAZZARIOL. Carlo Scarpa: the complete works. New York: Electa/Rizzoli, 1984: 286.

Duomo）提供设计。斯卡帕依照人们在雪地上走过留下一道道足迹的理念，在广场上铺砌出一道道不同走向的道路。不过这个出色的理念最终没有实现，其中一个原因是斯卡帕的工作方式很难与政府机构所要求的时间节点相契合，他常常错过提交日期。同一时期，摩德纳市政府也请斯卡帕为现有城市公墓的扩展提供方案。《卡洛·斯卡帕：作品全集》提供了关于这个项目的片段信息。最初，斯卡帕提出在现有公墓的地下挖掘形成地下墓室，从而将公墓面积扩大一倍。很显然，斯卡帕想用这个方案指涉古罗马时代基督徒们的地下墓穴（catacomb）。因为受到罗马帝国的压制，基督徒们只能在地下室中隐秘地举行宗教仪式，地下墓穴也成为基督徒的最终归宿。随后我们会看到，同样的理念也被运用在稍后一点的布里昂墓园的设计之中。在这个方案之后，斯卡帕还提出过另一个想法，这次是在地面上建造二层建筑，斯卡帕的草图显示出一组曲面墙体形成波浪般的起伏状态，但这并不足以让我们辨识出设计的真实面貌。同样是因为错过时间节点，以及与摩德纳市政府的紧张关系，斯卡帕的这个设计也没有能够推进。摩德纳市市长在1969年2月24日发给斯卡帕的信件为这个项目画上了句号。

我们并没有确凿的证据证明斯卡帕在《一千棵柏树》中提到的摩德纳墓地就是这个项目。一些因素可以支撑这样的判断：他所使用的过去时时态可能是指摩德纳的设计实际上早于布里昂墓园，我们也提到地下墓穴的概念在两个项目中都有使用，以及《卡洛·斯卡帕：作品全集》中并没有记载任何其他与摩德纳有关的墓地设计。即使不是，我们也可以确认的是，斯卡帕曾经在1966年为摩德纳公墓的扩建提供过初步的设计方案，只是最终未能继续推进下去。

不过，这并不是这个项目的终点。摩德纳市政府不得不解决公共墓地不足的问题，所以在1971年他们举行了一次设计竞赛，要求在原有摩德纳公墓的一旁设计新的城市公墓。这次竞赛的获胜者是阿尔多·罗西（Aldo Rossi）与吉安尼·布拉吉埃里（Gianni Braghieri）（图3），他们提交了一个名为“天空之蓝”（*L'Azzurro Del Cielo*）的方案，这个名字来自于法国作家巴塔耶（Georges Bataille）的同名小说《天空之蓝》（*Le Bleu*

图2

图3

图2

斯卡帕设计的威尼斯建筑大学校门

（Jean-Pierre Dalbéra, CC BY 2.0 <https://creativecommons.org/licenses/by/2.0>, via Wikimedia Commons）

图3

阿尔多·罗西

（Unknown author, Public domain, via Wikimedia Commons）

du Ciel）。在经过了第二轮竞赛与局部修改之后，罗西与布拉吉埃里的方案投入实施，最终成果是今天已经广为人知的摩德纳圣卡塔尔多公墓（San Cataldo Cemetery）。

这一线索将布里昂墓园与圣卡塔尔多公墓、卡洛・斯卡帕与阿尔多・罗西联系起来。相比于斯卡帕以及布里昂墓园，阿尔多・罗西以及圣卡塔尔多公墓实际上更为知名。在斯卡帕开始参与摩德纳公墓项目的1966年，罗西撰写的《城市的建筑》（*L'architettura della città*）在意大利出版。那时的罗西35岁，比斯卡帕小25岁。他在自己的母校米兰理工大学建筑系任教。虽然罗西早年在建筑杂志*Casabella-Continuità*担任编辑时发表了一系列文章，让他在意大利的建筑界有了一定的名声，但总体看来他仍然是一个缺乏影响力的年轻学者。《城市的建筑》的出版也没有带来直接的改变，这本书直到1982年才由彼得・艾森曼（Peter Eisenman）所主持的纽约建筑与城市研究所（Institute for Architecture and Urban Studies）翻译出版。帮助罗西从籍籍无名的状态转变为世界知名建筑师的关键因素之一，正是摩德纳的圣卡塔尔多公墓项目。这个项目从1976年开始建造，迄今为止也只完成了罗西最初设计的一小半。原设计中的很多独特元素，如三角形的行列墓室以及圆锥形的塔都还没有建造，也不清楚摩德纳市政府是否希望将这个项目继续推进下去。即便如此，在1971年的竞赛之后，罗西与布拉吉埃里的“天空之蓝”方案就开始不断出现在*Controspazio*、*Casabella*，以及*Oppositions*等杂志上。除了常规建筑图之外，罗西以“天空之蓝”方案为基础创作的一系列建筑绘画作品，也为这个项目的传播提供了巨大的推动力。逐渐地，圣卡塔尔多公墓方案的地位发生了变化。它从意大利北部小城的普通公共建筑项目，转变成了一个世界瞩目的建筑现象。在后来的建筑史叙事中，它的出现标志着一个学派的诞生，那就是以阿尔多・罗西为代表的“新理性主义”（Neo-rationalism）建筑。更早之前出版的《城市的建筑》也开始受到重视，它与圣卡塔尔多公墓分别被视为“新理性主义”学派的理论与实践典范。它们的重要价值在于，一个不同于现代主义主流范式的新思潮出现了，它们将第二次世界大战之后对现代主义的反思与批判带向了一个新的高度，似乎昭示了一个新的建筑时代即将来临。

毫无疑问，圣卡塔尔多公墓是阿尔多·罗西建筑生涯中最为重要的作品，也被认为是最能体现他经典理论特色的作品。有趣的是，在很多学者看来，布里昂墓园也是卡洛·斯卡帕最具代表性的作品。这两个看似并无关联的项目，经由斯卡帕的《一千棵柏树》联系了起来。两位都是杰出的意大利建筑师，都有自己独特的设计语汇，都和意大利历史传统有密切的关系，都与现代主义的主流相去甚远。但是，与这些相似点并存的是两人作品之间的巨大差异，如布里昂墓园与圣卡塔尔多公墓之间的差异。这种特殊的关系带来一个值得思考的问题。除了机缘巧合之外，我们还能在斯卡帕与罗西之间，在布里昂墓园与圣卡塔尔多公墓之间看到其他什么联系，能否在这些联系中发现新的线索去帮助我们理解两位建筑师的作品与思想，能否通过这些讨论去触及那些更为深刻的建筑理论问题？

本书的写作目的，就是尝试着对这些问题给予肯定的回答。我将试图结合两位建筑师的文献、作品、关联性的阐释以及相关艺术与哲学理论，提出这样一个观点：我们可以虚构出这样一个对话，罗西的圣卡塔尔多公墓提示出一个极富深度的问题——如何面对死亡，而斯卡帕的布里昂墓园则为这个问题提供了一种富有哲学深度的解答。

之所以称之为“虚构”，是因为这只是想象的对话，而且布里昂墓园的设计也要早于圣卡塔尔多公墓，所以不可能是真正意义上的回答。不过，一个重要的史实是，阿尔多·罗西在1975年接受了威尼斯建筑大学的教职，成为这所大学的教授，也就是说成为了斯卡帕的同事。在共事之时，他们有什么样的交流，是否谈论了摩德纳项目或者布里昂墓园，他们分别对对方的建筑有什么样的理解与感受？这些当然都是令人感兴趣的话题。遗憾的是，似乎没有什么资料告诉我们与这些话题有关的任何情况，斯卡帕似乎没有提到过罗西，而罗西在他1981年出版的另一部重要著作《一部科学的自传》（*A Scientific Autobiography*）中也没有提到斯卡帕。1978年卡洛·斯卡帕因意外去世，或许在之前的三年共事期间，他们真的没有多少机会进行深入交流，那么关于摩德纳公墓和布里昂墓园对话只能停留在“虚构”的层面。

但建构这一“虚构”问答的目的当然不仅仅是为了戏剧性，而是通过这一问题触及建筑理论最为深层次的意义问题。在我看来，两位建筑师的作品以震慑人心的方式向我们揭示这一问题所带来的困境，以及走出困境的希望。从这个视角看去，对他们作品的分析不仅有助于理解两位建筑师，也将有助于对普遍性建筑理论根基的思考，这也是本书作者在两位建筑师身上看到的最重要的价值。

在以下的篇章中，我将逐步解析罗西如何提出这个问题，而斯卡帕是如何做出回应的。为了有助于更充分地解释和展现相关问题的广泛内涵，我还将借用对画家乔治·德·基里科（Giorgio de Chirico）形而上学绘画的分析来说明罗西作品的特色。在本书的后半部，我还将借用德国哲学家马丁·海德格尔（Martin Heidegger）的理论来解释斯卡帕作品的独特内涵。我希望将这些人物以及他们的作品与观点编织成一个具有整体性的故事，引导我们走向建筑深处。

1

死者的城市

A city of the dead

首先，让我们从圣卡塔尔多公墓谈起，看看可以从这个项目中发掘出什么样的问题。

未完成的公墓

摩德纳市政府在1971年11月举行了设计竞赛，次年6月宣布罗西与布拉吉埃里赢得了竞赛。值得注意的是，在竞赛评委中一位是保罗·波多盖希（Paolo Portoghesi），罗西在米兰理工大学建筑系的同事，另一位是卡尔罗·艾莫尼诺（Carlo Aymonino），他与罗西一同完成了米兰加拉雷特西区（Quartiere Gallaratese）社会住宅的设计。这并不是说私人关系对结果产生了影响，但可以在一定程度上说明为何罗西独特的方案能在其他一众具有明显现代主义特色的方案中被选中。波多盖希与艾莫尼诺不仅熟知罗西的理论观点，也在很大程度上认同这些观点。

罗西与布拉吉埃里的获胜方案主体是一个边长320m×175m的长方形院落，四周由两层高的存放遗体的墓室环绕而成（图1-1）。这个院落的直接来源是旁边的老公墓。建造于19世纪的老公墓由摩德纳本地建筑师切萨雷·科斯塔（Cesare Costa）设计，采用了当时常见的长方形院落布局，沿边是墓室建筑，中间的院落用于安放独立坟墓。罗西与布拉吉埃里所设计的院落与科斯塔设计的院落尺寸与比例几乎完全一样，它们齐整地并排站立着，中间则是一个小一些的方院，是当地的犹太人墓园。这片犹太墓园原来偏居一隅，在扩建之后反而成为新旧公墓综合体的中心轴线。不同于老公墓将院落中心的空地用于独立坟墓的做法，罗西将独立墓地布置在院落两侧，中心轴线上则由北向南依次放置了一个锥塔、一组呈三角形的行列建筑、一个U形的线性建筑，以及一个完整的立方体。起初，罗西与布拉吉埃里在墓地院落地面之下还设计了2.5km长的墓穴廊道，但在随后的调整之中去除了。竞赛之后，项目没有立即开工，而是进行了数年的调整。直到1976年，罗西的最终方案才获准通过，并且开始建造。相比于竞赛方案，最终实施方案保留了最主要的特点，如方院、中心轴线上的锥、三角形建筑、U形建筑、立方体。较大的改动是

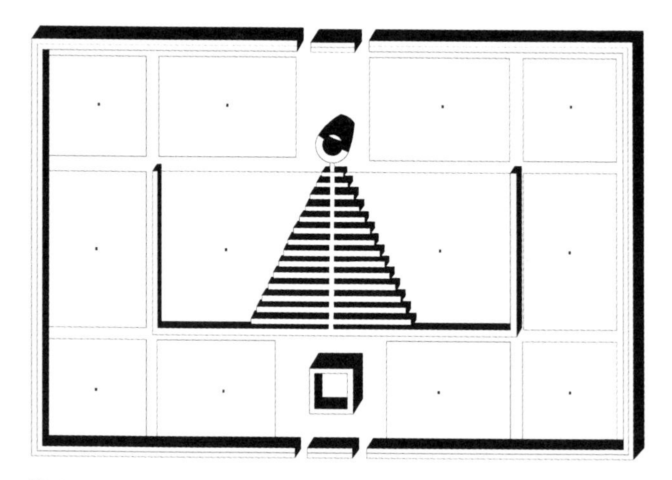

图1-1

图1-1

圣卡塔尔多公墓中标方案主体平面

（本书自绘）

院落边缘上的两层建筑被提高到三层，最北侧那条边的建筑被一道墙所替代。作为补充，在新扩建院落与犹太墓地之间添加了一道南北向的墓室建筑，与原设计的东侧边缘共同形成了一条街道般的长廊（图1-2）。在本书出版的2022年，罗西的方案仍然处于未完成的状态。院落东边、南边的建筑，以及北墙都已完成，西边的建筑只完成了南侧的三分之一，使得院落仍然处于未封闭状态。新添加的南北走向的墓室建筑也已完工，但最重要的中心轴线上只有立方体完成了建造，U形建筑只完成了东侧的一半，而更靠北的三角形行列建筑以及锥体则完全没有开建（图1-3）。

圣卡塔尔多公墓这种未完成的状态与它在当代建筑史中的重要地位并不相称。几乎每一篇讨论罗西的文章都会提到这个项目，但它们讨论更多的是通过图像与文字传递的罗西的方案，而不是最终建成的建筑。这是因为绝大部分文章关注的是罗西的理念，或者说他以城市、纪念物、类型、集体记忆、相似性等核心观念建构起来的新理性主义建筑理论。从这一角度看，圣卡塔尔多公墓的重要性与其说是建筑自身，不如说是作为罗西建筑理论的印证。1966年出版的《城市的建筑》是罗西最重要的建筑理论著作，他一系列的重要观点都凝聚在这本书中。在很多研究者眼中，圣卡塔尔多公墓就是《城市的建筑》这本书的建筑说明，重要的是从公墓的设计中找到与罗西建筑理论的对应物——我们将会谈到，这种对应是普遍存在的，从而证明理论与实践的相互映射，至于这些设计最终是否得以建造反而变得不那么重要。这种做法实际上是从理论解析的视角去看建筑，最终目的是指向理论，而不是建筑物。它会出现在有着特定理论关切的时刻，如彼得·艾森曼就曾经将自己的建成作品称为“建造完成的模型”，因为模型已经体现了理论思辨的成果，已经实现他的理论关切，而建造仅仅是将概念模型放大成为实体构筑物。

《城市的建筑》

在这种模式下，以《城市的建筑》这本书的视角去看待和分析圣卡塔尔

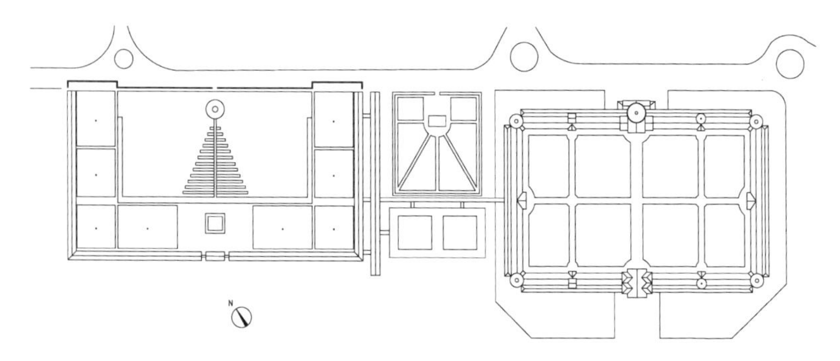

图1-2

图1-3

图1-2

实施方案平面图，右侧为老公墓

（本书自绘）

图1-3

建成的圣卡塔尔多公墓

（Massimo Alberici, CC BY-SA 3.0 <https://creativecommons.org/licenses/by-sa/3.0>, via Wikimedia Commons）

多公墓成为最为常见的路径。要理解这个路径，我们需要先了解《城市的建筑》一书的主要观点。这本书是罗西青年时代理论探索的重要总结。虽然直到1981年该书的英文版出版，进而才被更多的学者所了解，但很多人仍然将它的意大利文版本出版的1966年视作当代建筑史上一个重要的转折点。这是因为同样在1966年出版的还有美国建筑师与理论家罗伯特·文丘里（Robert Venturi）的著作《建筑的复杂性与矛盾性》（*Complexity and Contradiction in Architecture*）。在今天的理论史主流叙述中，这两本书分别代表了20世纪60～70年代兴起的两大建筑思潮——后现代建筑与新理性主义建筑。而在更大尺度的理论图景中，这两个思潮的出现又代表着对现代主义的批评走向巅峰。在很多方面，它们都站在了主流现代主义的对立面，如后现代建筑的复杂性与矛盾性，以及新理性主义对历史和类型的强调。

对主流现代主义的批评，显然是阿尔多·罗西撰写《城市的建筑》的目的之一。他的矛头直接指向了“幼稚功能主义”（naive functionalism）。这本书第一章的第四小节就直接被命名为“对幼稚功能主义的批判”。罗西解释道，他要拒绝的并不是“功能”概念本身，而是那种认为“功能带来的形式，并且构成了城市人造物与建筑”的观点。简单地说，罗西所指的“幼稚功能主义”就是指“形式追随功能”（form follows function）的观点。“形式追随功能”出自于美国建筑师与理论家路易斯·沙利文（Louis Sullivan）的《从艺术的角度考虑高层建筑》（*The Tall Office Building Artistically Considered*）一文。沙利文的理论有着强烈的浪漫主义色彩，他的原文“形式总是追随功能”（form ever follows function）其实并不是想强调功能。就像生物的器官具备某种形态，对应于特定的功能，这是生物这个整体具有活力的标志。所以对于浪漫主义者沙利文来说，建筑也是某种具有活力的事物，建筑的功能与形式都是这种活力的表现，“形式总是追随功能”说明了具有活力的建筑是一个像生物一样的整体。沙利文想强调的不仅仅是满足功能，而是建筑的功能与形式应该成为一个整体，来展现建筑物的“活力”，所以他才强调高层建筑一定要表现向上的力量，因为这就是高层建筑的“活力”。很显然，是否要表现向上的力量与常规的功能概念并没有直接的关联。遗憾的是，沙利文建筑理论的哲学内涵被后续的现代建筑追随者们遗忘了，“形式追随功能”这个短语被单独切割了出来，失去了语境与文脉之后，这个短语反倒变成了“功能决定论”，仿佛功能是建筑唯一的决定性要素，这实际上已经走到了沙利文浪漫主义理论的对立面。

这样的状况在第二次世界大战后现代建筑的快速扩散与发展中时常发生。勒·柯布西耶、密斯·凡·德·罗（Mies van der Rohe）等现代建筑大师的作品被大量模仿，他们的建筑语汇被树立为某种教条，不加限制地运用在住宅、办公楼、剧院以及学校之中。他们的建筑思想中那些丰富和微妙的哲学内涵被抛弃了，在拙劣而敷衍的模仿中被简化成为罗西所称的“幼稚功能主义”。

罗西反驳“幼稚功能主义”的方式是回到现实。不是从抽象的功能原则出发断定建筑应该怎么样，而是去观察现实中的建筑到底是怎么样的。意大利独特的现实是，绝大多数的建筑都位于城市或者小城镇中，而且这些市镇基本上都有悠久的历史，保存了较为完整的历史格局，大量的历史建筑仍然用于日常生活。城市的历史发展，对城市中建筑的形成与演变有着至关重要的作用。罗西将这本书命名为“城市的建筑”的原因，就是着眼于意大利传统中建筑与城市的密切关系，而不是像“幼稚功能主义”那样将建筑看作孤立的个体。

这样的命名也意味着，罗西写的不只是一本关于建筑的书，同时也是一本关于城市的书。在内容与篇幅上，这两部分在书中的占比基本上不相上下。罗西实际上同时在建筑与城市两个层面对抗“幼稚功能主义”。在建筑层面是对抗功能决定论，而在城市层面是对抗以《雅典宪章》为代表的“功能城市”观点。在勒·柯布西耶、希尔伯塞默（Ludwig Hilberseimer）等现代主义城市规划先驱看来，传统城市是拥挤、混乱、肮脏和低效的，缺乏理性的规划。新的现代城市应该按照《雅典宪章》的原则区分出工作、休闲、居住等不同的功能区，然后以快速道路交通体系加以连接。勒·柯布西耶的“三百万人现代城市规划”以及“光辉城市”规划方案都是基于这样的功能主义立场。而最为激进的可能是他

1925年完成的巴黎瓦赞规划（Plan Voisin）。他将塞纳河北岸的巴黎历史城区完全抹去，代之以规整排布的笛卡儿式摩天楼。这体现了笛卡儿在《方法论》（*Discourse on the Method*）一书的开篇中所谈到的，以理性规划取代混乱的偶然性的思想。[①]笛卡儿用传统城市比喻人们的传统思想，他提出应当抛弃所有的一切，从零开始理性地建构。当这种思想重新回到真实的城市规划领域，就演化为类似于瓦赞规划那样对传统城市的摧毁以及新的功能性规划。

但是对于"二战"之后的意大利建筑学者来说，这样的城市理念几乎是不可接受的。一方面"二战"期间意大利现代主义建筑师与墨索里尼法西斯政权的密切合作导致了战后对现代主义整体的质疑；另一方面，也是更为重要的，意大利拥有欧洲，乃至全球最丰厚的历史城市与建筑遗产，继承了伊特鲁里亚人、希腊人、罗马人以及此后十几个世纪中积累的建成文化成果。意大利城市普遍性地保留了完整的历史城区，这些城市跨越数百年或者上千年的持续性存在本身就证明了其合理性与持久性价值。无论功能性城市的观点在原则上听起来有多合理，意大利城市的现实表明，是时间和历史的延续性造就了意大利的城市面貌，在其中，功能的作用并不具有决定性的主导地位。

这样的观点在20世纪50年代*Casabella*杂志的主编埃内斯托·内森·罗杰斯（Ernesto Nathan Rogers）的推动下，成为一股重要的思潮。他甚至将*Casabella*杂志的名字改成了*Casabella-Continuità*。*Continuità*的意思是"延续性"，明显地指向意大利城市与建筑特有的历史延续性。阿尔多·罗西不仅是罗杰斯在米兰理工大学建筑系任教时的学生，在毕业后还加入了*Casabella-Continuità*杂志担任编辑，并且在罗杰斯辞任主编后也离开了杂志，与罗杰斯一样回到米兰理工大学任教。很明显，罗西完全认同罗杰斯对"延续性"的强调，这也成为《城市的建筑》分析的起点。

在这一前提之下，罗西分析了在传统城市的历史延续之下可以解析出什

① RENE DESCARTES. Discourse on the method[M]. VEITCH, 译. New York: Cosimo, 2008: 17.

么样的建筑原则。首先，延续性的概念意味着某种东西是稳定和持久的，否则就只能是突变与断裂。意大利历史城市中最为持久的，实际上是城市的结构，如大教堂以及一旁的广场往往成为意大利市镇的标志性场所。而这个稳定的结构又从何而来呢？就像上面的例子所说明的，广场的形成实际上来自于教堂的耸立。在城市中，往往是教堂这一类重要的历史建筑定义了特殊的节点，这些节点共同组成了城市的主体结构，从而塑造了我们对城市的认知与理解。这就好像我们想象一个城市时，最先出现在脑海中的是城市的标志性建筑，以及由这些建筑所参与构建的城市场景。在《城市的建筑》中，罗西将这样的建筑称为“城市人造物”（urban artefact），以凸显它们对城市的作用。不同于一般的建筑，“城市人造物”具有悠久的历史，也就具备了某种延续性，或者说“永恒性”（permanence），这使得“城市人造物”成为广义上的纪念物（monument）。罗西写道：“纪念物，通过建筑原则表现的集体意志的符号，将它们自己展现为基本元素，展现为城市动态中固定的点。”[①]“一个纪念物的持续与永恒，是它构造城市，构造它的历史与艺术、它的存在以及它的记忆等能力的结果。”[②]罗西所强调的是“城市人造物”的“持续与永恒”，它们就像“固定的点”一样，帮助确定了城市的核心结构，是城市“持续性”的关键原因。可以说“城市人造物”就是书名所指的《城市的建筑》，它们成为罗西心目中建筑的理想典范。

这种观点与功能城市的观点当然大相径庭。简单地说，从意大利城市现实出发，罗西认为是纪念性建筑确定了城市结构，这些建筑有自己的历史与特色，并不能简单地以功能进行划分。那么，如果不是以功能为导向，应该从什么角度来分析这些“城市人造物”呢？罗西的策略仍然是回到现实，看看在真实场景中，这些建筑到底是如何影响城市的。罗西指出：“在几乎所有欧洲城市中都有宏大的宫殿、建筑综合体或者是集群，它们构成了城市的整个片区，它们的功能也不再是原来的功能。当人们造访这样的纪念性建筑时，如帕多瓦（Padua）的雷吉奥内宫

① ALDO ROSSI. The architecture of the city[M]. American ed. Cambridge, Mass.: MIT Press, 1982: 22.
② 同上，60.

（Palazzo della Ragione），总是会惊讶于一系列相关的问题。尤其是，人们会被这种建筑在长时间中拥有的不同功能，以及这些功能完全独立于建筑形式的状况所震惊。同时，恰恰是建筑形式令我们印象深刻，我们在其中生活并感受它，反过来，它也构建了城市结构。”[①]

罗西所谈到的，是意大利城市中的常见现象，一个重要的历史建筑，如文艺复兴府邸，在时间长河中可能被先后用作学校、工厂、医院或者博物馆。功能在不断变化，但建筑形式并没有太大变化。这种情况是对“幼稚功能主义”所坚持的机械化“形式追随功能”观点的直接驳斥，但它的确是意大利现实中存在的真实而合理的情况。所以，在罗西看来，“城市人造物”之所以能够“构建城市结构”，是因为它的形态特征，而不是变化的功能。最为有趣的例子是佛罗伦萨的圣十字教堂（Santa Croce）区以及附近的小城卢卡（Lucca），两个地方原来都有古罗马的椭圆形环形剧场，随着时光流逝，剧场建筑本身都消失不见，但是剧场的形态却被新替代的建筑所继承，形成了圣十字教堂的椭圆形街区以及卢卡的椭圆形广场（图1-4）。这些标志性元素定义了城市的特色，是“城市人造物”的形态特征，塑造了城市结构。

卢卡的例子很有启发性。罗西强调了建筑形式而不是功能的重要性。但形式也是一个宽泛的概念，罗西具体指的是什么呢？在卢卡原有的环形剧院的实体都已经消失后，留下的只有平面轮廓，但平面轮廓仍然制约了后续建筑的建造，使之形成与原有环形剧院类似的空间格局。如果说“城市人造物”的形式流传了下来，并塑造了城市，那么在卢卡的例子中，承载形式的不会是任何细节，因为它们都已不复存在，而只能是原有建筑的某种组织原则，用《城市的建筑》中的术语来说，就是该建筑的类型（type）特征。

“类型” 是20世纪60年代意大利建筑理论话语中的核心理念。1962年建筑评论家朱利奥·卡洛·阿尔甘（Giulio Carlo Argan）的文章《论建筑中

① ALDO ROSSI. The architecture of the city[M]. American ed. Cambridge, Mass.: MIT Press, 1982: 29.

图1-4

图1-4

卢卡的椭圆形广场

（Zyance, CC BY-SA 2.5 <https://creativecommon
org/licenses/by-sa/2.5>, via Wikimedia Commons）

的类型学》(*On the Typology of Architecture*)让"类型"成为讨论的热点。阿尔甘引用了19世纪法国理论家夸特梅尔·德·昆西(Quatremère de Quincy)的论述,将"类型"(type)与"范例"(model)区别开来。范例会被精确地模仿,而类型只是提供一个基础性框架,在此之上还可以变化和发展:"在范例中所有都是精确和定义清楚的,在类型中所有都多多少少是模糊的。"[①]阿尔甘继续解释道,类型"并不是确定的形式,而是形式的一种极致或者框架"。[②]西班牙建筑师与学者拉斐尔·莫奈欧用更为简单的话语将类型定义为一种内在的形式结构或者秩序,"它描述了有着同样形式结构的一组事物……它在根本上建立在将一组事物按照某种内在结构相似性组合起来的可能性上"。[③]例如,柱廊这种类型要求有连续的柱子与覆盖着顶的廊道,它们需要按照特定的组织方式结合起来,至于具体采用什么样的柱子,方、圆、扭曲的,或者什么样的屋顶,平、单坡、双坡的,都可以灵活选择。这就是类型优于范例的地方,在保留某种特质的情况下,类型可以容纳更多的自由与变化。通过抽象总结,形式的细节被抛弃了,只留下最根本的组织框架。阿尔甘称之为"根形式"(root form),因为它决定了建筑形式的基础特征,但并不限定具体的枝叶般的细节。

在《城市的建筑》中,罗西正是围绕"类型"理念来解析"城市人造物"的。它们的主要形态特征应该用类型来描述,就像罗西所定义的,"我将类型概念定义为某种恒定和复杂的东西,一种先入形式,并且构成了形式的逻辑原则"。[④]这些类型要素是真正持久的东西,它们成为"固定的点",策动城市朝向特定的方式演化。所以决定"城市人造物"形式特质的,实际上是类型。类型特征提供了一种可靠和稳定的基础,成为城市中的建筑应该学习的典范。罗西认为,理想的设计应该"回应'城市人造物'真正的本性"。[⑤]这也就意味着应当了解和使用类型,在此基础

① GIULIO CARLO ARGAN. On the typology of architecture[M]//NESBITT. Theorizing a new agenda for architecture: an anthology of architectural theory, 1965-1995. New York: Princeton Architectural Press, 1996: 243.
② 同上,244.
③ RAFAEL MONEO. On typology[J]. Opposition, 1978 (13): 22-43.
④ ALDO ROSSI. The architecture of the city[M]. American ed. Cambridge, Mass.: MIT Press, 1982: 40.
⑤ 同上,118.

上设计和建造如同“城市人造物”一般具有持久价值的建筑。

可以看到，不同于“幼稚功能主义”对实用性的偏执，罗西从意大利城市的现实出发，将设计的重心落在了“城市的建筑”，落在了“城市人造物”的类型之中。这实际上指明了一种清晰的设计策略，那就是在历史先例中去总结类型，然后加以运用。因为类型是抽象和总体性的，所以其数量要远远小于单体建筑，如多户住宅就可以分为几种类型：开放空间中的独立体块，沿街的连续体块，完全占据地块的大进深体块，以及有封闭内院的体块。在设计时可以直接从这些类型中选择，从而极大地减少了设计的随意性与偶然性。这也是罗西这种设计策略被称为“新理性主义”的原因之一，这并不意味着设计可以像数学定理一样推导出来，但明确的类型限定的确使设计过程变得更为简明。

圣卡塔尔多公墓的类型

必须承认，圣卡塔尔多公墓的设计可能比其他任何项目都更鲜明地体现了《城市的建筑》中所提出的设计策略。一个最直接的例证是罗西直接将圣卡塔尔多公墓称为“城市”。“所有的建筑，按照一座城市的模式布局，在这座城市中个体与死亡的关系，就相当于与机构的市政关系。”[①]罗西在“天空之蓝”的方案介绍中这样写道。这段文字后来以《天空之蓝》为名，作为一篇文章发表，成为罗西最重要的建筑文献之一。对于他来说，圣卡塔尔多公墓就相当于一座“死者的城市”。这并不是一个简单的修辞性表述，在罗西的所有建成作品中，圣卡塔尔多公墓的确是最接近于城市的。无论从格局还是组成元素看，这个项目都具有典型的城市特色，从而使得它可以在城市和建筑两个层面与《城市的建筑》中的关键性要点形成对应。

这座公墓最直接的城市特征来自于长方形边界上的三层墓室，它们仿佛城墙一般围合出一个完整的小城镇。这里齐整的边界、对称的格局，

① ALDO ROSSI. The blue of the sky[M]//O'REGAN. Aldo Rossi selected writings and projects. London: Architectural Design, 1983: 46.

可能并不像任何实际存在的意大利城镇，却类似于古罗马历史学家波利比乌斯（Polybius）在《历史》（*The Histories*）一书中所描述的罗马军营。他在书中写道："整个军营形成一个方形，街道分布的方式以及总体安排看起来就像一个城市。"这种有着规整布局的方形营垒在文艺复兴时期成为理想城市的原型。最著名的成果之一是塞巴斯蒂亚诺·塞利奥（Sebastiano Serlio）在16世纪基于波利比乌斯的描述，以及达契亚一座罗马小城遗址的信息所设想的驻军城市。这个城市有着方形或者长方形的围墙，城内的建筑按照正交格网布局。中心轴线上是禁卫大道（via praetoria），大道的南侧尽头是整个城市的主门——第十门（porta decumana），大道北侧则是站立在中心轴线上的方形执政官（consul）官邸。官邸两旁是重要的军需营帐与广场，官邸的南侧，被东西向的大道（via larga）隔开的，是整齐行列排布的士兵营帐（图1-5）。

塞利奥所描绘的，就是一种理想城市的类型。圣卡塔尔多公墓的格局与这种城市类型有着令人惊异的相似性。罗西的"城市"与老公墓一样面向了东北方。大门，或者说"第十门"，开在了北侧围墙的中心。进入大门之后就是轴线上的禁卫大道，在设计方案中，大道北部两侧是行列式排布的密集墓室（士兵营帐），而在大道的南侧则是红色的立方体墓室，它的位置与形态都类似于塞利奥的执政官官邸。很难说这种相似性是偶然的。在《城市的建筑》中，罗西曾经谈到塞利奥那些著名的透视图给他留下的印象。[①]考虑到他对城市类型元素的关注，如环形剧场留存下来的格局，罗西很可能直接借鉴了这种经典的历史原型。这一原型让这个朴素的墓园与文艺复兴的理想观念，与古罗马的军事传统建立起了直接的联系。毫无疑问，圣卡塔尔多公墓最重要的历史特征，就来自于这一城市类型的运用。

与塞利奥的理想城市不同的是，环绕罗西的"城市"的不是防御性城墙，而是三层高的看起来像是住宅的墓室。就好像是卢卡环形剧场的看台被住宅所取代一样，城墙也被"住宅"所取代，但是其类型格局却精确地保留

① ALDO ROSSI. The architecture of the city[M]. American ed. Cambridge, Mass.: MIT Press, 1982: 15.

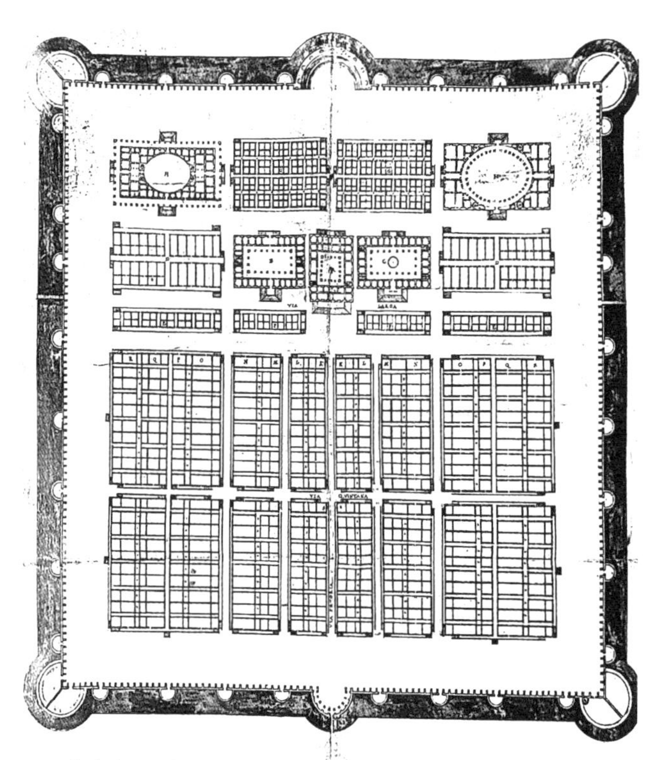

Ecco benigni lettori la castrametatione di Polibio tanto celebrata da gli huomini letterati et [illegible]

[illegible]

图1-5

图1-5

塞利奥构想的罗马驻军城市

（Sebastiano Serlio, *Tutte l'Opere d'Architettura et Prospetiva*, Public domain）

下来。在罗西的解释中，这些墓室就是“死者的住宅”，而整个墓地设计的中心概念，罗西坦承，就源于他“意识到死去人们的事物、物品、建筑，与活人所拥有的并没有不同”，[①]所以他直接使用了典型的民间住宅类型元素。例如，屋顶采用了双坡顶，这是意大利民居的普遍性要素；在二层与三层开有规整的方窗，尺度与韵律也都明显来自于传统住宅。罗西对这些元素也进行了抽象提取，屋顶没有采用常见的陶瓦，而是平整的蓝色金属板，窗户也没有民居常用的木质百叶窗扇，方形的窗洞搭配十字架窗框，拒绝了民间建筑的偶然性与多样性（图1-6）。类似的十字方窗，已经出现在罗西更早之前完成的加拉雷特西住宅（图1-7），以及法尼亚诺奥洛纳（Fagnano Olona）小学之中，并且频繁出现在罗西此后的设计中。它也成为一种标志性的类型元素，将这些项目与民间传统住宅紧密联系起来。

前面已经提到，罗西在《城市的建筑》中梳理了从独立体块到内院的四种不同类型的住宅，其中的三种都出现在圣卡塔尔多公墓中。轴线上的立方体可以被视为独立体块的类型，密集的小方窗让整个体块看起来像是缩小的多层住宅。沿周边的三层“住宅”显然就是内院类型，这是罗西在书中反复提及的一种传统类型。在调整方案中新添加的南北向长条墓室建筑，归属于沿街住宅类型。与加拉雷特西住宅类似，罗西将整条沿街“住宅”的底部设计成两层高的长廊，只是在第三层设置了开了一排方窗的坡顶墓室。这样的处理让实用性让位于类型的完整性。沿街长廊是意大利城市中最具有特色的街道类型元素，像博洛尼亚这样的城市，几乎每条主要街道的两边都是连续的长廊。长廊外侧是立柱、圆拱或者尖拱组成的开放界面，内部往往是橱窗与店面，长廊的上部被住宅所占据。罗西对这种类型元素的浓厚兴趣在加拉雷特西住宅以及圣卡塔尔多公墓设计中表露无疑，他剥离了这种类型要素中的圆拱、柱式等细节，用纯粹的长方形窄板支撑上部的体量，由此造就出比一般长廊更为显著的韵律感（图1-8）。在圣卡塔尔多公墓中，这种处于建筑与城市界面上的元素还出现在沿边“住宅”的底层，以及建造了一半的U形墓室下层

① ALDO ROSSI. A scientific autobiography[M]. Cambridge, Mass.: MIT Press, 1981: 39.

图1-6

图1-6

公墓边缘的住宅类型的墓室

（唐其桢摄）

图1-7

加拉雷特西住宅

（张钰淳摄）

图1-7

图1-8

图1-8

南北向墓室建筑底层的长廊

（唐其桢摄）

中（图1-9）。它是贯穿整个项目的类型元素，罗西明确写道："这个墓地形式类型的特征元素，是被柱廊打断的直线道路；沿着路径前行，墓龛整齐地排列在两边。"[①]

位于轴线上的红色立方体块是建成的圣卡塔尔多公墓中最显眼的元素，它被罗西称为"圣堂"（Sanctuary），用于安葬在战争中死去的人以及从其他老墓地迁过来的遗骸。它四周密布的方形小窗洞可以带来多样化的类型解读。如果将立方体块看作一个等比缩小的建筑，那么它可以指代独立体块这种类型的住宅。在意大利传统城区中，这种类型并不多，但是在依照现代主义原则规划建设的住宅区中，住宅往往是长方形的独立体块。这里的多达七层的窗洞，以及窗洞与整体体量的比例，似乎都在暗示现代主义典型的方盒子住宅。在立方体的底部，采用了与周边合院"住宅"一样的拔高洞口，是对街边长廊的再次呼应（图1-10）。在"天空之蓝"方案中，罗西将这个立方体解释为一个未完成的建筑："有着规整窗户的立方体看起来像是一个没有楼面和屋顶的住宅。那些窗户直接开在墙上，没有窗框或者玻璃：这是死者的住宅，在建筑上来说，它是未完工的以及被抛弃的，因此，也类似于死亡。"[②]不过，在稍后出版的《一部科学的自传》中，罗西还提到了另外一种解读，那就是将这个体块看作古罗马建筑遗存——面包师之墓的抽象提炼。这座位于罗马城马焦雷门（Porta Maggiore）外的古墓大约建造于公元前30年，是面包烘焙师马库斯·维吉利斯·尤里萨克斯（Marcus Vergilius Eurysaces）与其妻子阿特西亚（Atistia）的墓室（图1-11）。虽然不是任何帝王将相的陵墓，但这座墓室因为其独特的形制成为古罗马丧葬建筑中最重要的案例之一。它的形状大约是一个完整的长方体，下部的一半由相互紧贴的圆柱与方柱组成，上部的一半是更为完整的方形体块，但是四面都开有密集的圆洞。为什么会有这种独特的设计，学者们并没有确凿的定论。很多人认为下部的圆柱与上部的圆洞都来自于面包烘焙这个行业的专门设施，如盛放谷物的筒仓与罐子。从这个角度看来，立方体块下部的柱廊以及上

① ALDO ROSSI. The blue of the sky[M]//O'REGAN. Aldo Rossi selected writings and projects. London: Architectural Design, 1983: 41.
② 同上，42.

图1-9

图1-9

U形墓室的侧廊

（唐其桢摄）

图1-10

圣卡塔尔多公墓的“圣堂”

（唐其桢摄）

图1-11

马焦雷门外的面包师之墓

（Mikhail Malykh, CC BY 3.0 <https://creativecommons.org/licenses/by/3.0>, via Wikimedia Commons）

图1-10

图1-11

部的方窗的确在一定程度上类似于面包师之墓的圆柱与圆洞。类型元素对细节的剥离与抽象，使得它们具备了某种模糊性，就像阿尔甘所提到的："在范例中所有都是精确和定义清楚的，在类型中所有都多多少少是模糊的。"[①]这种模糊性有时可以是一种优势，帮助类型元素摆脱历史主义复制的呆板，并且在多种指涉的可能性中获得更为丰富的内涵。

圣卡塔尔多公墓中只建造了东侧一半的U形墓室，很可能是对科斯塔设计的老公墓的呼应。后者19世纪的墓地被一圈柱廊所环绕，柱廊后面的墙体上是密布的墓穴。罗西设计的U形墓室的下层也是面向院落内部开放的长廊，背面墙体上是安放遗体的墓穴。与科斯塔的不同之处在于罗西采用了简单的细方柱，而不是科斯塔采用的多立克柱来支撑长廊（图1-12）。此外，罗西在长廊上添加了二层墓室，这两个举措都削弱了科斯塔设计中的纪念性，而让扩建的公墓更接近于城市住宅的原型。

"天空之蓝" 设计中另外两个独特要素——平面为三角形的行列式遗骨墓室（ossuaries）以及同样位于轴线上、靠近北侧大门的圆锥体——都没有真正建造。平行的行列式墓室很可能也是对现代主义行列式住宅区的影射。学者尤金·约翰逊（Eugene J. Johnson）认为，它们不同寻常的三角形格局，或许来自于18世纪乔凡尼·巴蒂斯塔·皮拉内西（Giovanni Battista Piranesi） 著名的版画《古罗马战神广场》（*Campo Marzio dell'Antica Roma*）。[②]在这幅想象的古罗马地图中，位于台伯河右岸的哈德良陵墓综合体的中心被一块扇形的元素所占据，皮拉内西将其标注为clitoporticus。在这块扇形的顶部，是一个圆形建筑，标记为巴西利卡（Basilica）（图1-13）。这样的布局与圣卡塔尔多公墓的三角形以及圆锥体的关系极为相似。罗西在1977年绘制了著名的《相似性城市》，将很多不同的城市片段融合在一幅黑白线图之中。不仅是整个图像的绘制手段让人联想起皮拉内西的黑白版画，后者的罗马城平面片段以及监

① GIULIO CARLO ARGAN. On the typology of architecture[M]//NESBITT. Theorizing a new agenda for architecture: an anthology of architectural theory, 1965-1995. New York: Princeton Architectural Press, 1996: 243.
② 参见EUGENE J. JOHNSON. What remains of man-Aldo Rossi's modena cemetery[J]. Journal of the Society of Architectural Historians, 1982, 41 (1).

图1-12

图1-12

科斯塔设计的老公墓中的多立克柱廊

（何欣冉摄）

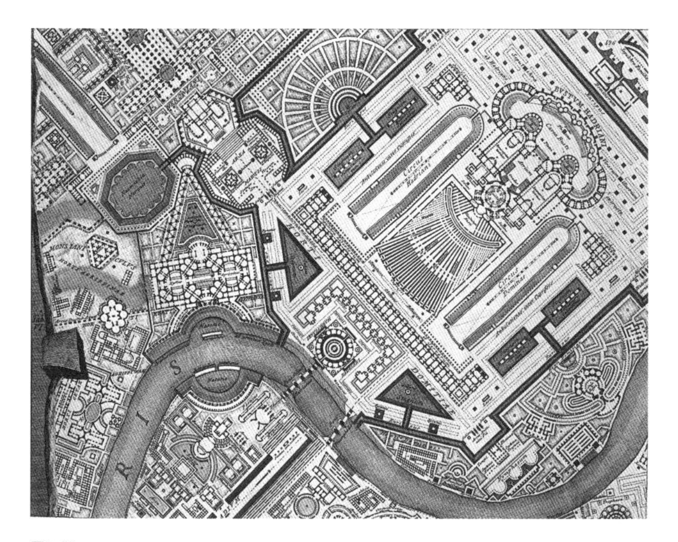

图1-13

图1-13

皮拉内西作品《古罗马战神广场》

（Giovanni Battista Piranesi，Il Campo Marzio dell'Antica Roma，1762，Public domain）

狱拱廊等元素直接出现在了罗西的图面之中。所以罗西极有可能受到了皮拉内西的启发，将一种假想的墓葬元素融入到摩德纳市的圣卡塔尔多公墓设计之中。

至于替代了皮拉内西圆形巴西利卡的圆锥形形体，是城市的通用墓地，用于安葬那些“被遗弃的人，这些死去的人，他们与这个世界的关系已经消散了，他们总体上来自于疯人院、医院和监狱，绝望的或者被遗忘的生命。对这些被压制的人们，城市建造了一座纪念碑，比其他任何纪念碑都高”。[①]很多学者注意到这个圆锥形纪念碑与艾蒂安-路易·部雷（Étienne-Louis Boullée）在18世纪设计的圆锥形纪念堂的相似性。部雷的纪念堂就是用于悼念在战争中死去的人，这与罗西的描述完全一致。罗西对部雷的强烈兴趣可以从他翻译出版了部雷的著作这一事件中得到证明，所以他对部雷的借鉴是一种合理的解释。[②]

不过，就像轴线另一端的立方体块一样，圆锥塔也可以作另一种解读。同样是在《天空之蓝》一文中，罗西将它解读为“废弃工厂的烟囱”，指向了另一种非纪念性的常规类型元素。这种解读也具有相当的合理性，因为罗西在其他设计项目，如法尼亚诺奥洛纳小学与博尔戈里科（Borgoricco）新市政厅中也使用了圆锥形元素。在这两个与死亡纪念无关的设计中，它们更明显地指向烟囱的原型。可以看到，罗西非常乐于利用类型元素的模糊性，这也可以被理解为“城市人造物”的特性之一。在形式元素的持续之下，是建筑物功能内涵的不断变化，所以住宅、墓地、纪念堂、烟囱等实用功能可以不断地替换，但是类型元素对“死者的城市”的塑造却被明确的形态元素固化下来。

如果上面的分析成立，那么圣卡塔尔多公墓可以被比较明确地解释为一系列类型元素的组合。这些类型元素来自于不同的层级，从细小的窗户到宏大的城市结构，它们的并存使得圣卡塔尔多公墓呈现出超乎寻常的

① ALDO ROSSI. The blue of the sky[M]//O'REGAN. Aldo Rossi selected writings and projects. London: Architectural Design, 1983: 42.
② 参见EUGENE J. JOHNSON. What remains of man-Aldo Rossi's modena cemetery[J]. Journal of the Society of Architectural Historians, 1982, 41 (1).

城市特征，也印证了《城市的建筑》中不断强调的“城市人造物”与城市的关系。

相似性

如果说类型理论可以帮助解释一些特定元素的来源，仍然有一个问题难以回答，那就是为什么要选择这些特定类型元素，为什么不选择其他类型元素？以及，为什么要按照这种方式来组合这些元素，而不是其他方式？也就是说，类型理论可能可以解释设计的局部与片段，但是对于设计整体，并没有一个简单的类型来加以解释。虽然我们提到了圣卡塔尔多公墓与塞利奥驻军城市在总体格局上的相似性，但这也不足以解释罗西为何会将住宅、烟囱、柱廊、面包师之墓等元素融入这个整体格局之中。仍然需要用某种总体性原则来解释罗西的设计。

在这个问题上，罗西所提出的“相似性城市”的概念会有所帮助。在1976年的一篇文章《一种相似性建筑》（*An Analogical Architecture*）中，罗西对这个概念进行了较为深入的解析。所谓“相似性”，不仅是指字面意义的相似，它更重要的内涵实际上是借用自瑞士心理分析学家卡尔·荣格（Carl Jung）的论述。罗西在文章中直接引用了卡尔·荣格对相似性的解释：“‘逻辑’（logical）思想是那些通过词语，以论述的形式指向外部世界的东西。‘相似性’（analogical）思想能被感觉到但仍是非真实的，能被想象但仍是静默的；它不是一种理论论述，而是一种对过去主题的沉思，一种内在的独白。逻辑思想是‘以词语思考’。相似性思想是古老的，未得到表现的，以及在实际上无法用词语表达的。”[①]荣格的心理学理论强调潜意识的作用，人的潜意识可能不具备逻辑的严密性以及与外界事物的准确对应，但也充满了丰富的内容，如记忆、情感、独白与反思。荣格用“相似性”的概念与“逻辑”概念对立，指代类似

① ALDO ROSSI. An analogical architecture[M]//NESBITT. Theorizing a new agenda for architecture: an anthology of architectural theory, 1965-1995. New York: Princeton Architectural Press, 1996: 349.

潜意识这样的内在的心理状态。如果说“逻辑”要求精确性与严密性，那么“相似性”可以是不那么精确和不那么严密的，将潜意识中各要素连接起来的是充满情感的回忆与联想。所以“相似性”概念所强调的，不是类似于“逻辑”那样的理性分析，而是基于个人潜意识的心理活动，其中充满了个人回忆与体验，以及与这些元素有关的“想象”。

罗西的“相似性城市”的概念，几乎就是对荣格“相似性思想”概念的直接运用。紧接着这段引言，罗西写道：“我相信我在这个概念中发现了一种不同意义的历史，这种历史不被简单地理解为事实，而是被理解为一系列的事物，一系列有情感的物品，可以被记忆所利用，或者是用于设计之中。”①这段话的意思是，如果从“逻辑”的角度看，历史是由一系列的史实所组成的，可以用各种术语与数据去加以描述。但是从“相似性”的角度看，史实的精确性与严密性都不再那么重要，历史被理解为“一系列有情感的物品”的集成，留存于人们的记忆中。就好像并不是每个人都清晰地记着自己童年的完整历程，却总会记着几个有着特殊感受的瞬间。在“相似性”的思想中，人们可以从记忆中摘取这些片段加以组合与联想，在罗西看来，在设计中也可以这样去做，从历史与城市中摘取“有情感的物品”，以“想象”而不是“逻辑”的方式来使用它们。

在文章中，罗西以18世纪意大利画家卡纳莱托（Giovanni Antonio Canal）绘制的《帕拉第奥建筑随想》（*Capriccio con Edifici Palladiani*）为例来给予说明。在这幅画中，卡纳莱托将几个并不在同一场景中，甚至并不在威尼斯的帕拉第奥作品绘制在威尼斯的城市场景之中（图1-14）。罗西写道：“一段随想，其中，帕拉第奥所设计的里亚托桥（Ponte di Rialto）、维琴察巴西利卡（Basilica of Vicenza），以及基里卡蒂宫（Palazzo Chiericati）被紧密地绘制在一起，就好像画家描绘的是一个他真正观察到的城市场景。实际上，这三个帕拉第奥设计的建筑没有一个在威尼斯（其中一个是设计方案，另外两个在维琴察），但它们

① ALDO ROSSI. An analogical architecture[M]//NESBITT. Theorizing a new agenda for architecture: an anthology of architectural theory, 1965-1995. New York: Princeton Architectural Press, 1996: 349.

图1-14

图1-14

卡纳莱托作品《帕拉第奥建筑随想》

（Giovanni Antonio Canal，Capriccio con Edifici Palladiani，Public domain）

仍然组成了一个相似性的威尼斯，由那些与建筑和城市的历史相互关联的元素组成。”[①]从相似性的角度看，卡纳莱托的《帕拉第奥建筑随想》与皮拉内西的《古罗马战神广场》非常接近，因为后者描绘的也是想象中的罗马，像前面提到有着扇形元素的哈德良陵墓都是皮拉内西自己的想象，这些部分真实、部分想象的元素一同组成了皮拉内西心目中“相似性”的罗马。

1977年，罗西绘制了名为“相似性城市”的建筑画作，可以被视为他追随卡纳莱托与皮拉内西的相似性方案所进行的绘画创作。他将各种真实或想象的建筑与城市片段融合在同一幅图像中，可以清晰辨认出来的包括真实的城市平面、皮拉内西的片段、加拉雷特西住宅的立面、标志性的方格窗、圣卡塔尔多公墓的沿边墓室、三角形行列墓室与锥塔、塞格拉特（Segrate）市政厅广场上的纪念物、瑞士小城贝林佐纳（Bellinzona）的城门与桥，以及未建成的湾区别墅（Casa Bay）方案（图1-15）。

从这些例子可以看到，“相似性”的理念中也包含有对类型元素的使用，就像《城市的建筑》中曾指出过的，类型本身就是城市集体记忆的对象。但在类型之上，“相似性”理念强调了根据个人记忆与体验的想象。每个人都有不同的经历与体验，他们的联想与想象也会有所不同。所以相比于类型概念的稳定性，“相似性”概念可以容纳更多的个人化特征。就像荣格所说的，它对应于一种“古老的、未得到表现的，以及在实际上无法用词语表达的”内容。这一方面给“相似性”概念带来了明显的不确定性，另一方面，这种不确定性使得“相似性”概念可以容纳性格、情绪、个体经历等复杂的方面。这使得类型元素的使用可以具备更灵活的个人特征，一方面依然与历史和传统有着直接的联系，另一方面也展现出建筑师个人的独特气质。在这种情况下，基于类型的设计方法可以避免成为一种僵化的模式操作，扩展成为具有充分空间的个人创作领域。

罗西为《相似性城市》建筑画作撰写的说明展现出他对“想象”与“自

① ALDO ROSSI. The architecture of the city[M]. American ed. Cambridge, Mass.: MIT Press, 1982: 166.

图1-15

图1-15

罗西作品《相似性城市》© Eredi Aldo Rossi

（Aldo Rossi，Fondazione Aldo Rossi，© Eredi Aldo Rossi）

由”的重视。“为什么我要绘制城市的地点?”他写道:“因为假如我们谈论今天的建筑，无论是我的还是别人的，我发现非常重要的一点是展现从想象到现实的联系，以及从这两者到自由的联系……我相信想象的力量是一种确实的可能性。‘相似性城市’的定义来自于我重读自己的书《城市的建筑》之时……在我看来，描述与知识应该让位于另一个领域的研究——想象的力量，产生于具体的现实之中。”①“相似性”的概念所带来的“想象”与“自由”对于罗西的设计方法来说是极为重要的，它们可以给建筑师的个人化表述打开空间，也可以进一步拉开与19世纪历史主义的距离。后者并不缺乏对类型的运用，但是缺乏个人化的选择与转译，进而变得单调和固化。

“相似性”理念在类型的普遍性上添加了个人元素，而圣卡塔尔多公墓显然就是一个具有强烈的罗西个人特色的作品。与卡纳莱托的《帕拉第奥建筑随想》类似，罗西将很多“相似性”元素汇聚到设计之中。它们有的来自于日常，如坡屋顶的住宅，有的来自于历史，如面包师之墓，有的来自于想象，如塞利奥的驻军城市，有的来自于个人偏好，如独特的烟囱。“死者的城市”也是阿尔多·罗西想象中的城市。这里的元素似乎都有确定的来源，但是它们一同塑造的城市场景却是罗西的想象中所独有的，就像他写道的，“我参照的是一些熟悉的事物，它们的形式与位置已经确定了，但是它们的意义却可以变化。谷仓、马厩、棚子、工坊等，这些原型事物的普遍性情感诉求，揭示了超越时间的关切”。②与“类型”概念一样，罗西也强调了在“相似性”的回忆中，同一个事物可以获得不同的意义，他写道:“关于记忆的问题，建筑也被转化为一种个人自传一样的体验;伴随着新意义置入，地点与事物也在变化。”③这段话并不难理解，当设计师根据自己的记忆与体验展开设计，那么就会接近一种自传性的表述，而对于同一个事物，不同的人会有不同的记忆与情感，那么它们也就呈现出不同的意义。“类型”与“相似性”共同组成了一个更为

① ALDO ROSSI. La città analoga[M]//GEISERT. Aldo Rossi Architect. New York: Academy Editions, 1994: 98.
② ALDO ROSSI. An analogical architecture[M]//NESBITT. Theorizing a new agenda for architecture: an anthology of architectural theory, 1965-1995. New York: Princeton Architectural Press, 1996: 349.
③ 同上。

完备的设计方法，可以帮助塑造一个基于历史与想象的“异类的现实”。[①]

至此，我们是否已经能够完美地回答本节起始所提到的问题：圣卡塔尔多公墓为何会是这样，罗西设计的核心内涵是否已经得到了准确挖掘？答案当然是否定的。上面所谈论的，不管是“类型”还是“相似性”，都是关于设计机制与方法的。它们可以用于解释圣卡塔尔多公墓的设计，也可以用于解释罗西的其他设计，如法尼亚诺奥洛纳小学。机制与方法是普遍性的，无法解释圣卡塔尔多公墓的特殊性。就好像我们知道可以用食材与调味料烹制食物，但并不意味着我们可以完全掌握一个特定菜肴的奥秘。我们需要知道的不仅是总体性的机制，还需要知道具体这一道菜肴中不同原料与调味料的使用配比，知道它们如何为菜肴的美味作出贡献。

在“类型”与“相似性”概念中，罗西反复提到了“记忆”“情感”“关切”与“意义”，这些定义了一个设计项目的特殊性。所以要更深入地解析圣卡塔尔多公墓，我们需要更确切地知道这个项目中凝聚了什么样的记忆，什么样的情感，什么样的关切以及什么样的意义。只有知道了这些，才能真正解释圣卡塔尔多公墓的特殊性。如果仅仅停留在“类型”与“相似性”的概念上，我们最多只是触及操作性的手段，要真正理解一个设计，还应该明白它的目的，这样才可能形成一个完整的认知，也才有可能给其他设计问题带来启发。

因此，我们的讨论必须继续前进，在类型与相似性之上，进一步讨论这些元素对罗西个人来说具有什么样的内涵，它们对罗西具有什么特殊的意义。这就需要我们进入罗西的个人世界，进入他的“自传性”经历之中。但这一点，往往在与罗西有关的讨论中被忽视了。就像前面提到的，很多学者倾向于从新理性主义思潮的视角看待罗西以及他的作品，他们关注的是一种基于历史类型的建筑设计理论与现代主义主流的反差。在理论史的宏大尺度上，新理性主义被视为对现代主义理论范式的挑战，

① ALDO ROSSI. La città analoga[M]//GEISERT. Aldo Rossi Architect. New York: Academy Editions, 1994: 98.

研究者们对范式转换的兴趣远远超越了对罗西个人想象的兴趣。在这种视角下，圣卡塔尔多公墓被当作类型与相似性理念的建筑载体来看待，它的存在价值就在于证明了这些理念可以转化为建筑现实。但是，如果这就是圣卡塔尔多公墓的全部意义，就无法解释另一个问题，为何是圣卡塔尔多公墓，而不是其他项目，如更早完成的加拉雷特西住宅与法尼亚诺奥洛纳小学，成为罗西最重要的作品。类型与相似性的要素也普遍出现在罗西的其他建成项目之中，如漂浮的世界剧院与柏林弗里德里希大街公寓，为何仍然是圣卡塔尔多公墓得到最多关注？

一个简单的解释是，圣卡塔尔多公墓之所以最受关注，是因为它有自身的独特性。“相似性”的思想使得每一个设计都可以与独特的记忆和情感建立联系，那么不同的设计就会唤起不同的“关切”与“意义”。正是在这一点上，圣卡塔尔多公墓有其独特性。不仅是现在建成的部分，罗西在赢得竞赛之后一次又一次绘制的以圣卡塔尔多公墓为题材的建筑画作，都传递出一种强烈的建筑体验。这些图画不应被简单地视为建筑表现图，它们实际上是罗西自己不断审视和反思这个项目，在自己的意识深处捕捉那些“古老的、未得到表现的，以及在实际上无法用词语表达的”内涵的过程。对此，罗西写道：“在重新描绘这个设计，以及在渲染各元素，并且给予那些需要强调的各种元素以颜色的过程中，图画自身获得了相对于原始设计的完全的独立自主，以至于原初的理念可以说只是最终完成项目的相似物……实际上，我相信这种近似性揭示了它的迷人之处，以及我为同一个形式创作了好几个变形的原因。”[①]在这段话中，罗西所指的是他一系列以圣卡塔尔多公墓为主题的建筑画作。可以想象，这些建筑画作也具有《帕拉第奥建筑随想》一般的特征，将很多真实的和想象的元素编织在一起。但是，远远比机制更为重要的是这些绘画所传递出来的内涵与情绪。在某种程度上，它们甚至比建成的圣卡塔尔多公墓更为强烈，也明显影响了人们看待圣卡塔尔多公墓的方式。

① ALDO ROSSI. An analogical architecture[M]//NESBITT. Theorizing a new agenda for architecture: an anthology of architectural theory, 1965–1995. New York: Princeton Architectural Press, 1996: 349.

这种情况提示了一个特殊的路径。或许我们可以先从这些图画入手，去分析罗西的设计意图与内涵。相比于建成项目，绘画有更大的空间去留给想象与自由，可以让一些特定倾向更鲜明地体现出来，也就更有利于捕捉与分析。既然我们想要揭示圣卡塔尔多公墓中罗西的个人化特色，那么最有利的就是直接面对他最具有个人特色的作品。可能任何看过罗西这些建筑画作的人都会认同，这些画作的个人特色如果说不是超过的话，至少不会逊色于建成的圣卡塔尔多公墓本身。基于这些原因，我们下面的讨论将转向罗西以圣卡塔尔多公墓为主题的绘画。

不过，需要解释的是，我们也不会直接谈这些画作本身，而是会绕一下路，先讨论一下另一批画作——意大利画家乔治·德·基里科（Giorgio de Chirico）的形而上学绘画。之所以这样做，是因为几乎所有的研究者都注意到罗西的圣卡塔尔多公墓绘画与基里科形而上学绘画之间的超乎寻常的相似性。基里科在20世纪初期所创作的这些画作不仅比罗西的类似画作时间更早，在整个艺术史上的影响力也更为巨大。更为重要的是，在画作之外，基里科还留下了很多文献资料，帮助我们理解他独特的形而上学绘画。这些条件将有利于我们解读形而上学绘画，进而理解罗西的类似画作。

在哪些方面基里科的绘画对罗西产生了影响，为什么罗西会接受这种影响，这种影响的实质内涵是什么，它们与圣卡塔尔多公墓的设计有何关联？这些围绕画作的问题对于解析这个项目的特殊品质能够给予有力的帮助。而对于圣卡塔尔多公墓这一项目来说，仅仅讨论建成物，而不讨论早已在世界范围内流传的、罗西那些令人着迷和费解的建筑画作，显然是不完整的。因此，我们值得花一点时间来绕一下路，首先进入乔治·德·基里科的形而上学绘画。

2

形而上学的忧伤

Metaphysical melancholy

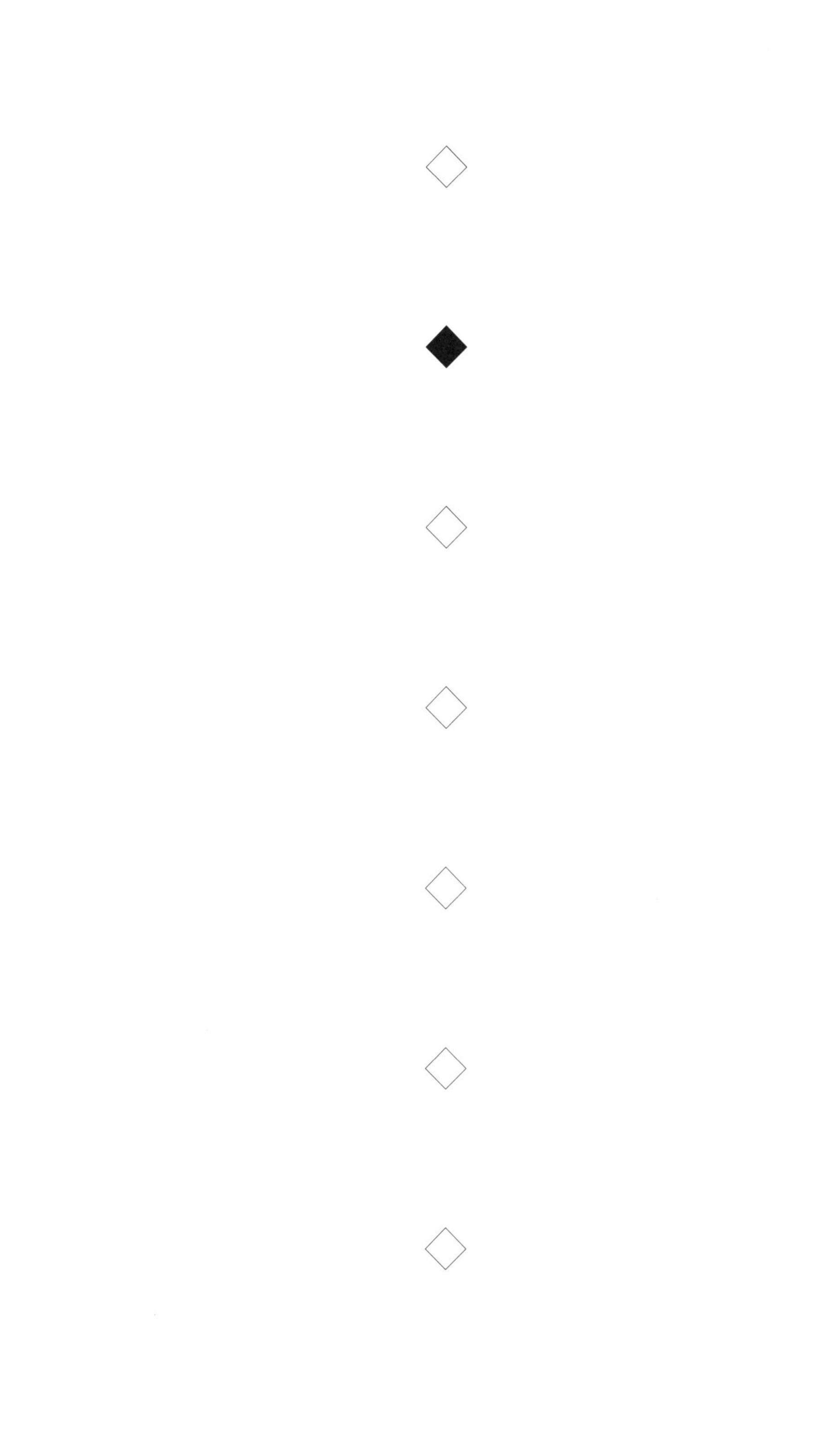

即使不是因为阿尔多·罗西的缘故，乔治·德·基里科的“形而上学绘画”（Metaphysical painting）也值得建筑研究者关注。就像圣卡塔尔多公墓被视为新理性主义的代表作一样，在艺术史上，形而上学绘画也被很多研究者视为超现实主义的先驱。这种归纳虽然不一定是错误的，但是简单的流派划分在一定程度上忽略了这些作品自身的特质。在20世纪初期的先锋艺术运动中，形而上学绘画与建筑之间可能有着最为直接和密切的联系，这是因为基里科绝大部分的形而上学绘画都是以建筑和城市为主题，或者作为主要背景。尤其是他在1910～1914年的绘画更是直接以意大利传统城市与建筑为核心题材，造就出形而上学绘画中最为独特的作品。这些绘画令人着迷，也令人费解，它们有着震慑人心的力量，但是观赏者也很难弄清楚这种力量从何而来、到底意味着什么。面对罗西的画作时，我们也遇到同样的问题。所以，想要揭开谜底，我们需要回到20世纪20年代，回到德·基里科的“建筑时期”。

1921年12月29日，巴黎的《新精神》（*L'Esprit Nouveau*）杂志编辑部收到了一份稿件，作者署名为吉奥瓦尼·洛雷托（Giovanni Loreto），其内容是引介一位画家——乔治·德·基里科。在众多先锋艺术杂志中选择《新精神》杂志投稿，洛雷托显然是注意到了这本杂志对建筑的特别关注，他稿件的主要内容就是介绍德·基里科画作里特有的“建筑感”（feeling of architecture）。洛雷托写道：“建筑感可能是人最早感受到的事物”[①]。它产生于远古祖先的原始居所之中，经过无数世纪的提炼而成，因此“这种感受植根于人的心灵之中”。[②]虽然人们很早就意识到了在绘画中添加建筑元素的益处，但是这些元素往往只是作为补充成分，“迄今为止，还没有一个画家通过有序的和有意识的方式去直接呈现它”。[③]唯一的例外就是德·基里科，“他总是被建筑感所萦绕，被广场、高塔、门廊以及形成城市的所有构筑物所透露出来的肃穆与抒情所萦绕……他是第一个真正理解了他的国家中某些城市的深奥性（profundity）的意大利画家”。这种感受所产生的直接结果是他1910～1914年的绘画作品，在

① GIOVANNI LORETO. Giogio de Chirico[J]. Grey Room, 2011 (44): 87.
② 同上。
③ 同上。

其中“德·基里科持续地向我们传达出城市的神秘，以及在黄昏或者是大炮的轰鸣中向人们宣告正午来临时意大利建筑的平静与沉思特性”。[①]

独特的遣词造句让今天的研究者们认定，这篇文章的作者实际上就是乔治·德·基里科本人。这是指他所惯用的借用第三人称讨论自己作品的另一个例证。[②]勒·柯布西耶与奥赞方显然没有意识到这篇文章的重要性，或者说他们当时的纯粹主义立场很难接受文章中所提到的城市与建筑的深奥性，《新精神》杂志没有录用这份稿件。但是在今天看来，这篇文献的重要性在于他再一次印证了德·基里科对自己在那一时期绘画作品中建筑与城市元素的清晰认知，他甚至直接将1910~1914年的画作称为“建筑时期”作品。[③]在现代艺术史上，1910~1919年通常被视为德·基里科的“形而上学绘画”阶段，而“建筑时期”显然是指“形而上学绘画”的前半期。

吉奥瓦尼·洛雷托简短而凝练的文字还不足以让我们理解德·基里科所提到的“建筑感”到底指什么。他所说的建筑与城市的“深奥性”“肃穆与抒情”“平静与沉思特性”有什么内涵？以及更重要的，建筑在他著名的“形而上学绘画”中扮演着什么样的角色，他所描绘的建筑与城市和所谓的“形而上学”到底有何种关系，乃至他所说的“形而上学”具体是指什么？要回答这些问题只能从德·基里科自己的作品、文献与生涯中去寻找线索。

“建筑时期”作品中的建筑与城市

德·基里科以“建筑时期”来命名这一时期基于一个简单的理由，就像洛雷托所说，在其他画作中，建筑与城市元素常常被用作背景与辅助性元素，但是在德·基里科1910~1914年的大多数作品中，建筑与城市本身成为绘画的中心要素。无论是在幅面还是在表现特征上，建筑都占

① GIOVANNI LORETO. Giogio de Chirico[J]. Grey Room, 2011 (44): 88.
② 如德·基里科的文集《现代艺术的喜剧》(*The Comedy of Modern Art*)后半部就借用了他的夫人的名字伊莎贝拉·法尔(Isabella Far)来署名。
③ GIOVANNI LORETO. Giogio de Chirico[J]. Grey Room, 2011 (44): 88.

据了画面的主体部分。即使在德·基里科自己的作品序列中，这一时期也极为特殊。在此之前的作品中，建筑主要呈现为遥远的配景，类似于传统绘画；在此之后的作品中，建筑元素仍然大量存在（有时是以新的题材出现，如室内与窗户），但是其他非建筑要素，如水果、人偶、手套等题材的大量引入，不可避免地削弱了建筑的重要性与表现力。虽然德·基里科在后期仍然时不时地绘制一些有着典型“建筑时期”特征的作品，但这并不影响我们将1910～1914年这个具有高度一致性以及独特性的阶段视为一个单独节点来讨论。

“建筑时期”作品序列有一个相对清晰的起点，那就是1910年夏秋两季所完成的《神谕之谜》(*The Enigma of the Oracle*)与《秋日午后之谜》(*The Enigma of an Autumn Afternoon*)。[①]在这两个作品中，建筑要素开始取代神话场景或者自然环境成为画面的主导性题材。《神谕之谜》描绘的是一个暗色砖石砌筑的室内环境，一尊白色雕塑被黑色的幕帘遮盖了绝大部分，左侧的门洞中幕帘被风吹起，显露出远方的天空、海洋、山丘与城市。门洞边一个希腊装束的背影，面向远方低头沉思（图2-1）。这是德·基里科从阿诺德·博克林（Arnold Böcklin）的绘画《奥德修斯与卡吕普索》(*Odysseus and Calypso*)中借用而来的奥德修斯。这幅画中实际上已经蕴含着德·基里科的许多成熟和坚定的想法。《秋日午后之谜》则更为直接，它描绘的场景来自于佛罗伦萨的圣十字广场（Piazza Santa Croce）（图2-2）。虽然经过了明显的变异，仍然可以辨认出画面左侧圣十字教堂的立面，以及画面中心被转化为无头石像的诗人但丁塑像。在一段著名的文字中，德·基里科描述了这幅画如何产生于他在圣十字广场中所感受到的“揭示”(revelation)：“一个清爽的秋天下午，我坐在佛罗伦萨圣十字广场中心的凳子上……秋天的阳光，温暖但并不爱怜，照亮了雕像与教堂里面。那时，我有了一种奇怪的感觉，好像我是第一次看到所有的一切，于是，这幅画的构图出现在我头脑的眼睛之中。现

① 关于这两幅画的完成时间仍然存在争议，虽然德·基里科自己在画面右下角标注为1910，但保罗·巴达西认为实际完成于1909年的米兰，参见PAOLO BALDACCI. De Chirico: the metaphysical period, 1888-1919[M]. 1st North American ed. Boston: Little, Brown, 1997: 52-83. 但是保罗·皮科扎（Paolo Picozza）认为是1910完成于佛罗伦萨，参见PAOLO PICOZZA. Giorgio de Chirico and the birth of metaphysical art in Florence in 1910[J]. METAPHYSICAL ART, 2008 (7/8). 这里仍然采用德·基里科自己标注的时间。

图2-1

图2-1

德·基里科作品《神谕之谜》

（Giorgio de Chirico, Public domain, via Wikia

图2-2

德·基里科作品《秋日午后之谜》

（Giorgio de Chirico, Public domain, via Wikia

图2-2

在，每当我看这幅画就再次看到那一瞬间。尽管如此，对于我来说，那一瞬是一个谜，因为它无法言说。我也喜欢称那些由此产生的作品为谜（enigma）。”[1]如何理解这段“谜”一般的话，我们留待后面讨论。仅仅从画面内容来看，《秋日午后之谜》在整个“建筑时期”绘画序列中占据着开创性的地位，很多经典的德・基里科绘画元素，如建筑、拱券、围墙、雕塑、阴影、天空、船帆都已经在画面中出现。甚至是构图模式，如围墙局部遮盖了船帆以及天空都被此后的众多绘画所沿用。如果说《神谕之谜》是德・基里科在博克林的影响下开始脱离和转变的话，那么《秋日午后之谜》则标志着他已经找到了自己的独特题材，开始进入仅属于德・基里科自己的“形而上学绘画”的“建筑时期”。

德・基里科在1910～1911年完成的《一小时之谜》（*The Enigma of the Hour*）描绘的主体是一座双层敞廊，底层为高拱券支撑，上层开有长条窗，可以透过窗看到蓝色的天空（图2-3）。这幅画标志着德・基里科最喜欢使用的拱廊元素开始正式登场，清晰的轮廓以及明亮墙面与廊中阴影的强烈对比将成为形而上学绘画“建筑时期”的标志性成分。另外一个值得注意的地方是这一作品中冲突的多元透视体系。画面中心的喷泉采用了中心透视，灭点在地平线的中点，但双层敞廊则并没有按照严格的透视法则来绘制，大体上敞廊被呈现为从左侧看过去的场景，灭点应该位于画面外的左侧某处。这里仍然微弱的透视冲突，也将在此后的作品中被放大和强化。

完成于1911年冬季至1912年的《到来与下午之谜》（*The Enigma of the Arrival and the Afternoon*），见证了另外两个典型的德・基里科元素的诞生（图2-4）。其中一个是几乎横贯整个画面的红色围墙。在空间关系上，它将整个画面划分为前、后两个部分，前方是有着清晰边界的空地，后方是被遮掩了下部，因此只能去设想其边界与范畴的后景。部分显露的船帆此前已经出现过，在此后的画作中，德・基里科也常常以类似的方式绘制被局部遮挡的蒸汽火车与白烟。

① PAOLO BALDACCI. De Chirico: the metaphysical period, 1888-1919[M]. 1st North American ed. Boston: Little, Brown, 1997: 76.

图2-3

图2-4

图2-3

德・基里科作品《一小时之谜》

（Giorgio de Chirico, Public domain, via Wikiart）

图2-4

德・基里科作品《到来与下午之谜》

（Giorgio de Chirico, Public domain, via Wikiart）

另一个元素是在这幅画左侧围墙后的绕柱式塔形建筑。列柱与屋顶的搭配都表明其原型是罗马的维斯塔神庙（Temple of Vesta）。但德·基里科显著拉长了这座圆形神庙的比例，并且在屋顶中心放置了缩小比例的另外一层，将神庙变成了一座双层塔。同样的主题在德·基里科此后的绘画中得到进一步放大，转化为多层的高塔，如1913年创作的《高塔》（*The Great Tower*）。在这第一次登场之后，塔的元素开始频繁出现在德·基里科1912～1913年的画作中，除了维斯塔神庙的变形之外，还包括各种类型的方塔、圆塔、锥塔以及与塔类似的烟囱。

1912年3月，德·基里科因为服兵役的问题在意大利都灵逗留了十余天，这一旅程对他的形而上学绘画产生了深远影响。就像佛罗伦萨的圣十字广场为他带来最初的“揭示”一样，都灵的广场、雕塑与秋天的气息也给德·基里科带来深刻的触动。在多年以后的文字与访谈中，他不断提到都灵对这一时期的影响：“是都灵启发了我在1912～1915年的系列绘画……都灵真正的季节是秋季，在那时她形而上学的优雅显露无遗。”[①]“那是某种秋天的神秘，特别是在一些意大利城市的10月，尤其是都灵，那里有拱廊、广场……它们引发了我称之为‘意大利广场’的一系列绘画。”[②]这里德·基里科所说的“意大利广场”系列主要是指1912～1913年的十余幅画作。除了使用前面已经提到的一些典型元素外，这些画作中的大部分都具有一个类似题材，那就是边缘带有拱廊的广场。这样的广场在意大利北部古城中随处可见，德·基里科称之为“意大利广场”，准确地描绘出它们的类型化特征。1912年的《诗人的愉悦》（*The Delights of the Poet*）可以被视为这一系列的第一幅作品（图2-5）。带有喷泉水池的广场占据了画面将近一半的幅面，左侧是拱廊，正中央的山墙面以及旁边首次出现的火车都提示出这似乎是一座火车站。在此后的“意大利广场”系列中，水池没有再出现，取而代之的是不同题材的雕像，最为频繁的是阿里阿德涅（Ariadne）的沉睡像，有时也会是主题不明的骑马像或政治家的站立像。

① MAURIZIO CALVESI. Giorgio de Chirico and “continuous metaphysics” [J]. METAPHYSICAL ART, 2006 (5/6): 33.
② GIORGIO DE CHIRICO, JEAN JOSÉ MARCHAND. Interview with de Chirico Archives du XXe Siècle[J]. METAPHYSICAL ART, 2013 (11/13): 287.

图2-5

图2-5

德·基里科作品《诗人的愉悦》

（Giorgio de Chirico, Public domain, via Wikiart）

至此，最为典型的德·基里科“建筑时期”绘画题材都已经出现。广场、街道、拱廊、雕像、围墙、高塔、火车、帆船、时钟、阴影以及不时出现的人影，这些元素构建出德·基里科独特的绘画语汇。正如画家自己所分析的，在绘画史上少有杰出艺术家将建筑作为最主要的描绘对象。即使是受到德·基里科盛赞的拉斐尔，虽然在《雅典学派》（*The Athens School*）中描绘了恢宏的古典拱顶，而且从建筑孔洞与缝隙间透露出天空的处理方式与德·基里科有强烈的相似性，但是画面的核心仍然是以柏拉图与亚里士多德为核心的古希腊哲学家，建筑依然屈居陪衬。相比之下，德·基里科的“建筑时期”绘画将绝大部分的幅面让给了建筑、广场与街道，其他题材，如雕像、火车与人影更像是辅助元素。德·基里科以这种反传统的方式，体现出“建筑感”的根本性，就像他所说的：“建筑感可能是人最早感受到的事物。”

但题材或许还并不是德·基里科最特别的地方，对于形而上学绘画的观赏者来说，这些作品最大的感染力在于画面整体所呈现出来的独特氛围。神秘、忧伤、静谧、迷惑、不安、怀旧等是人们用来描述德·基里科形而上学绘画的常用词汇，同样也是画家喜欢用来命名这些画作的词语。分析德·基里科最大的难点就在于解释这些词语与画作内涵之间的关系，进而理解画家通过这些作品想要传达什么，以及理解这些与他所定义的“形而上学”之间的联系。

这些问题很难在画面之中得到全部的解释，我们必须深入到德·基里科这一时期的思想根源去寻找线索。好在，画家已经不断提示我们这条线索的存在，那就是他哲学意义上的“形而上学”理论。

德·基里科的“形而上学”理论及其源泉

在数年的持续创作之后，德·基里科从1919年开始撰写一些文章对此前的创作进行总结与解释，它们大部分发表在罗马的《Valori Plastici》杂志上。这些文章的命名，如“我们，形而上学者”（We Metaphysicians）、“论形而上学艺术”（On Metaphysical Art）、“形而上学美学”（Metaphysical Aesthetics）等，宣告了“形而上学”一词正式成为德·基里科此前一段创作的概括性名称。

为何德·基里科要选用“形而上学”这个哲学术语，这里的“形而上学”又具体指的是什么？这是两个必须要回答的问题。考虑到20世纪初期巴黎先锋艺术运动的复杂性，我们的确有理由怀疑德·基里科对这个词的使用是否准确，或者是否真诚。虽然没有在1919年的数篇文章中直接给予解释，但德·基里科在后来的一些访谈中对此进行了清晰的说明：“虽然在我的绘画中所有的物品都是可以辨认的，但‘形而上学’意味着在物质之外，也就是在我们的视界与总体知识之外。形而上学的层面存在于构图之中，存在于这些物品的布置所创造的氛围之中，存在于它们之间的关系以及与画布的关系之中。”[①]德·基里科的这段话的意思是，他的绘画通过对特定物品的排布、构图、关系与氛围，创造出一种超越了简单物质性存在的形而上学层面。在另一段话中，德·基里科进一步说明，这些画作会创造一种“揭示”：“我们将人获得揭示的时刻定义为这样的时刻：他感受到了超越人类精神已知的事物之外的另一个世界……揭示让我们看到一个形而上学的世界，在可见事物之外。”[②]

这些引文说明，德·基里科选用“形而上学”一词并不是一个偶然的行为，因为他所认同的“形而上学”一词的内涵，正是很多人所理解的哲学意义上的形而上学。我们知道，“形而上学”（metaphysics）一词最早来自于罗德的安德洛尼克斯（Andronicus of Rhodes）为排布亚里士多德的14本著作所起的名字。他认为这14本著作应该放在《物理学》之后，因此得名“物理学之后”（meta-physics，meta的原意是在某某之后），也就是后人所熟知的形而上学。安德洛尼克斯或许认为，一个阅读者应当在了解了《物理学》之后，再学习这14本书。这是因为，亚里士多德在这里所讨论的已经不再是随处可见的物理现象，而是某种更为抽象和普

① GIORGIO DE CHIRICO. “L’Europeo” asks De Chirico for the whole truth[J]. METAPHYSICAL ART, 2013 (11/13): 265.
② GIORGIO DE CHIRICO. Considerations on modern painting[J]. METAPHYSICAL ART, 2016 (14/16): 103.

遍的原理，它们构成了对整个世界的根本性解释。亚里士多德自己当然不会使用“形而上学”一词，但他有时会将这些内容称为“第一原则”（first principle）或者是“第一哲学”（first philosophy）：“如果有某种不变的实质，研究它的科学必定是首要的，必须是第一哲学，而且是普遍性的，因为这是第一位的。这种科学所要讨论的是存在自身（being qua being）——包括它是什么，以及属于存在的形式。”[1]正是在《形而上学》中，亚里士多德详细讨论了他的实体（substance）论、四因说（four causes）、目的论等问题。在他看来，对这些问题的解答才构成了根本性的解释，因为它们讨论的是“存在自身”的普遍性质，而不是某个具体事物的特定属性。虽然此后的人们并没有普遍接受亚里士多德的解答，但是很多人接受了他对“形而上学”的定义，认为存在一种特定的哲学讨论，所涉及的不是自然物体或现象，而是在现象背后更为深刻的本质，它将解释存在自身的根本性原理与普遍性原则，而不是局限于偶然和特殊的现象。正是在这一观念的影响下，中世纪哲学家赋予meta这个前缀以新的内涵，它不再是“某某之后”，而是指“某某之上”“超越某某之外”“最根本的”以及“最本质的”，这也成为我们常识中所理解的“形而上学”的内涵。所以，当德·基里科在谈论某个“超越人类精神已知事物之外的另一个世界……一个形而上学的世界”时，他所指的正是常识的“形而上学”观念，认为在自然事物与现象之后，还有一个更为本质的解释，一个不同于日常观念的解释，它们超越了我们的“视界与总体知识”，构成了另一个世界，一个形而上学的世界。

由此看来，德·基里科的确认同某种形而上学解释的存在，那么这个解释到底是什么就变得至关重要。自公元前4世纪的亚里士多德到20世纪初，西方已经有了许多不同的形而上学理论。德·基里科所认同的具体是哪一种理论，还是说他自己独创了一个新的体系？这个问题并不难以回答，因为德·基里科无数次地透露出一个关键人物的影响——德国哲学家弗里德里希·尼采（Friedrich Wilhelm Nietzsche）。在1911年的一幅自画像中，德·基里科描绘了自己左手托腮沉思的侧面像，从姿势、

① ARISTOTLE. The complete works of Aristotle[M]. Princeton: Princeton University Press, 1984: 1620.

神态到穿着，这幅自画像都极其类似于尼采那张拍摄于1885年1月1日的著名照片。这种关联显然不是偶然的，德·基里科不仅仅是尼采的读者，甚至可以说是狂热的追随者。他在1910年写给朋友的一封信中写道："你知道谁是最深奥的诗人？你可能会立刻说但丁或者歌德或是其他人。这完全是误解，最深奥的诗人是尼采……我要对着你的耳朵悄悄说，我是唯一懂得尼采的人——我所有的绘画都证明了这一点。"[①]在几行以后，他继续写道："只有与尼采一起，我才能说，我开始了一个新的生命。"[②]从这个角度来看，德·基里科在自画像里将自己等同于尼采，他的目光所看向的是他"所理解的深奥性，就像尼采所意指的那样"。[③]

在20世纪初期的先锋艺术运动中，尼采的影响是普遍存在的，尤其是在以德国为中心的表现主义运动中。德·基里科1906～1909年曾经在慕尼黑美术学院学习，接触到尼采的思想与著作顺理成章。但是他声称自己是"唯一懂得尼采的人"仍然是不同寻常的。毕竟尼采一生有大量著作，涉及从音乐到宗教等诸多方面的内容，而且不同时期的观点也在变化，德·基里科具体认为自己在哪一方面懂得了尼采？解答这个问题的一个关键线索是德·基里科经常使用的一个词语——"揭示"（revelation）。在前面的引文中，德·基里科提到了"揭示"让艺术家看到一个形而上学的世界。在1942年的一篇文章中，他写道：在揭示中，艺术家"设法看到了其他人看不到的东西，在那一时刻他能够看到一个处于思想与人类理性概念之外的世界。它是一个无法解释的世界，对于它，我们的头脑什么都看不见，艺术家必须将它揭露给人们，赋予我们的精神、我们的理智以及我们的眼睛，一个未知世界的令人震惊的视觉图像"。[④]而对于"揭示"的到来，德·基里科写道："一个揭示的发生可能是突然的，在人们毫无准备的时刻，可以由任何看到的东西所激发——一座建筑、一条街道、一个花园、一个广场等。起初，它属于一组奇怪的感受，我只在一个人的身上观察到了——尼采。当尼采谈到查拉图斯特拉是如何

① PAOLO PICOZZA. Giorgio de Chirico and the birth of metaphysical art in Florence in 1910[J]. METAPHYSICAL ART, 2008 (7/8): 63.
② 同上，66.
③ 同上，63.
④ GIORGIO DE CHIRICO. A discourse on the material substance of paint[J]. METAPHYSICAL ART, 2016 (14/16): 107.

构思形成时，他说‘我对查拉图斯特拉感到惊讶，’在这个词语‘惊讶’之中，蕴含了突然揭示的所有的谜。”[①]一个最典型的“揭示”的例子，是前面提到的德·基里科在圣十字广场上那一瞬间的感受。那是德·基里科专注于阅读尼采著作的时期，也是形而上学绘画的“建筑时期”的起点。

可以看到，尽管尼采对德·基里科的影响是多方面的，但画家自己谈论最多的是尼采帮助他获得了“揭示”。通过“揭示”，他看到了一个“处于思想与人类理性概念之外的……一个无法解释的”“形而上学世界”。如何理解这个所谓的“形而上学世界”？那就要回到尼采自己的形而上学理论，更确切地说是他在《悲剧的诞生》（*The Birth of Tragedy*）中所借用的德国哲学家阿瑟·叔本华（Arthur Schopenhauer）的形而上学理论。尽管对尼采推崇备至，但德·基里科随后也了解了叔本华对尼采的影响，在他20年代的书信中大量出现的主要是尼采，而在后来的文章中则开始出现越来越多叔本华的名字。所以，准确地说，德·基里科是通过尼采接触到了叔本华的哲学思想，进而影响了他的“形而上学绘画”观念。他所提到的“形而上学”世界，可以在叔本华的形而上学理论中找到充分的支持。

在《悲剧的诞生》第一章中，尼采写道：“研究哲学的人甚至有一种感觉，在我们所生活的现实之下，有另一个隐藏的、非常不同的世界，而我们自己的世界只是一个幻象；实际上，叔本华说，在某些时候能将人或者物视为幻影或者是梦境图像的天赋，是哲学能力的标志。”[②]尼采进一步将这个幻象的世界定义为阿波罗式（Apollonian）的，它是叔本华所说的“个体化原则”（principium individualionis）的产物，是通过确立空间与时间关系，在事物之间划分边界，确立清晰的逻辑关系，让个体（individual）成为个体，让世界成为个体组成的世界。尽管如此，幻象终究是幻象，那些将幻象世界当成真实世界的人，仍然被“摩耶之

① PAOLO BALDACCI. De Chirico: the metaphysical period, 1888-1919[M]. 1st North American ed. Boston: Little, Brown, 1997: 69.
② FRIEDRICH WILHELM NIETZSCHE. The birth of tragedy: out of the spirit of music[M]. London: Penguin, 1993: 15.

幕”（Veil of Maya）所笼罩[①]，将表象当作真实本身。与之相反的是狄奥尼索斯（Dionysian）倾向，它意味着超越个体（包括人自己）之间的界限，不再将幻象的个体世界视为真实的，而是意识到在个体背后，在“个体化原则”发生作用之前是另一个世界，在那里所有的一切都属于同一个“原始整体”（primordial unity）。在狄奥尼索斯式的沉醉状态之下，“一种从未感受到的体验为获得表现而挣扎——摧毁‘摩耶之幕’，一个单一的整体是所有形式的源泉，也是自然本身的源泉。”[②]

这里的“个体化原则”“摩耶之幕”“原始整体”等概念都直接来自于叔本华，尼采实际上整体借用了叔本华在《作为意志和表象的世界》（*The World as Will and Representation*）第一书与第二书中阐发的形而上学理论：我们感受到日常世界只是某种表象或者现象，是人们通过“个体化原则”进行加工或者说扭曲获得的结果，而这个作为表象的世界与那个未经过加工的原本世界则是完全不同的。至少在这一部分看来，叔本华的观点完全基于康德对现象世界（phenomena）与物自体（noumena）的区分，在《作为意志和表象的世界》中他称赞康德的《纯粹理性批判》（*Critique of Pure Reason*）“极富价值，单单这一个作品就足以让康德名垂青史。它的论证有如此强的说服力，以至于我将它的论点视为无可辩驳的真理”。[③]

有了这一形而上学理论线索，我们就可以理解德·基里科不断强调的，在“物质之外，也就是在我们的视界与总体知识之外”的，通过“揭示”感知到的“无法解释”的形而上学世界。这里的物质，以及我们的“视界与总体知识”所理解的世界，就是尼采的阿波罗世界，也是叔本华的表象世界，以及康德的现象世界；而那个无法解释的形而上学世界则是尼采所说的在狄奥尼索斯式沉醉中所感受的世界，是叔本华的原始整体，以及康德的物自体。如果说是在尼采的引导下，德·基里科获得了

① 摩耶（梵文Māyā）是印度古代宗教哲学中的概念，出现在古代典籍《梨俱吠陀》中，它的主要意思是幻象、假象、表象、魔法，常常用来指被看起来是真实的，实际上是假象的现象。
② FRIEDRICH WILHELM NIETZSCHE. The birth of tragedy: out of the spirit of music[M]. London: Penguin, 1993: 21.
③ 引自JULIAN YOUNG. Schopenhauer[M]. London: Routledge, 2005: 21.

这一形而上学理论的启示，那么通过尼采，德·基里科所接受的实际上是叔本华所表述的康德的形而上学观点。虽然德·基里科在很多地方直接提到了叔本华的名字，但最直观地体现出他与这位哲学家密切关联的是他在《论绘画的物质实体》(*A discourse on the material substance of paint*)一文中的表述："一幅虚构（invented）的绘画拥有精神价值。它是艺术家获得'揭示'之后完成的作品。有人解开了环绕地球并且将地球与宇宙隔开的帘幕。这个帘幕仅仅在很短的时间内打开了一点点。但这足以让一个艺术家获得一种强烈与奇异的图景，它展现出超越我们有限知识的另一个世界，一个远离我们微小但熟悉的地球的世界。"[①]不难联想，画家所说的帘幕实际上就是叔本华所说的"摩耶之幕"，掀开帘幕所揭示的遥远的宇宙，就是那个不同于表象世界的形而上学世界。在帘幕掀开之时，艺术家也就等同于哲学家，"具备了新的能力的创造者，是已经超越了哲学的哲学家"。[②]德·基里科的《神谕之谜》生动地描绘出了这一场景，画面左侧的黑色幕布被掀起了一角，远方的天空与大海显露出来，而沉思的奥德修斯透过这一角获得了深刻的"揭示"。笔者在前面已经提到，这幅画恰恰是德·基里科"形而上学绘画"最早的作品之一。

必须强调的是，除了强调表象与原始整体之间的差异之外，叔本华的形而上学理论还有另外一个核心内容，那就是论证作为本体的"原始整体"实际上是一种意志（will）。就像新西兰哲学家朱利安·杨（Julian Young）所指出的，这种跨越"摩耶之幕"，直接论证物自体本质属性的做法实际上违背了康德关于物自体不可知的观点。叔本华自己也意识到了这一问题，所以在后期提出了在意志背后还有另外不可知的物自体这样的补救理论。[③]但对于当下的讨论，真正重要的是，德·基里科基本上没有受到叔本华意志理论的影响，他并没有像叔本华那样试图进一步定义那个形而上学的世界是什么，而是满足于将它视为一个谜。也就是说，德·基里科没有试图跨越康德所设定的此岸与彼岸的绝对鸿沟，也

① GIORGIO DE CHIRICO. A discourse on the material substance of paint[J]. METAPHYSICAL ART, 2016 (14/16): 107.
② GIORGIO DE CHIRICO. We metaphysicians[J]. METAPHYSICAL ART, 2016 (14/16): 30.
③ JULIAN YOUNG. Schopenhauer[M]. London: Routledge, 2005: 96-98.

避免了叔本华所将要面对的难题。从某种角度上来说，德·基里科的这种克制更为成熟，他声称艺术家是“超越了哲学的哲学家”或许并不是无稽之谈。

为这一节的讨论做一个简单的小结。德·基里科所声称的“形而上学”的确是指哲学上的形而上学，即发现最本源的解释。通过尼采，他接受了叔本华与康德对表象（现象世界）与原始整体（物自体）两个不同世界的划分。前者是我们生活的日常世界，而后者则是一个完全不同的形而上学世界。艺术家可以通过“揭示”，穿透笼罩着日常世界的“摩耶之幕”，所获得的结果就是形而上学绘画。

如果说这是德·基里科的形而上学绘画的动机与思想基础，那么剩下的问题就是他的建筑元素是如何帮助阐释这种“揭示”以及这种形而上学洞见的，这将是下一节要讨论的问题。

建筑与形而上学“揭示”

对于德·基里科争议最多的问题之一，是他的形而上学绘画与后形而上学时期绘画作品中的巨大差异。在1919年之后，德·基里科的绘画无论是在主题还是技法上都开始远离此前的形而上学道路，偏向更为写实也更为传统的绘画模式。他甚至开始深入研究颜料的制备与画笔的制作，以期达到理想古典时代的水准。对于曾经将德·基里科视为先驱的超现实主义者来说，这种回归“古典”的变化无异于背叛与懦弱，他们对德·基里科的批评在很长一段时间内影响了人们对这位画家的评价。但是在德·基里科本人看来，自己与种种先锋艺术派别并无关系，这些所谓的“现代”艺术派别都缺乏重要性，超现实主义者的批评更是不值一提。他并不认为一个画家一生的作品需要某种统一性，重要的是这些作品要有价值。[1]在这一点上，他的形而上学作品与此后的“古典”作品可

① GIORGIO DE CHIRICO, JEAN JOSÉ MARCHAND. Interview with de Chirico Archives du XXe Siècle[J]. METAPHYSICAL ART, 2013 (11/13): 296.

以相提并论，它们有着不同的价值，但都从各自的层面达到了形而上学的高度。或许是为了避免误解，同时也强调前后绘画同等的重要性，德·基里科在20世纪40年代以后的文章中不再使用“形而上学绘画”的称呼，转而将形而上学时期的作品称为“精神性的或虚构绘画”（spiritual or invented painting），此后的绘画则被称为“品质性绘画”（quality painting）。如何理解这两种绘画的差异与联系不在我们的讨论范畴之内，但德·基里科这种划分的确有助于我们理解他的建筑元素如何为形而上学的“揭示”作出贡献。

德·基里科之所以使用“虚构绘画”的名称，是由于这些画面描绘的内容并非基于实际场景，而是在画家头脑中“虚构”出来的。例如，意大利广场系列，他强调：“不，不是意大利广场。当然，它们是现实，因为意大利广场的确存在，但是你在地球上任何地方都不会发现我作品里那样的意大利广场。”[①]“虚构绘画”的意图并不在于呈现现实，而是“图像与精神理念的显明（manifestation of images and spiritual ideas）。它们的价值是由理智内容构成的……它的形而上学层面完全来自于理念与主体”。[②]又一段典型的叔本华式表述，艺术作品所表现的是“理念”。[③]这里的理念，当然不是指柏拉图式的纯粹理念，而是指对形而上学世界的“揭示”，因此德·基里科也建议使用“揭示绘画”（revealed painting）的名称。它是画家在掀开“摩耶之幕”，获得“揭示”之后的产物，而画作本身，则试图将这种“揭示”传达给观赏者。在这个意义上，绘画也是一种传递工具，作为某种符号或象征昭示画面之外的东西。德·基里科在古希腊绘画中发现了这种品质：“在我们称为古典艺术代表性的线条的神秘主义中，你会注意到对无用的实体与沉重的鲜活性的厌恶，这些元素缺乏精神的微妙。取而代之的是一种明显的简化倾向，独特地将绘画元素导向一种宗教性的字母符号，这些符号形成了一个人像

① GIORGIO DE CHIRICO. “L’Europeo” asks De Chirico for the whole truth[J]. METAPHYSICAL ART, 2013 (11/13): 268.
② GIORGIO DE CHIRICO. A discourse on the mechanism of thought[J]. METAPHYSICAL ART, 2016 (14/16): 108.
③ 关于叔本华对艺术表现理念的讨论，及其与柏拉图哲学之间的差异，见JULIAN YOUNG. Schopenhauer[M]. London: Routledge, 2005: 130-133.

与物品的轮廓。”[1]这种简化的意图是抛弃实体的偶然性，以抽象符号体现那个不同于日常的理念世界，“我们可以说自然的每一个欺骗性的和稍纵即逝的方面，都有一个与永恒事物的世界相关的特殊符号与象征；古典艺术家们所发现的正是这种符号与象征，或者至少是它的一部分”。[2]德·基里科分析古希腊绘画的语句，几乎可以完全地套用在他“建筑时期”的作品之上。拱廊与高塔清晰的轮廓、简略的细节都试图将建筑元素简化成某种抽象原型，而不是现实的再现，以此来指涉古典艺术家们的“永恒事物的世界”。这对于德·基里科来说则是对“摩耶之幕”背后事物的“揭示”。

在德·基里科看来，“艺术是一座桥梁，将我们的世界与那个超越现实之外的世界联系在一起”。[3]他在这句话中使用了一个建筑的比喻，从更广泛的视角去看，他“形而上学绘画”中的建筑元素也是这样的桥梁，将两个世界联系在一起。这提示我们，对德·基里科“建筑时期”绘画的分析应该紧紧围绕两个世界的观念展开。前面已经谈到，两个世界的观念是从康德到叔本华再到尼采的形而上学理论的核心，也是德·基里科所接受的哲学观点。桥的比喻格外重要，因为桥虽然同时与两个世界相连接，但它自身既不是此岸也不是彼岸，而是一种中间状态，与两个世界有所关联，但也有所不同。转译到画作中，德·基里科所要描绘的既不是我们所熟知的日常世界，也不是那个不可知的形而上学世界，而是一个处于中间状态的与两个世界都有关系的“新的世界”。

对于这个“新的世界”，德·基里科使用了另一个建筑比喻：“作为真的忒修斯（Theseus），德·基里科冒险进入新价值构成的令人不安的迷宫，沿着缪斯牵引的线索，他抵达了那些遍布于我们愚蠢的生活中，但是却不为人知的地方……住宅、房间、高耸的墙、走道、打开或关上的门窗，都在新的光线下展现给他。他不断在日常事物中发现新的方面、新的孤寂以及一种沉思的感觉，而我们的日常习惯让我们对这些事物习以

① GIORGIO DE CHIRICO. Pictorial classicism[J]. METAPHYSICAL ART, 2016 (14/16): 49.
② 同上。
③ GIORGIO DE CHIRICO. Form in art and nature[J]. Metaphysical Art, 2016 (14/16): 124.

为常，甚至于彻底掩盖了它们。”[①]德·基里科的这段话说明，他的“新世界”不是去创造全新的一切，而是要在我们所熟知的日常事物中发现“新的价值”“新的方面”，或者说是“事物的形而上学层面”。这实际上也是德·基里科整个“形而上学绘画”时期所采取的策略。他的绘画对象总是可以辨认出来的常见事物，如建筑、人偶、水果、书本，是他对这些题材的特殊处理让人看到另一个层面。就像他所说的：“每一个事物都有两面：当下的一面，我们几乎随时看到的，也是人们平时看到的；以及另一个鬼魅般（spectral）的或者是形而上学的一面，只有很少的人在富有洞察力与形而上学抽象性的时候才能看到。”[②]因此，解读德·基里科绘画的关键，就在于理解他是如何在常见事物之中展现出它们“鬼魅般的或者是形而上学的一面”。这些常见事物，当然也包括我们讨论的主题——建筑。

空间与时间

叔本华常常使用“摩耶之幕”一词来描述现象世界的欺骗性，它掩盖了物自体的本质，让人们认为日常理解的世界就是真实的一切，反而忘记了这只是“个体化原则”作用下产生的表象。因此，要实现形而上学的目标，理解存在自身，就要穿透“摩耶之幕”，摆脱表象的迷惑，不再把习以为常的当作真实的，也不再被日常的逻辑所束缚。德·基里科甚至直接引用了叔本华的话来加以说明：“要获得原创性的、杰出的，甚至可能是永生的理念，你只要让自己完全独立于这个世界一段时间，那么最普通的事物都会显现成全新和陌生的，由此揭开它们真正的本质。”[③]这里的“独立”，当然不是说要隔离在世界之外，而是说要跳出日常理解的范式，不再以平日所熟悉的理念、逻辑与价值体系来看待事物。这种“跳出”也就意味着日常逻辑的中断，一个突然的停滞，随后才可能有掀开“摩耶之幕”的惊讶。德·基里科在很多场合描述过这一机制，其中

① GIORGIO DE CHIRICO. Giorgio de Chirico[J]. Metaphysical Art, 2006 (5/6): 525.
② GIORGIO DE CHIRICO. On metaphysical art[J]. METAPHYSICAL ART, 2016 (14/16): 38.
③ PAOLO BALDACCI. De Chirico: the metaphysical period, 1888-1919[M]. 1st North American ed. Boston: Little, Brown, 1997: 75.

具有代表性的一段是这样："看起来，一些天才的作品所带来的惊讶，令人困扰的震惊，来自于它们在我们的生活，更准确地说，是整个宇宙的逻辑节奏所造成的瞬间停滞……回到前面的例子，当人们在一个原以为空无一人的房间中突然看到很多人时，他们脸上奇异的形而上学表情是来自于这样一个事实，我想，我们的感觉、我们的大脑技能，在惊讶的触动下，失去了人类逻辑，也是我们从童年开始所熟悉的逻辑的线索；或者说我们'忘记了'，我们失去了记忆，生命突然暂停了，在宇宙生命节奏的停滞中，我们所看到的人，虽然在物质形态上没有任何变化，却以一种鬼魅的方式展现给我们。"①德·基里科试图说明，必须放弃我们所熟悉的看待事物的常规方式与理解模式，在日常运作停滞之时，才能摆脱"摩耶之幕"的笼罩，让我们意识到事物"当下的一面"之外，还有"形而上学的一面"。"鬼魅"是德·基里科对"形而上学"一词的另外一种表述，恰恰因为放弃了日常逻辑，事物才会显得不可名状，仿佛鬼魅一般不可捉摸。

在"形而上学绘画"中，德·基里科采用了很多不同的手段来打破"我们从童年开始所熟悉的逻辑"。前面提到的他对建筑元素的类型化处理，刻意以平面化特征削弱体量感，以及对区别性细节的简省就是其中一种。但相比之下，他更有力的手段则是对空间与时间两个要素的独特阐释。

空间与时间在康德、叔本华形而上学理论体系中具有特别的重要性。康德认为，空间与时间并不是物自体本身的属性，或者说物自体之间原本就存在的关系，而是人为了获得感觉（sensation）而施加的主观条件。更具体地说是我们获得感知必须施加在直觉上的形式条件，其中空间"只是外部感觉的形式条件，"而时间则是"内部感觉，也就是对我们自己以及内在状态的直觉的形式条件"。②这意味着，空间与时间并非真实存在的物自体的一部分，而只是我们自己的头脑施加的额外条件，它们的作用是让直觉变得有序，变得可以区分辨别，从而才能成为我们所熟知的感觉。简而言之，空间与时间是现象世界的先验条件，但是它们来自于

① GIORGIO DE CHIRICO. Raphael Sanzio[J]. METAPHYSICAL ART, 2016 (14/16): 72.
② PAUL GUYER. Kant[M]. Routledge, 2006: 63.

人的主观建构，而非物自体本身。这就是康德著名的“超验理念主义”（transcendental idealism），构成了他的认识论的基础。叔本华在很大程度上完全接受了康德的理论，空间与时间是“个体化原则”的核心组成部分，它们帮助构建了表象世界，让个体获得清晰的空间与时间位置，从而可以与其他个体区分开来，成为表象世界的一个单独的组成部分。空间与时间本身并非真实存在，它们只是用来加工形成表象的工具。但是，当这个表象被当成了真实的本质，空间与时间就成为制造幻象的工具，变成了“摩耶之幕”的一部分。因此，要穿透幻象，就要抛弃空间与时间的限制，去认识那个在空间与时间这些主观条件之外的本质。也正是因为真实的本质在空间与时间之外，那它也就无法通过空间与时间的区别来进行划分，所以它只能是一个整体，一个原始整体（primary unity）。无论是康德还是叔本华的理论，都导向同一个结论，要摆脱表象的欺骗，就要打破常识性的空间与时间逻辑，因为它并不属于那个本质性的形而上学世界，而仅仅是现象世界的形式条件。就如德·基里科所说，需要“去除人为事物穿戴上的常规逻辑形式”，[①]脱离我们所熟知的“逻辑节奏”，去体验某种停滞，某种“鬼魅的方式”。

虽然没有直接引用叔本华或康德的空间与时间理论，但德·基里科对于这两个要素的重要性显然有清晰的感知。他“建筑时期”作品的强烈感染力，有很大一部分就来自于对这两个要素的处理，在其中，建筑都扮演了关键性的角色。首先，看一看空间。建筑与空间的密切关系自是不言而喻，建筑能够通过围合与限定强化人的空间感知，从而建立更强的秩序感与稳定性。德·基里科认为，古代绘画中卓越的建筑感，就在于建筑要素可以带来这样的稳定性，他写道：“被抛弃在旷野中，人像受制于一种缺乏稳定的感受；在这种状态下，它缺乏精神力量。”[②]与之相反，在普桑（Poussin）的画作中，“人像要次于田园式的自然、茂密的树木、河流、山川及被拱顶、圆拱、柱子以及建筑所框定的天空，这些建筑元素根据神圣透视的不变而精确的原则绘制，获得了一种奇异的稳定与距

① GIORGIO DE CHIRICO. Gustave courbet[J]. METAPHYSICAL ART, 2016 (14/16): 42.
② GIORGIO DE CHIRICO. Thoughts on classical painting[J]. Metaphysical Art, 2016 (14/16): 62.

离感”。[1]这段话表明，德·基里科充分意识到精确的透视原则对建筑空间表现的作用，“关于透视的知识，是让建筑感充分体现的先决条件”。[2]

在这种条件下，可以推断，德·基里科“建筑时期”绘画中标志性的透视扭曲是一种有意识的技法，其意图正是打破现实的“稳定与距离感”。前面已经提到过，这种扭曲从1911年最早的“形而上学绘画”中浮现，随后在1912年开始的意大利广场系列中得到强烈的表现，成为典型的德·基里科要素。例如，在1913年的《阿里阿德涅》(*Ariadne*)中，右侧的柱廊采用了夸张的透视画法，视线被引向画面左上角的灭点(图2-6)。但是其他元素，如柱廊的阴影、阿里阿德涅的雕像，远处的墙与高塔都明显不是依照柱廊的透视关系所绘制的，仿佛每一个元素都有各自的透视体系，整个画面中展现的是多种透视体系的并置，而不再是唯一的一个空间秩序。这就是典型的德·基里科透视画法。他并没有像纯粹主义那样完全去除透视，反而是通过柱廊等序列性元素的描绘来强化特定的透视感，只不过画面不是单一的而是多元的透视体系。事物之间的位置关系、大小比例都开始变得难以捉摸，我们所熟悉的空间逻辑受到动摇，因此开始以新的角度去看待画家所描绘的内容。“对于事物在画面中所占据的空间，以及将一个事物与另一个事物进行区分的空间有着绝对的意识，就可以建立关于事物的新的天文学。”[3]德·基里科写道，所谓新的“天文学”，是指超越“表象”世界的“宇宙”观，以新的方式去看待所有的一切。

德·基里科的这种画法，很容易让人联想起尼采在《快乐的科学》(*The Gay Science*)中所阐释的“透视主义”(perspectivism)。[4]我们眼中的景象只是从某个特定视角出发所看到的，就像一幅透视精确的画一定是从某个准确的立足点出发绘制的。因为受到这个视角的影响，所见的图像

① GIORGIO DE CHIRICO. Architectural sense in classical painting[J]. METAPHYSICAL ART, 2016 (14/16): 47.
② GIORGIO DE CHIRICO. Thoughts on classical painting[J]. Metaphysical Art, 2016 (14/16): 64.
③ GIORGIO DE CHIRICO. Metaphysical aesthetics[J]. METAPHYSICAL ART, 2016 (14/16): 40.
④ FRIEDRICH NIETZSCHE. The gay science[M]. Cambridge: Cambridge University Press, 2001: 213.

图2-6

图2-6

德·基里科作品《阿里阿德涅》

（Giorgio de Chirico, Public domain, via Wikiart）

也就是被加工过的，不能等同于事物本身。从不同的视角出发，将看到不同的表象，而不是所谓的唯一真实的图像。“透视主义”是叔本华形而上学理论的一个推论，尼采将它发展成为重要的批判工具，对传统道德、文化展开激烈的抨击。德·基里科的“形而上学绘画”中并没有尼采那样激烈的批判性，但是对单一透视体系的拒绝则是同一的。只有在脱离了日常视角的桎梏之后，其他视角的观看才有可能，事物其他方面也才可能呈现，其中也包括它们形而上学的一面。

依靠多元透视的技法，德·基里科挑战了日常的空间逻辑，即使是我们熟知的拱廊与雕像，都“显现成全新和陌生的”。这种画法一直贯穿到德·基里科晚年的作品之中，但只有在“建筑时期”，依靠建筑元素的烘托，它的效果才最为强烈。

再来看看时间。不同于空间元素，对时间的表现要更为困难一些，就像康德所说，前者可以通过“外部感觉”呈现，而后者更多基于“内部直觉与状态”。德·基里科对时间要素的关注是毋庸置疑的，这直接体现在他对“建筑时期”很多画作的命名上。例如，1909年的《秋日午后之谜》、1911年的《一小时之谜》、1913年的《美丽一天的忧伤》（*The Melancholy of a Beautiful Day*），以及1914年的《一天之谜》（*The Enigma of a Day*），这种将时间元素加入名称的做法不仅在绘画史上并不多见，在德·基里科自己的作品序列中也就是在“建筑时期”最多。除此之外，德·基里科还常常绘制建筑外墙上的钟表，直接展现准确的时间。这一时期画作中，强烈的阴影也像日冕一样提示着时间的节奏。保罗·巴达西（Paolo Baldacci）等学者还认为，德·基里科在形而上学早期绘画中惯用的喷泉，也有着时间的隐喻，因为水流的流逝常常与时间的流逝相互关联。[①]

德·基里科在名称中对时间的强调，显然不仅仅是为了说明绘画所描绘的是什么时刻。就像他会突出透视的冲突而不是完全放弃透视，他将某

① 参见PAOLO BALDACCI. De Chirico: the metaphysical period, 1888-1919[M]. 1st North American ed. Boston: Little, Brown, 1997: 57.

个时刻刻意强调出来，也可以达到打破“整个宇宙的逻辑节奏”的效果。德·基里科广为人知的、在某个秋天的下午在圣十字广场上体验到的“揭示”，就是对日常时间节奏的突破。“揭示”总是突然发生，之前并无任何征兆与准备，没有预先的规划也完全无法预知。它仿佛并不是产生于我们日常的时间序列，而是发生于“我们的生活，更准确地说，是整个宇宙的逻辑节奏……的瞬间停滞”，这时候“生命突然暂停了，在宇宙生命节奏的停滞中，我们所看到的人，虽然在物质形态上没有任何变化，却以一种鬼魅的方式展现给我们”。[①]在德·基里科看来，多重视角的引入与时间的停滞，都是在挑战我们所熟知的单一逻辑与节奏，只有牺牲“幻象”才可能准备好接受本质。

上面这段分析中的“停滞”有助于解释德·基里科画作中令人迷惑的时间特征。他“建筑时期”的作品中，充满了一种矛盾的气息，一方面是令人迷惑的不安，另一方面则是难以表述的静默。不安更多地来自于多元透视的冲突，而静默则来自于对建筑、街道与广场近乎静物写生般的描绘，仿佛一切都突然凝固下来。空旷，是德·基里科“建筑时期”绘画的普遍特征，街道与广场上几乎没有什么人，有时会有奥德修斯或者另外一两个人的背影，但是他们也仿佛凝固在时间中，没有任何动作倾向。在阿里阿德涅系列中，德·基里科用沉睡的阿里阿德涅的雕像替代了奥德修斯等人，更进一步强化了时间的停滞感。阴影与受光面剧烈的反差似乎让影子也固化成为坚固的实体，不再会移动。唯一具有动感的是远方火车的白烟以及高塔顶部飘扬的旗帜，但它们的作用更多的是反衬出画面主体的凝滞，而不是带来活力。德·基里科在作品名称中所强调的或许就是这种停滞的时刻。在拉斐尔的画作中，他看到了这种特质：“在描绘的人像中去除生命，也就是我们当下可以解释的生命的火花，赋予它们庄重与静止，给予它们一种平静与不安的层面的力量，就像包含了沉睡与死亡秘密的图像，是伟大艺术的特权。”[②]同样的话语可以用来描述德·基里科“建筑时期”绘画中的奥德修斯与其他人的背影，也可以用来解释阿里阿德涅的沉睡。如果我们把建筑也看成人像，那么画面中

① GIORGIO DE CHIRICO. Raphael Sanzio[J]. METAPHYSICAL ART, 2016 (14/16): 72.
② 同上。

的“平静与不安”“沉睡与死亡”都可以看作是德·基里科打破日常空间与时间逻辑节奏的成果。当事物不再具有可以把握的空间与时间关系，它们也就脱离我们所熟知的“表象”世界，仿佛是其他世界某种不可知的事物（因为缺乏空间与时间条件）的幻影，因此德·基里科喜欢称这样的形而上学效果为“鬼魅”。

拱廊与窗

除了对空间与时间的特殊处理，德·基里科在具体建筑元素的选择上也别有深意。就像此前提到的，他的绝大部分建筑与城市并不是来自于任何真实的场景，而是来自于意大利与希腊传统建筑和城市元素的类型化抽象。他最喜欢使用的元素是连续的拱廊。作为在希腊出生的意大利家庭后裔，德·基里科对希腊—罗马文化传统的深刻认同从童年时代开始就印入他的头脑之中。柱廊，以及由此衍生出的拱廊，作为希腊—罗马建筑传统最具特征的元素，在德·基里科的绘画中也与古典文化紧密联系在一起。

“希腊人对门廊有一种偏好，在那里你可以一边漫步，一边进行讨论和哲学思考，避免受到雨水和强烈日照的影响，同时可以欣赏山脉和谐的线条。”[①]德·基里科对拱廊的印象与在古希腊城邦的柱廊中讨论形而上学问题的哲学家融为一体，这其中最为典型的是赫拉克里特斯。“‘这个世界充满了魔鬼。’以弗所的赫拉克里特斯说。他徜徉在门廊的阴影中，一个充满神秘的正午时光。”[②]这里的门廊当然是指赫拉克里特斯储藏自己著作的阿尔忒弥斯（Artemis）神庙的柱廊，他所指的“魔鬼”在德·基里科看来就是事物背后鬼魅般的形而上学层面。“他在赫拉克里特斯的作品中，发现了对世界神话般图像的肯定。”[③]建筑师迪米特里斯·皮吉奥尼斯

① GIORGIO DE CHIRICO. Architectural sense in classical painting[J]. METAPHYSICAL ART, 2016 (14/16): 46.
② GIORGIO DE CHIRICO. Zeuxis the explorer[J]. METAPHYSICAL ART, 2016 (14/16): 54.
③ PAOLO BALDACCI. De Chirico: the metaphysical period, 1888-1919[M]. 1st North American ed. Boston: Little, Brown, 1997: 92.

（Dimitris Pikionis）如此评价他的朋友德·基里科。在后者看来，赫拉克里特斯是他的形而上学理论的希腊先驱。拱廊，正是赫拉克里特斯发现“魔鬼”的地方。

除了历史传统以外，拱廊还有特殊的象征内涵。德·基里科与当时其他很多受到神智学影响的先锋艺术家一样，认同几何元素的象征性内涵，他甚至称之为“几何形而上学”（geometrical metaphysics）。对于圆拱，德·基里科直接引用了奥托·魏宁格（Otto Weininger）的分析：“‘作为一种装饰，圆弧是美的。它所昭示的不是彻底的、不再会受到指责的完美，就像环绕世界的尘世巨蟒（Midgard's Serpent）一样。在圆弧中有些东西是未完成的，需要被完成，也具有潜能被完成；它呼唤预言’……这个想法让我弄清楚了门廊与带有圆拱的开口给我留下的深刻的形而上学印象。”[①]如果将“尘世巨蟒”所形成的圆视为我们日常世界的边界的话，不完整的圆则是对边界的打破，为其他世界的“潜能”打开了缺口，这或许就是德·基里科在拱券中看到的“几何形而上学”的内涵。他画作中连续不断的拱廊，就像古希腊绘画中的“宗教性的字母符号”，指向其他可能的形而上学世界。

还有另外一个特质是拱廊与窗所共有的，那就是景框效果。在“形而上学绘画”时期，德·基里科常常描绘的一个主题是，穿过拱廊与窗户的孔洞显露出来的远景。《一小时之谜》以及《占卜者的回报》（*The Soothsayer's Recompense*）是两个典型的例子（图2-7）。德·基里科对此有清晰的论述：“被框定在门廊拱券下或者是窗户的方形或长方形洞口中的景观，有着更深厚的形而上学价值，因为它在周围环绕的空间中被孤立了出来，并且给予固化。建筑让自然变得完整。这构成了人类理智在形而上学发现中的进步。”[②]同样是在古典绘画中，德·基里科看到了这种画法的原型，“原始画家的作品中清晰体现出了建筑感。人像总是出现

① 在北欧神话中，尘世巨蟒（Midgard Serpent）环绕整个地球一圈，首尾相接。GIORGIO DE CHIRICO. Metaphysical aesthetics[J]. METAPHYSICAL ART, 2016 (14/16): 40.
② GIORGIO DE CHIRICO. Architectural sense in classical painting[J]. METAPHYSICAL ART, 2016 (14/16): 46.

在门道或窗户之中，被拱券与门廊所环绕”。[①]为何被拱券与窗洞限定的景致会有“更深厚的形而上学价值”？这需要使用前面提到的“两个世界”的观念。建筑作为人工构筑物，以及日常生活发生的地方，是人参与构建的生活世界的理想代表。我们之前已经讨论过建筑所限定的空间秩序对于表象世界的奠基性作用。也正是在这个意义上，德·基里科说，“建筑让自然变得完整”。如果进行了这种对应，那么建筑之外的景观与事物就可以成为其他可能存在的非常识性世界的象征，那么封闭的墙就可以被看作人工世界的边界、“尘世巨蟒”的化身。它限定了当下的世界，同时也掩盖和遮挡了其他世界。与之相反，拱券与窗户的洞口则起到了沟通的作用，虽然不能让我们直接抵达，但它们至少让我们看到了不同世界的存在，这些洞口就像是“摩耶之幕”被掀开一角之后所透露出来的缝隙。

德·基里科在评论乔托·迪·邦多纳（Giotto di Bondone）的画作时，讨论了这种特定内涵：“当眼睛遭遇到被石头构成的几何线条所环绕的那片蓝色或绿色表面时，不止一种令人不安的问题来到心头，在这之外还有什么？天空，它是在空空的大海还是拥挤的城市之上，或者它是覆盖了自然、山林、深色的峡谷、平原与河流那自由、宽广与令人困扰的延展？”[②]同样，在文森佐·泽诺（Vincenzo Zeno）的肖像画中，德·基里科看到了窗洞的特殊魅力：“观赏者的心头被这样的想法所侵占，在窗户之后还有什么，如果只能看到天空，你会想在天空之下有什么样的国家或者城市。”[③]窗洞与拱券之外，那远方不能触及但可以去想象的世界，与身边所熟悉的建筑和城市所构成的强烈反差，是德·基里科所强调的框景的作用。在“建筑时期”的作品中，近景建筑元素的暗淡与拱券中透露出来的远方天空的鲜明对比将这种反差渲染得淋漓尽致。在德·基里科此后一个阶段的“形而上学室内”（metaphysical interior）绘画中，窗洞的主题得到更充分的表达。

① GIORGIO DE CHIRICO. Architectural sense in classical painting[J]. METAPHYSICAL ART, 2016 (14/16): 46.
② 同上，47.
③ GIORGIO DE CHIRICO. Thoughts on classical painting[J]. Metaphysical Art, 2016 (14/16): 62.

如果我们把洞口的概念再放大一些，将街道以及两侧的建筑也看作一个洞口的三边，那么德·基里科的很多“形而上学绘画”都可以被视为对这样一个抽象“洞口”的描绘。比较典型的有《无穷的疲倦》(*The Lassitude of the Infinite*)、《美丽一天的忧伤》，以及《街道的神秘与忧伤》等。它们只是以更隐晦，但同时也更耐人寻味的方式来展现日常世界与形而上学世界之间的距离和关联。

与洞口的遮掩和穿透有着同样作用的是德·基里科经常描绘的围墙。他在克劳德·洛兰(Claude Lorrain)的作品中找到了共鸣：“他的透视安排充满了天赋。一列柱子、一堵高墙或是门廊将生活与自然的元素遮挡在实体之后，但是从背景中高高的旗杆以及被风吹鼓的船帆之中，我们可以获知这些元素的存在。”①如果再加上火车与白烟，那么这段话就是对德·基里科绘画中围墙题材的直接说明。墙体阻挡了视线的穿透，掩蔽了远方的地平线，但是在墙的上方是无限延展的天空，我们可以去设想在天幕之下还有多少不同的世界等待被发现。只有那些对其他世界充满好奇的人才会出发去寻找。风帆与火车象征着起航，它们已经跳出了墙外，即将出发前往未知的领域。

在这种意义之下，德·基里科的拱廊、窗洞、围墙，乃至整个建筑与城市场景都具有了两面，即“当下的一面”与“形而上学的一面”。前者体现在我们所熟知的建筑构成，后者则体现在建筑框架之外透露出来的天空与未知世界。通过与两个世界的关联，德·基里科的建筑元素成为他所说的“桥梁”，将“我们的世界”与那个“超越现实之外的世界”联系在一起。

谜、神话与记忆

虽然可以根据德·基里科的文字去推测他画作中建筑元素的内涵，但也

① GIORGIO DE CHIRICO. Architectural sense in classical painting[J]. METAPHYSICAL ART, 2016 (14/16): 48.

必须避免对它们做过多的符号性解读。“我的画很小，但是它们中的每一个都是一个谜，每一个都包含着一首诗，一种氛围（*stimmung*）以及一种你在其他绘画中不会发现的承诺。”[①]德·基里科用这样的语句向他的朋友介绍形而上学作品，他也提示了欣赏这些作品的理想方式，那就是像欣赏诗歌一样去体验。在一首诗歌中，每一个字或者每一个词听众都能理解，甚至能够进一步解读其内涵，但诗歌的感染力并不在于这些内涵的简单叠加，而是各元素以特定关系综合形成的整体所渲染的氛围与情绪。它是阅读者首先感受到的，也是印象最深刻的，然后才会去分析具体词汇的作用。德·基里科的陈述是准确的，任何一个被他“建筑时期”作品所吸引的人都能够理解他画作中那种独一无二的“谜”一般的“氛围”。

“谜”也是德·基里科在这一阶段最喜欢使用的命名词汇。从《神谕之谜》到《一天之谜》，他在1909～1913年至少有7幅作品的名称中使用了“谜”。回顾一下德·基里科对他在圣十字广场上体验到的“揭示”，就会发现“谜”已经存在于整个“形而上学绘画”的起始：“那时，我有了一种奇怪的感觉，好像我是第一次看到所有的一切……对于我来说，那一瞬是一个谜，因为它无法言说。我也喜欢称那些由此产生的作品为谜。”[②]“谜”的诞生，与形而上学“揭示”有关。当你以新的形而上学视角看到所有的一切，那所有的一切就都成了“谜”。何以如此？一方面你揭开了“摩耶之幕”，发现以往自己认为是真实的表象世界不过是一种幻象，就好似一个秘密被揭开，一切都不再是原来所显现的样子。但另一方面，也是更重要的，是“揭示”之后所发生的。如果我们抛弃了表象，扔掉了平时用来理解身边事物的逻辑节奏、空间与时间关系、理念与体系，借用叔本华所惯用的比喻，摘下了鼻梁上过滤和扭曲进入眼中光线的眼镜，所带来的不会是一幅更清晰的图像，而只能是含混与不可理解，就像任何近视的人所体验过的那样。这是因为，人不是神，并没有直视本质的天赋，他只能依靠理念工具的加工让所有的现象变得可

① PAOLO PICOZZA. Giorgio de Chirico and the birth of metaphysical art in Florence in 1910[J]. METAPHYSICAL ART, 2008 (7/8): 63.
② 同上，59.

以理解，为了看“明白”，“眼镜”的加工与扭曲是不可避免的。这也是尼采的“透视主义”所要强调的，透视的明晰与视角的限定是一个硬币的两面，“上帝视角”并不存在。德·基里科从来没有试图去描绘“上帝视角”的图景，他所做的只是“揭示”日常视角的幻象。他并没有声称自己知道那个形而上学的世界是什么样子，那么“揭示”的后果只能停留在摘下眼镜那一步。因为没有了工具的辅佐，我们也失去了去理解一切的途径，那么即使是最微小的事物，都成了“谜”。这可以说是形而上学“揭示”的必然结果。德·基里科强调：“特别需要的是深刻的敏感性：将世界上的所有东西都看成谜，不仅仅是那些人们总是发问的宏大问题，如世界为何被创造、我们为何出生、生活与死去……而是要理解那些通常认为最无关紧要的事物背后的谜。”[①]这也解释了他在“建筑时期”之后的“形而上学绘画”中为何会画很多“无关紧要”的事物，香蕉、菠萝、眼镜、手套、鸡蛋与贝壳，在深刻的敏感性之前，再普通的事物都成了谜。或许，也正是这种对“谜”的认同，让赫拉克里特斯继尼采与叔本华之后，成为德·基里科所热衷的哲学家，他以这位因言论晦涩神秘而闻名于世的希腊哲学家的口吻写道：“你必须在所有事物中发现魔鬼。你必须在所有事物中找到眼。”[②]

德·基里科绘画中有很多元素为“谜”的氛围作出了贡献，扭曲的透视、时间的反差、近乎空旷的街道与广场、深重的阴影、远方飘荡的旗帜与白烟，这些元素大多在形而上学时期才开始出现：但有一个例外，那就是神话题材，最典型的体现是奥德修斯的背影、沉睡的阿里阿德涅，以及很多身着希腊服饰站立在街道、广场或拱廊中的人影。德·基里科从最早的作品开始，就喜欢在绘画中加入希腊的神话素材，此后在慕尼黑对博克林与马克斯·克林格尔（Max Klinger）的推崇也进一步强化了这种画法。

作为在希腊出生和成长的意大利后裔，德·基里科与希腊神话的关联几

① RICCARDO DOTTORI. The metaphysical parable in Giorgio De Chirico's painting[J]. Metaphysical Art, 2006 (5/6): 216.
② GIORGIO DE CHIRICO. Zeuxis the explorer[J]. METAPHYSICAL ART, 2016 (14/16): 54.

乎无须解释。需要注意的是，对于德·基里科来说，希腊的神与神话不是脱离人世的另一个宗教领域，而是与希腊人的日常生活紧密联系在一起。他在一篇名为《戏剧表演》(Theatre Performance)的文章中对此进行了阐述："在希腊，天空即使没有任何云彩，也给你触手可及的印象，就好像你的手指就可以触碰到……可能就是这种印象给予古希腊人那种深奥和形而上学的情感，他们认为神就存在于离人的头顶很近的地方，并且参与了他们的生活。"[①]德·基里科认为，这种神与人紧密相连，甚至在生活中并存与互动的想法，驱使希腊人为神像使用矮基座，这样神就不是高高在上，而是混迹于人群之中，就好像"它即将移动、说话、走开或者从视线中消失。""通过与人们的生活混合在一起，神只会变得更为神圣。"[②]这段话解释了德·基里科将日常，甚至是现代场景与神话题材结合在一起的做法。他的奥德修斯就像普通人一样站立在广场上，而阿里阿德涅则躺在低矮的石座之上。

将神话与日常生活相结合又有什么样的特殊意义？理解这一点需要以特殊的眼光看待神话。在启蒙时代以后，神话往往被归结为迷信，成为科学的反面。但如果形而上学的"揭示"让我们意识到科学也仅仅是一种解释，不应被视为绝对真理，那么它与神话之间的差异也就不再坚不可摧了。就像德国哲学家汉斯·布鲁门伯格(Hans Blumenberg)所指出的，神话诞生于先民对生存的恐惧。因为缺乏任何对世界的"理解"，先民所感受的是无法承受的、没有对象的焦虑。为了存在下去，他们必须将"焦虑"转化为对特定事物的"敬畏"，从而可以分别应对。因此，需要将"不熟悉的替换成熟悉的、无法解释的替换为可以解释的、无法命名的替换为可以命名的。"[③]通过将许多现象归因于特定的"神"，原本无法理解的至少变得可以理解，进而可以通过献祭等仪式与其沟通，使其符合人的意愿。从这个意义来说，神话是一种特殊的生存工具，它的意图也是制造一种幻象，让人得以在其中获得暂时的安稳。这也是尼采

① GIORGIO DE CHIRICO. Theatre performance[J]. METAPHYSICAL ART, 2016 (14/16): 131.
② PAOLO BALDACCI. De Chirico: the metaphysical period, 1888-1919[M]. 1st North American ed. Boston: Little, Brown, 1997: 118.
③ HANS BLUMENBERG. Work on myth[M]. London: MIT Press, 1985: 6.

在《悲剧的诞生》中所持有的观点："希腊人知道并感受到存在的恐惧与恐怖：为了生存，必须在他们与那些恐惧之间，置入奥林匹斯众神光芒四射的梦境般的诞生。"[①]

在这一视角之下，神话世界与我们今天的日常世界不过是两种不同理念工具的产物，在形而上学的"揭示"之下，它们都还原为扭曲和不真实的表象，还原成两个不同视角所产生的图景。因此，将神话与日常场景密切结合在一起，就类似于将不同的透视体系结合在同一幅画作中，让我们意识到表象的偶然性，从而为形而上学世界的意识打开窗口。除此之外，在某种意义上神话或许比现代的日常逻辑有更高的优越性。因为神话中保留了更多的"谜"，保留了更多的"敬畏"，这也有助于避免现代社会的一个严重危险，即认为一切都已经被彻底地解释，所以一切都可以被充分地利用。这种差异性鲜明地体现在传统文化与现代文明对待自然的不同态度之上。通过给"未知"留下更多的尊重，神话时代的人们更有利于避免坠入盲目的自信之中。而且对于现代人来说，神话还有助于我们拉开与常识性理解的距离，打破日常逻辑的控制，为"揭示"的出现创造条件。

与神话有着类似效果的是记忆。来自过去的回忆是德·基里科"形而上学绘画"中很多题材的来源，如他童年时印象深刻的大炮、手套和烟囱、与父亲的回忆有关的火车和塑像，以及众多来自于希腊与罗马的建筑与城市元素。德·基里科将这些记忆的碎片糅合在画面中与他将神话题材和现代场景结合在一起有相近的意图，它们可以突破日常逻辑的封锁。"叔本华将疯子定义为失去了记忆的人。这个定义非常敏锐，因为他看到了我们日常活动与日常生活的逻辑，是记忆构成的串珠，是事物之间以及事物与人之间的关系所构成的串珠。"[②]他进一步解释道，"将一个事物与另一个相联系的记忆链条，解释了我所看见的事情的逻辑。但如果我们允许在某个时刻，因为某种无以言表的原因，独立于我们的意志之外，

① FRIEDRICH WILHELM NIETZSCHE. The birth of tragedy: out of the spirit of music[M]. London: Penguin, 1993: 23.
② GIORGIO DE CHIRICO. On metaphysical art[J]. METAPHYSICAL ART, 2016 (14/16): 38.

让这个链条被打断，谁知道我将怎样看人、看笼子、看图像、看书？”[①]德·基里科所说地打断记忆的链条，是另外一种跳出日常逻辑的方式。因为一方面我们现有的理念与思想都建立在过去理解的基础之上，另一方面，我们头脑中的时间序列也需要记忆的准确排列为框架，这也是康德将时间定义为人们内在感觉与状态的直觉形式条件的原因。在德·基里科的画面中，记忆的片段与看似现实的场景已经难以区分开来，既无时间上的差别，也缺乏准确的空间关系，同样缺失的是这些元素会出现在这里的因果关系。用德·基里科的比喻来说，逻辑的串珠断开了，各种片段都成为碎片任意散布。以康德的时间观念为基础，我们甚至可以说，德·基里科对记忆的描绘是让我们超越日常时间逻辑的方式之一，因为我们头脑中的感觉与状态已经失去了秩序，仿佛有不同的时间序列与记忆链条在同时作用。能让人感受到这种特异效果的是《街道的神秘与忧伤》中滚铁环的小女孩（图2-8），她让人联想起那个在《匹诺曹历险记》（*The Adventures of Pinocchio*）中感受到世界的神秘性的希腊少年。在那一段记忆中，儿童的感受被等同于成年后才再次理解的形而上学“揭示”，德·基里科写道：“我记得在读了尼采不朽的《查拉图斯特拉如是说》之后，我在很多不同的片段中获得了一种我童年时阅读一本意大利童书《匹诺曹历险记》时所获得的印象。一种奇怪的相似性揭示出这个作品的深刻性。”[②]相比于成年人的坚硬逻辑，儿童的想象力与天然状态更容易受到神话与记忆碎片的影响，他们所看到的世界还没有变得像成人所看到的那么正常，也可以说他们还没有被“摩耶之幕”完全笼罩，所以儿童的世界更容易显露出“谜”一般的形而上学特色。这么看来，德·基里科所描绘的奥德修斯、阿里阿德涅、广场上的黑影以及滚铁环的小女孩都是同一类人，能够在“所有事物中发现魔鬼”的人。

① GIORGIO DE CHIRICO. On metaphysical art[J]. METAPHYSICAL ART, 2016 (14/16): 38.
② PAOLO BALDACCI. De Chirico: the metaphysical period, 1888–1919[M]. 1st North American ed. Boston: Little, Brown, 1997: 236.

图2-7

图2-8

图2-7

德·基里科作品《占卜者的回报》

（Giorgio de Chirico, Public domain, http://w
galleryintell.com/wp-content/uploads/2014/03
soothsayer-s-recompense-1913.jpg）

图2-8

德·基里科作品《街道的神秘与忧伤》

（Giorgio de Chirico, Public domain, via Wikiart）

忧伤与怀旧

最后，我们还要讨论德·基里科“建筑时期”作品中典型的忧伤与怀旧情绪。

《美丽一天的忧伤》《对无穷的怀旧》(The Nostalgia of the Infinite)，这是德·基里科经常使用的命名模式，它们将一个通常与情绪并无直接关系的事物与“忧伤”“怀旧”等心理状态关联起来。作为一个热衷于诗歌写作的画家，德·基里科希望通过画作简短而特殊的命名，将其变成一首小“诗”，帮助烘托出画面的独特氛围。

实际上，即使没有名字里的提示，观赏者们也不难在画面中感受到这样的情绪。很难精确地分析这种情绪是怎样营造出来的，因为它更多来自于画面的整体效果。但是任何在意大利古老而沉寂的中世纪街道中仔细漫步过的人都不会对这种体验感到陌生。如果一定要梳理一些线索，那么画面中建筑与城市的空旷、拱廊与山墙的历史感、无法穿透的阴影、停滞、死亡、鬼魅、孤独，这些元素无疑与德·基里科绘画中的忧伤情绪有密切的联系。但我们更关注的是，这种忧伤的实质到底是什么，它又与德·基里科所不断强调的形而上学“揭示”有何关联？

一个简单的答案是：忧伤是德·基里科从小就拥有的特质。“在我们所居住的沃洛斯(Volos)住宅中，很多事情发生了，都是令人不悦的，甚至可以说是生活中的所有事情都令人不悦。”[①]这只是德·基里科在自传中描绘童年时代无数伤感印象中的一个例子。仅仅有童年的记忆仍然是不足的，因为许多人会在成长的过程中发生改变。在德·基里科的例子上，忧伤情绪的延续很有可能与叔本华与尼采哲学中的悲观主义有所联系。

“叔本华与尼采是最早教会我极为深刻的生命缺乏意义，以及这种意义的缺失如何能够被转化到艺术中去的人。”[②]在叔本华著名的悲观主义中，整

① GIORGIO DE CHIRICO. The memoirs of Giorgio de Chirico[M]. Da Capo Press, 1994: 16.
② GIORGIO DE CHIRICO. We metaphysicians[J]. METAPHYSICAL ART, 2016 (14/16): 30.

个表象世界只是那个作为形而上学本质的意志（will）物化的结果，人只是它更高等级的呈现方式之一。因此，人和其他事物没有区别，只是意志（will）的工具，人的幸福、人的价值、人的归宿根本不在意志自身的进程之中。换句话说，人与整个世界的终极计划并无关系，仅仅是这个计划中的消耗品。即使对于意志自身，其结局也是悲观的，因为除了不断奋力抗争（striving）以外，它缺乏有价值的目标，只是盲目地满足一个又一个的欲望。但这一过程所带来的也是痛苦，因为在欲望满足前是焦虑，在满足以后则是厌倦。在这样的哲学图景之下，生活自然而然是"缺乏意义"的，因此，叔本华所倡导的唯一解脱方式就是像东方的佛教徒那样，彻底地弃绝"意志"。尼采的立场更为复杂，根据朱利安·杨的分析，他在《悲剧的诞生》阶段全盘接受了叔本华的悲观主义，但是在中期他认为找到了新的解决方案来应对悲观主义，不过杨认为尼采最终又意识到此前解决方案的无用，又再一次回到了初期的悲观主义，直到他在1889年都灵的街头遭遇了精神崩溃。

考虑到德·基里科对尼采与叔本华的阅读，不受到这种悲观主义的影响似乎是不太可能的。但是也要注意到，前面提到过，虽然接受了两个世界的观点，并没有充分的证据证明德·基里科接受了叔本华将"意志"视为形而上学本质的理论。如果是这样，那德·基里科也就不会接受叔本华极端的悲观主义。对这一疑问的可能回答是，两个世界的观点已经足以让获得"揭示" 的人感到忧伤。"在这种绘画中向我们揭示的形而上学世界是一个非人的世界，是我们之外的世界，一个远离我们的感觉和欲望的世界；对这个世界的沉思不会给予我们艺术所唤起的欢愉与快乐。"[①]这是德·基里科在20世纪40年代回顾"形而上学绘画"时所说的话。彼时他已经回到更为古典的以写实为主的绘画模式，画面中也不再有"建筑时期"那种强烈的忧伤情绪。德·基里科的话在两个世界的观点下并不难理解。我们所生活的"表象"世界虽然只是一种幻象，但它是我们熟悉的、了解的、可以掌握并且生活于其中的世界，在这个世界中我们能够建立自身与他人、人与物、物与物之间的关系，我们知道如

① GIORGIO DE CHIRICO. A discourse on the material substance of paint[J]. METAPHYSICAL ART, 2016 (14/16): 108.

何将自己的意图奠基于这些关系之上，我们所感受的情绪，快乐与沮丧、狂躁与安宁都来自于这些意图的实现或者遇挫。在这个“表象”世界中，生活是具有意义的。但是形而上学的“揭示”要求我们停止生活的逻辑节奏，放弃所有这些体系架构，在摆脱了幻象的“独断统治”之后，我们也失去了熟悉的生活所依赖的关系网络与价值结构，正是在这个意义上，生活变得失去意义，整个世界变成“一个非人的世界”。

在这种境况之下，人的情绪是复杂的，一方面有摆脱幻象的洞察感，另一方面也有失去了以往赖以生存的意义基础的忧伤。这种冲突在奥德修斯深邃而悲伤的背影，以及阿里阿德涅的沉睡之中体现得极为鲜明。对于前者，沉思的结果其实更为沉重；而对于后者，只有当她醒来之后才知道所爱的人已经离她而去。忧伤是站在表象世界与形而上学世界之间的遭遇，他（她）离开了所熟知的家乡（生活世界），却又对未来（形而上学世界）一无所知，与忧伤相伴的是对过去难以挽回的怀旧。

“自哥白尼以来，人似乎落入一道斜坡，他越来越快地滑离中心，滑向什么，滑向虚无，滑向对他自身虚无的深刻感受？”[①]尼采这段著名的引言所描绘的是西方哲学史上一个重要的转变。古典时代以斯多葛主义为代表的人类中心主义观点自古代晚期开始受到颠覆，直至康德将人牢牢地限定在此岸，作为本质的彼岸则完全无法被知悉。从更大的角度来看，忧伤和怀旧的对象是那个认为人在真实的宇宙体系中占据着特殊的地位，使得人有超群的优势去理解整个宇宙真理的古典世界观。在托勒密体系中，人处于宇宙的中心有着特殊作用，只有从中心他才能有效地观察整个宇宙，进而理解它的秘密。在德·基里科的画作中，常常出现在远方的高塔与烟囱可以被视为这种古典观念的象征，它们让人联想起巴别塔，人们曾经以为可以依靠自身的建构抵达天庭（图2-9）。巴别塔没有完成不仅仅是因为沟通的困难，在康德之后，我们知道有一个领域将永远无法抵达。那些孤独的高塔成为古典哲人的化身，它们的宏伟让人想起那充满乐观与信心的过去，留给滑下斜坡的现代人的只能是对逝去梦想的

① FREDRICH NIETZSCHE. The complete works of Friedrich Nietzsche[M]. Edinburgh: T. N. Foulis, 1910: 201.

图2-9

图2-9

德·基里科作品《无穷的乡愁》

（Giorgio de Chirico, Public domain, via Wikiart）

怀旧与忧伤。人们过去所信赖的秩序、所认同的真理、所依靠的价值、所追寻的意义都不再稳固，巴别塔已经崩溃，而前路仍然迷茫。正是因为描绘了这种特殊的心境，德·基里科的“形而上学绘画”由此具备了某种史诗般的气质，它们记录了人类思想史上一个重要的转折，而这种转折的影响将深入到每一个人的生活进程当中。

建筑感

在1921年的文章中，化名为洛雷托的德·基里科并没有详细解释他所说的“建筑感”到底指什么。经过上面的分析，我们试图从德·基里科的绘画与文字中解析出“建筑感”的内涵。它应该指一种意识，经由特定的建筑与城市场景激发生成。对于德·基里科来说，这种意识的结果就是形而上学的“揭示”。如果是这样，又如何解释他所说的在古典绘画或者是“远古祖先的原始居所”就已经存在着“建筑感”？毕竟它们与尼采、叔本华或者康德并没有什么关系。一种可能的回答是，即使没有后来的形而上学理论为铺垫，人们也能在建筑中感受到以自己的力量建构一个生活世界这一事件的深刻内涵。一方面建筑与城市作为人造物，为几乎所有人的生存提供了物理环境；另一方面，建筑的模式也成为理解世界的模式之一。基础、结构、安居这样的概念不仅用于解释哲学原理，甚至已经成为我们思维范式的基本要素。建筑也为我们的思想提供了存在的空间。在这两点意义上，建筑都与人的存在有了更密切的联系，在古典绘画与“远古祖先的原始居所”中所感受到的“建筑感”归根结底是建筑与人类的密切关系，从某种角度来说，也是对人的存在的深刻体验。

我们已经谈论过德·基里科如何使用不同的手段，如时间与空间、拱廊与窗、神话与记忆来实现“揭示”。德·基里科并没有直接描绘那个“真实”的形而上学世界，而是着力于揭开笼罩在现实世界之上的“摩耶之幕”。因为这个幕布的掩盖，我们将虚假的当作了真实的。而“形而上学绘画”的目的就是通过撕裂这块幕布，破除我们对假象的依赖与信任。然而，人们已经在太长的时间中对假象习以为常，已经太沉迷于将熟悉的看作真实和确凿的。所以，当德·基里科用画笔挑战和颠覆了这种熟悉与正常，我们过往所熟知的建筑、城市、人物以及物品都变得反常，展现出它们"鬼魅般的或者是形而上学的一面"。

在20世纪初期的先锋艺术运动中，并不只有德·基里科对形而上学问题感兴趣。蒙德里安的"塑性绘画"（plastic painting）与康定斯基的表现主义（expressionism）各自都有形而上学前提，他们也都认为日常的现实并不是真的本质，绘画应该放弃对虚假表象的模拟，直接描绘实质。对于蒙德里安来说这可以通过变现几何元素的相互关系来实现；而对于康定斯基来说，这意味着对精神的抽象表达。在虚假现实世界与真实的形而上学世界之间，蒙德里安与康定斯基都倒向更为"真实"的后者。德·基里科的绘画也处在这两个世界之间，所以他将艺术比喻成桥，跨越两岸之间，但并不是两岸中的任何一方。不过，不同于蒙德里安与康定斯基，德·基里科的绘画显然更为偏向现实世界，他没有像他们两人那样完全抛弃现实世界的常见元素，倒向纯粹的抽象。或许德·基里科听取了叔本华的忠告，如果深入地理解了康德，就会知道那个彼岸的形而上学世界是我们永远无法企及的，更不可能对其进行"准确"描绘。所以蒙德里安与康定斯基所追求的对形而上学本质的直接呈现，只能是一种自我欺骗。更为诚实的是承认我们自己的困境，一方面我们知道所身处的现实世界有其虚假的一面，另一方面也不得不承认，我们恰恰被囚禁在这个世界中，无法简单地抽身离去。

从这种康德哲学的视角看来，德·基里科的"形而上学绘画"比蒙德里安和康定斯基的绘画更为"成熟"。与这种"成熟"相对应的是，德·基里科绘画中的忧伤。如果能够像蒙德里安与康定斯基所设想的那样充满信心地进入形而上学世界，并且去描绘和呈现它们，那么画家所传递的将是信心、快乐与确定性。但是在德·基里科这里，这可能只是一种幼稚的幻想。我们必须"成熟"地面对自己的困境，而忧伤就来自于对困境的认识。"形而上学绘画"的忧伤是由两种失落造成的，一种是智识上的，我们以前一直当作真实的日常世界其实并不真实，这会导致知识的失落；另一种是价值与意义上的，日常世界虽然不是最真实的，但是它的确是我们所生活的场景，我们的诉求、情感、意义与目的都基于我们在日常世界中的生活，如果日常世界是一个假象，那么与之相关的这一切也都随之崩溃，也就意味着人们所依赖的价值与意义不复存在。恰恰因为我们不能像蒙德里安与康定斯基那样，充满信心地在他们所认为的真实的形而上学世界中找到补偿，被囚禁在虚假日常世界中的人们无法填补这两种失落，随之而来的就是怀旧与忧伤。这两种情绪并不是让人们回到虚假的日常世界中，而是提醒我们，无论身处什么样的世界，我们有些诉求是本质性的，那就是我们需要一个能够生活在其中的世界，需要有能够与我们互动的人、物品、环境、社会，需要这个世界为我们的生活提供价值与意义。这种诉求以前通过日常世界获得满足，现在这种解答不再成立，但诉求本身并没有消亡。即使是被囚禁在当下的困境中，这种诉求仍然会驱动我们去寻找新的解答。只不过在当下，解答似乎还没有到来，怀旧和忧伤所指向的是过去那种诉求能够得到回应的状态，而不是过去的所有一切。

从这个角度来看，忧伤来自于失落，而失落建立在期待之上。只有期待某种完整的状态，才会对缺失感到失落。在德·基里科的“形而上学绘画”中，失落、忧伤、期待的情绪纠结常常是通过画中的人物所呈现的。沉思的奥德修斯与熟睡的阿里阿德涅，他们都身处困境之中。前者被困在卡吕普索的奥杰吉亚（Ogygia）岛上长达7年，如何离去，如何回到家乡？他沉重的背影，低埋的头颅都表露出思乡的忧伤。后者在熟睡中可能还在梦想与情人忒修斯未来的美好生活，但是在她醒来时就会发现忒修斯已经离她而去，她被留在了纳克索斯（Naxos）岛上，等待她的只有悲伤。不过，在希腊神话中，忧伤并不是终点。我们知道奥德修斯最终回到了家乡伊萨卡（Ithaca），而阿里阿德涅则遇到了酒神狄奥尼索斯，并且成了他的妻子。德·基里科所描绘的可能是两人最为困难的时刻，但这两个人物的选择所表露的或许也包括困境之中的期待与希望。

除了奥德修斯与阿里阿德涅，德·基里科的绘画中还有另一个著名人物展现了这种复杂的情绪综合体，那就是《街道的神秘与忧伤》中左下角那个滚铁环的小女孩。德·基里科将小女孩描绘成一团黑影，与很多其他绘画中对奥德修斯的处理类似，我们已经谈过，这种“鬼魅”式的处理方式是想将这些人物描绘为获得了“揭示”的人。他们已经理解了日常世界的虚假，所以在一定程度上脱离了这个世界，仿佛“鬼魅”一般在世界中飘荡。与奥德修斯和阿里阿德涅不同的是，小女孩并没有沉思或熟睡，而是在快乐地奔跑，在玩滚铁环的游戏。很明显，德·基里科希望在小女孩身上呈现某种欢愉。欢愉从何而来？一种可能的解读是来自于期待与希望。德·基里科将小女孩放在画面的左下角，她正在向右上方的街道与广场中跑去。这似乎预示着一个历程的开始。虽然并不清楚后续的结果是什么样，但是只有期待与希望才能让这一历程开始，并且支持它一直持续下去。小女孩欢快的身姿，让这种期待与希望变得格外生动。

在我们看来，德·基里科“形而上学绘画”的迷人之处就在于这种复杂而纠缠的情绪。它们不是单纯的画家个人情绪的表达，而是基于对整个日常世界的哲学反思，以及这种反思所带来的对我们所处困境的认识。我们以往所信赖的日常世界，以往所依靠的价值与意义都不再坚固，生活的基石已经溃散，由此带来难以慰藉的失落与忧伤。但是在另一面，我们继续存在下去的诉求并没有消失，去重新为生活寻找价值与意义，并且获得一个能与这些价值和意义产生共鸣的世界的期待并没有消失。勇敢者们不会逃避困境，而是会坚毅地踏上新的征程，目的不是回到过去，而是回到我们曾经以为已经得到的价值、意义与世界的融洽整体。德·基里科也认为这就是艺术的责任：“我们的思想，已经准备好前往一个危险的世界航行，它们可以以充分的安全感出发前往最远的地方探索，只要桥的坚固性确保了归来的路程。”①

建筑是出发的起点，也将是归来的终点。

① GIORGIO DE CHIRICO. Form in art and nature[J]. Metaphysical Art, 2016 (14/16): 124.

3

谜　题

A riddle

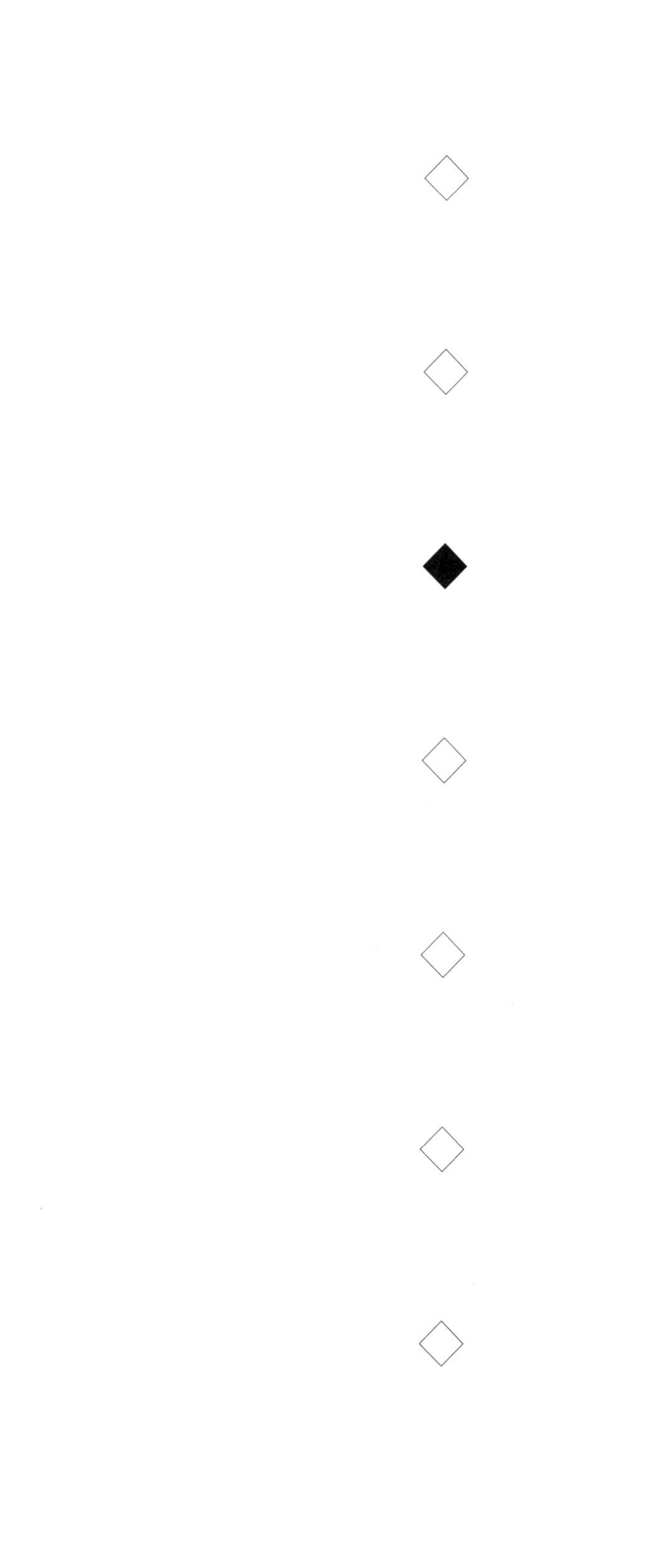

在前面一章，我们从罗西的圣卡塔尔多公墓出发，绕行进入了德·基里科的“形而上学绘画”之中，试图解析他绘画中独特的“建筑感”。现在，装载着一些感受与思考成果，我们又将回到圣卡塔尔多公墓，继续讨论。在这一章中，我们想要解决的问题是，罗西的绘画与德·基里科的绘画之间到底有什么样的联系，为何会产生这种联系，而这种联系又能怎样帮助我们理解圣卡塔尔多公墓的设计，以及这种理解是否有可能启发对其他建筑问题的思考？这一系列问题的解答，首先应起始于罗西的绘画，尤其是他那些具有鲜明“形而上学绘画”特色的作品。

罗西的“形而上学”绘画

在前面的文字中已经提到，我们绕行讨论德·基里科的原因在于罗西的绘画与德·基里科的绘画之间有密切的关联，所以对后者的理解将有助于解析前者（图3-1）。现在，我们可以更清楚地看到，罗西与德·基里科的联系可能远远不止于绘画风格的近似。首先，德·基里科的“形而上学绘画”就具有典型的“相似性城市”的特征。这些画面中有各种各样的城市片段，住宅、长廊、拱券、水池、围墙、高塔，但几乎没有任何画作是直接基于对一个真实城市场景的模仿。德·基里科与卡纳莱托一样，想象性地将这些建筑与城市片段融合在一张图像中，创造出一个熟悉但也并非完全真实的场景。其次，除了常见城市与建筑元素之外，德·基里科还加入了大量“自传性”的元素，很多内容来自于他童年时代以来的记忆，如前面已经提到的大炮、手套和烟囱，以及火车与塑像。这些元素正是体现“相似性”概念中个人特征的成分。再次，德·基里科对他所描绘的对象也进行了类型化的抽象，剥离了琐碎的细节，只留下最重要的组织要素。例如，他绘制的很多窗户，就是与圣卡塔尔多公墓一样的方窗，有的甚至连十字窗棂都没有，只有方形的黑窗洞。他所画的柱廊，也不表现柱式或者拱券的细节，要么是像罗西那样直接用方柱并列，要么是连续的几何化拱券。像《街道的神秘与忧伤》画面左侧的建筑，在高度、长度、上下层关系以及窗户、长廊、坡顶等细节上都与圣卡塔尔多公墓的墓室建筑非常类似。我们甚至可以说，德·基里科

图3-1

图3-1

罗西作品《死亡的游戏》

（Aldo Rossi，Fondazione Aldo Rossi，© Eredi Aldo Rossi）

所画的就是“类型”，而不是一座真实的建筑。对细节和差异性的摒弃，给予德·基里科画中的建筑近乎苍白的墙面以及强硬的几何体量，这些也都是圣卡塔尔多公墓建筑的鲜明特征。

这种相似性甚至有可能激发一种假想，或许不仅仅是罗西绘制的那些建筑画作受到德·基里科的启发，甚至是圣卡塔尔多公墓的设计本身，这个建筑方案就受到了德·基里科的影响，因为两者的建筑元素实在有太明显的对应性。我们没有直接的证据来证明这个假说，但是罗西对德·基里科有深入的了解，并且在建筑设计中受到他的影响是毋庸置疑的。在一段解释1968年完成的斯坎迪奇（Scandicci）市政厅设计的文字中，罗西写道：“四个喷泉，德·基里科雕像，边缘齐整的体量，以及对阴影的强化，将其作为建筑的一部分，这些提示了对意大利广场的参照，以及一种朝向市政建筑的趋向。”[①]在这里，罗西直接提到了德·基里科的雕塑，而且我们知道德·基里科“形而上学绘画”中最为知名的就是“意大利广场系列”，前面也分析了浓重的阴影在德·基里科绘画中的作用，这些元素都出现在罗西的这段话中，强烈提示对德·基里科的直接参照。最后完成的斯坎迪奇市政厅方案是一个轴线对称的建筑，几个相对独立的建筑元素被中心轴线串联起来，其中一端是体量最大的方院，另一端是有着完整半球穹顶的大会堂，而中段的一个建筑有着双坡屋顶，其山墙面呈现为一个完整的等边三角形。方院、三角形、穹顶以及轴线串联，斯坎迪奇市政厅的设计与圣卡塔尔多公墓轴线上的立方体、三角形遗骨陈列区以及锥塔有着很高的关联性，如果罗西自己的话是可信的，那么这些元素都可以追溯到德·基里科对意大利广场的形而上学描绘。

在这些元素中，可能德·基里科特色最为鲜明的是圣卡塔尔多公墓中的锥塔。高塔是德·基里科“形而上学绘画”中的常见元素，它们往往作为远景出现在街道或者广场尽头的墙外。德·基里科采用了很多不同的方式描绘高塔，有的是带环绕柱廊的多层圆塔，有的是逐步收分的方形高塔，但可能出现频率最高的就是锥塔。例如，在1912年的《无穷

① 引自GERMANO CELANT. Aldo Rossi drawings. Milano: Skira, 2008.

的倦怠》，以及1913年的《阿里安娜广场》（*Piazza con Arianna*）中，一座粗壮的白色锥形圆塔都出现在画面上部的围墙之后。但更为常见的是像1913年的《惊奇》（*The Surprise*）、1914年的《一天之谜Ⅰ》（*The Enigma of A Day [I]*）与《一天之谜Ⅱ》（*The Enigma of A Day [II]*），以及1914年的《哲学家的长廊》（*The Philosopher's Promenade*）等作品，原本的高塔直接被描绘成砖红色的高耸的锥形烟囱。在《一天之谜Ⅰ》《一天之谜Ⅱ》中甚至画出了红砖材质以及烟囱顶部的构造细节（图3-2）。很难相信圣卡塔尔多公墓的"烟囱"（锥塔）与德·基里科的"烟囱"之间没有直接的联系。在他的笔记本中罗西曾经写道：这些烟囱"来源于对德·基里科的致敬，他们也在头脑中唤起苏联高塔的图像。"[①]我们并不需要弄清楚罗西对烟囱的兴趣来自于个人习性还是德·基里科的绘画，在相似性思想中，想象可以产生于各种记忆与感受的融合与纠缠，所以很可能是这些因素共同作用的结果。即使如此，我们也可以确认，德·基里科的影响在这其中扮演了重要角色。罗西所吸取的并不仅仅是具体元素，而是对整个意大利城市与街道的分析和呈现。他充分肯定了德·基里科在这一领域的成就："可能在研究与建筑现实之间，最为精确的建筑关系出现在德·基里科的意大利广场绘画中；这些空间源于在对费拉拉（Ferrara）城市现实的观察，它们搭建起了一幅不同的（different）、关键性的（decisive）图景。"[②]

罗西所指的"不同的、关键性的图景"，显然是指德·基里科"形而上学绘画"的独特氛围。笔者在上一章已经讨论了这种氛围的形成与内涵。罗西对德·基里科的绘画元素以及手法有深入的了解，并且直接将它们运用在20世纪70年代完成的一系列建筑画作中。德·基里科的"形而上学绘画"主要都是在1911～1919年完成，而以意大利街道与广场为主题的"建筑时期"则集中在1911～1914年。虽然在此后的几十年中德·基里科还会时不时地完成一两幅有着"形而上学绘画"特色的作品，但是他主要的绘画风格与主题已经脱离了"形而上学绘画"的体系。阿尔

① Aldo Rossi. Quadorni azzurri, Q. 6. 转引自DIOGO SEIXAS LOPES. Melancholy and architecture: on Aldo Rossi[M]. Zurich: Park Books, 2015: 142.
② ALDO ROSSI. Architecture and city: past and present[M]//O'REGAN. Aldo Rossi Selected Writings and Projects. London: Architectural Design, 1983: 50.

图3-2

图3-2

德・基里科作品《一天之谜Ⅰ》

（Giorgio de Chirico, Public domain, https://www.moma.org/collection/works/80587）

多·罗西的情况也类似，他在20世纪60年代末至70年代末这10年间的建筑画作有着极为鲜明的德·基里科特征。进入80年代之后，他的建筑画作虽仍然保留了一些早期特征，但总体上已经出现了较为明显的变化，也与“形而上学绘画”的风格要素拉开了距离。所以，在较为宽松的范畴中，我们可以将60年代末至70年代末这段时期称为阿尔多·罗西的“形而上学绘画”时期。

罗西这一时期的绘画与德·基里科之间的平行性是学界研究的热点话题。文森特·斯卡利（Vincent Scully）、拉斐尔·莫奈欧、彼德·艾森曼、黛安·吉拉尔多（Diane Ghirardo）等知名学者都曾经谈到这一点，它也出现在几乎每一篇讨论阿尔多·罗西的综合性论文中。其实并不需要多少分析，仅仅是将两人的画作放在一起看，其对应性就已经显而易见。罗西1968年绘制的斯坎迪奇市政厅设计方案立面采用了精准的工程图比尺，这显然不同于德·基里科复杂的透视偏差，但就像前面的引言中所提到的，罗西在这幅工程立面图中引入了德·基里科绘画中漆黑的阴影，整个立面图由此显得沉重和坚硬。进入20世纪70年代以后，罗西开始更多地借鉴德·基里科的画面构成与颜色运用。他在1970年为加拉雷特西住宅绘制的几幅建筑画作中不仅保留了全黑的阴影这一元素，还开始采用不同透视体系的并置这种典型的德·基里科技法。我们已经讨论过，这是德·基里科打破日常逻辑的重要手段，罗西对这一手段的利用立刻使得他的建筑画作在性质上远离了此前的工程图纸，而更接近于表现性绘画。除此之外，红色的烟囱、高塔、平白墙面上的方窗洞等典型“形而上学绘画”要素也出现在加拉雷特西住宅的表现性建筑画作中。

1971年，罗西与吉安尼·布拉吉埃里提交的摩德纳竞赛方案是由平面、鸟瞰等技术图纸构成的。1972年，罗西开始绘制一系列以圣卡塔尔多公墓为主题的表现性建筑画作，直到1979年，在圣卡塔尔多公墓已经开工以后，这个设计的诸多元素还不断出现在罗西其他新的设计项目中，如在1979为世界剧院项目所绘制的建筑画作中。正是在这一组绘画中，罗西展现出最为强烈的“形而上学绘画”特征。例如，最为典型的1972年绘制的《摩德纳公墓研究》（*Study for the Cemetery in Modena*）（图3-3）。

这幅画与德·基里科1913年、1914年绘制的《一个奇怪小时的欢愉与谜》（*The Joy and Enigmas of a Strange Hour*）、《一天之谜Ⅰ》与《一天之谜Ⅱ》等画作之间有明显的相似性。德·基里科的这几幅画作描绘的都是意大利广场，强烈的阳光下地面都被画成了鲜艳的橘黄色，衬托出黑色阴影的厚重。周围的建筑有着不同的透视视角，砖红色的圆柱形或圆锥形塔也出现在这些画面中。尤其是在《一天之谜Ⅰ》与《一天之谜Ⅱ》中，一道红色墙体贯穿画面中上部，分隔开下部的广场与墙外的远景，红色烟囱、山脉、火车等元素在墙后露出了局部。罗西的画作也是将圣卡塔尔多公墓作为一个城市广场来呈现，广场地面也被画成了明黄色，与黑色阴影产生强烈反差。不同的透视视角被用在立方体、锥体、遗骨墓室的描绘中，绝大多数的建筑元素都被染成了浓厚的深红色。灰色的圆锥形塔占据了画面上部的中心位置，在其后方是边缘墓室，像墙体一样分隔了墓地广场与远景。在这段墙体之上，远处的红色高塔、建筑等露出部分轮廓。最后，罗西对天空的渲染也采用与德·基里科类似的蓝绿色。

在1979年一幅未命名的建筑画作中，这些特征大多予以保留，只是在近景中添加了灰白色的加拉雷特西住宅，远处的墙后露出的除了有烟囱与多层建筑以外，还多了新设计的威尼斯世界剧院（Teatro del Mondo）。除此之外，这幅画作最重要的变化是在右面绘制了位于意大利城市阿罗纳（Arona）的圣卡洛·博罗梅奥（San Carlo Borromeo）的青铜雕像。罗西并没有画出雕像的全部，只是呈现了圣卡洛·博罗梅奥举起的右手以及局部的身体（图3-4）。雕像也是德·基里科1911~1914年“形而上学绘画”中的常见主题，与他画的奥德修斯类似，这些雕像往往背朝画面，而在1911年的《清晨沉思》（Morning Meditation）以及1913年的《红塔》（The Red Tower）中，雕像也都只露出了一半。与罗西的雕像最为接近的是1913年的《惊奇》（图3-5），一尊背对画面的白色雕像出现在左侧，德·基里科只画了雕像的右半部，其中雕像的右手举到了半空中，与圣卡洛·博罗梅奥的姿势非常类似。两幅画作从格局到细节，都有明显的对应。

图3-3

图3-3

罗西作品《摩德纳公墓研究》

（Aldo Rossi，Fondazione Aldo Rossi，© Eredi Aldo Rossi）

图3-4

图3-4

罗西作品《无名》

（Aldo Rossi, Fondazione Aldo Rossi, © Eredi Aldo Rossi）

图3-5

图3-5

德・基里科作品《惊奇》

（Giorgio de Chirico, Public domain）

这里谈到的罗西这两幅画作只是一个缩影，在整个20世纪70年代，罗西的建筑画作都普遍性地呈现出典型的德·基里科特色，他反复绘制了不下十余幅与圣卡塔尔多公墓有关的平面图、鸟瞰图、局部透视图，大量使用了透视变异、强烈色彩、深重阴影等“形而上学绘画”要素。在其他项目，如法尼亚诺奥洛纳小学、的里雅斯特（Trieste）地区政府办公楼、世界剧院、布罗尼（Broni）中学等设计中，罗西也使用类似的手法绘制了为数众多的“形而上学”建筑画。令人印象格外深刻的是他1979年为布罗尼中学项目绘制的《去往学校之路》(Der weg zur Schule)，以德·基里科的方式绘制的学校主体位于画面的上半部，下半部是空旷的绿色草地，两个孩子与一只狗的身影出现在画面左下角中。罗西用黑色剪影表现了他们可爱的身姿，再加上地面上漆黑的影子，让人不由自主地联想起德·基里科的作品《街道的神秘与忧伤》中滚铁环的小女孩。进入80年代以后，罗西建筑画中的德·基里科特征有所减弱，色彩和线条变得更为轻快，画面格局也更为多元。即使这样，典型的德·基里科要素也时不时地浮现出来，如1983年帕尔马帕格尼尼剧院建筑画作里的黑色儿童身影、1984年卡萨奥罗拉GFT（Casa Aurora GFT）办公楼项目中的明黄色地面、1988年米兰国会宫（Palazzo dei congressi）项目中的红色烟囱，以及1991年特尔立（Terni）住宅与商业项目中再次出现的圣卡洛·博罗梅奥雕像的右手。这些因素都足以说明，阿尔多·罗西不仅了解德·基里科“不同的、关键性的图景”是什么，而且也有意图地在创作具有类似“图景”的作品。

在一段讨论绘画的文字中，阿尔多·罗西写道：“就像在其他出色画家身上看到的那样，最令人震惊的是被称为‘伟大绘画’的作品，也就是指作品的建构、图形的构成、光线等。这些元素作为绘画技法似乎是不受时间影响的。它们适用于任何类型的好的绘画，也是所有差的绘画所缺乏的。在这里，那种所谓现代绘画带来的巨大飞跃的观点是站不住脚的。”[1]这样的话语也让人联想起德·基里科对“伟大艺术”的讨论，这些作品拥有一种“平静和不安的层面的力量，就像包含了沉睡与死亡秘密

① 引自GERMANO CELANT. Aldo Rossi drawings. Milano: Skira, 2008.

的图像”。[1]伟大的艺术作品所拥有的特质是超越时间的，在各个时代都极富价值，因为不能幼稚地认为现代绘画已经让这些传统绘画技法变得陈旧或者过时。在罗西看来，德·基里科的作品就属于此类“伟大绘画”的行列，他直接写道：“愚蠢的绘画评论家们会问自己毕加索或者德·基里科是否是现代的，他们的话不再具有意义；问题应该是这是否是绘画，以及画家选择的表现他自己的特定方式。”[2]很明显，罗西在很大程度上吸收了德·基里科的“特定方式”。

类型的局限以及《一部科学的自传》

如果以上讨论可以说明罗西在刻意地借鉴德·基里科“形而上学绘画”中“不同的、关键性的图景”，那么下一个问题就是他为什么这样做？简单地说这是他的个人偏好并不是一个理想答案，就好像所有问题都被一种个人的随意性所终结。如果认为设计与绘画都是有目的的创作，那么我们希望了解他的内在动机，因为这种动机可以有助于我们理解这些创作的价值与意义。换句话说，上面的讨论只是告诉了我们罗西的“形而上学”建筑画中使用了哪些从德·基里科那里借鉴来的元素，就好像我们可以从圣卡塔尔多公墓的方案中分辨出罗西吸纳了哪些建筑与城市类型元素，但真正关键的问题仍然是为什么要这样做，罗西的这些“特定方式”到底想实现什么？除了形式特征之外，这些事物是否还具有其他深刻内涵？

这些问题之所以重要，是因为在第一章中讨论的“类型”与“相似性”并不足以为圣卡塔尔多公墓项目提供一个完备的解释。它们或许可以解释这个设计项目的组成成分，却无法解释这样设计的目的与意图，无法解释其价值与意义。最直接的仅仅是“类型”与“相似性”的概念，无法合理地解释圣卡塔尔多公墓项目最重要的特质——弥漫在建筑各处

① GIORGIO DE CHIRICO. Raphael Sanzio[J]. METAPHYSICAL ART, 2016 (14/16): 72.
② ALDO ROSSI, BERNARD HUET. Architecture, furniture and some of my dogs[J]. Perspecta, 1997, 28: 110.

的死寂般的氛围。墓地并不一定都是死寂的，如一旁的19世纪老公墓因为纪念性的建筑元素以及密集的独立坟墓而显得隆重和充实，但并不会让人觉得停滞和孤寂。但是在罗西的新公墓中，死寂的氛围几乎在每一张照片中呈现出来。它们中的绝大多数都呈现出一个无人的场景，仿佛一切都已经凝固了许久，偶尔出现的一两个人影，看起来也像德·基里科绘画中广场与街道上孤零零的行人。

这种氛围与罗西那些常见的理论主张并没有必然的联系。例如，类型元素的使用贯穿罗西建筑生涯的全部，它既适用于圣卡塔尔多公墓的肃穆，也适用于世界剧院的俏皮，甚至在柏林舒岑大街（Schü tzenstrasse）居住与办公综合体中变得杂乱和热闹。一方面，类型概念定义的是元素的来源，但对于具体要如何使用这些元素，去营造什么样的结果并没有限定。就好像你可以从一本字典中提取词汇，但是具体要写成什么样的文字，并不由字典决定。另一方面，类型要素承载着城市历史与集体记忆，但是历史与记忆也并不一定要指向一种停滞和静穆的情绪。以罗西在《城市的建筑》中使用的帕多瓦·雷吉奥内宫为例，他写道："人们会感到惊讶，这种类型的建筑会在时间流逝中容纳如此多样的功能，而这些功能完全独立于形式。"[①]在漫长的岁月中，雷吉奥内宫承载了完全不同的功能，唯一保持不变的反而是其形式。"这证明了它的活力，"[②]罗西所赞赏的是这个建筑从它诞生之日开始一直持续到今天的生命力，而体现这种生命力的是建筑不断适应变化的功能，容纳各种各样生活场景的能力。丰富性是生命力的证明，但这显然不是圣卡塔尔多公墓那些沉默的墓室建筑所传递的。

"相似性"的概念也类似，它主要宣扬的是一种组织方式，将个人记忆与体验中的片段富有想象力地组合在一起。"富有想象力"当然是一个油滑的词，因为没有确切标准来判断什么是"富有想象力"的，什么是"缺乏想象力"的。在笔者看来，"相似性"概念的真正作用是提供

① ALDO ROSSI. The architecture of the city[M]. American ed. Cambridge, Mass.: MIT Press, 1982: 29.
② 同上。

一种灵活性，从而为“类型”概念形成补充。这是因为类型可以是在不同尺度上的，从窗户的细节到城市的格局。但如果过于遵从单一类型的内在组织方式，就可能遏制创新与变化。正是在这一点上，“相似性”概念松动了类型的内在组织。在“想象力”的名义下，可以将各种各样缺乏直接联系的元素汇集在一起，创造出比单一类型更为丰富和多元的场景。从这个角度来看，“相似性”理念所指代的是对类型元素的特定使用方式。不过，仅仅是使用方式也不足以解释最终效果，因为同样的组织方式完全可能导致不同的结果。仍然以写文章做比喻，在字典中提取了词汇之后，我们可以进一步确定是按照散文的方式还是按照论文的方式来组织文章，相似性可能更接近于散文的模式。但同样是散文，《荷塘月色》与《为了忘却的纪念》显然是有着巨大差异的。文学批评关注的并不是它们是否是散文，而是作者用什么特定的方式表达了什么样的特定内涵，这些都需要分析具体的文章特质，而不是总体性的散文概念。

简而言之，“类型”与“相似性”概念的确可以告诉我们阿尔多·罗西的一些总体性设计方法，但是并不能充分解释圣卡塔尔多公墓这个特定项目的独特性质，我们还需要更深入地挖掘这个设计的意图与目的。就像在第2章中分析德·基里科的绘画时所做的那样。在元素与技法之外，更重要的是解析他为何要这样画。通过文书的辅助，我们才得以知道德·基里科独特的形而上学思想，以及与这一哲学背景相关的立场与情绪，这些才是“形而上学绘画”真正的基石。对于圣卡塔尔多公墓，我们也需要进行更深入挖掘，这一次不是关注具体的元素自身，而是罗西希望利用这些元素所表达的内涵。正是在这一点上，第2章对德·基里科的讨论会有所帮助。如果对德·基里科的“形而上学绘画”的分析可以揭示其深层动机与哲学内涵，那么类似地，对罗西有相近特征的画作、文字与建成作品的分析也可能告诉我们更多的东西，毕竟，两者毋庸置疑的关联性已经打开了一扇走入作品背后的窗户。

所以，在后面的分析中，我们需要超越讨论罗西作品时常见的“类型”与“相似性”概念，更进一步挖掘那些决定圣卡塔尔多公墓独特品质的因素，并且试图理解这种品质的内涵。在面对德·基里科的“形而上学绘画”时，我们实际上在很大程度上依赖画家自己撰写的解释性文字来认识这些画作的哲学背景与创作意图。想象一下，如果没有这些文字，可能德·基里科的作品仍然会是一个谜团，我们甚至无法确定他为何会称之为“形而上学绘画”。在这一点上，罗西为我们提供了极为优越的条件，因为不同于卡洛·斯卡帕的惜字如金，罗西十分喜爱写作，他不仅给我们留下了专著、大量专题文章，还有极为丰富的手稿与笔记。这些素材对我们更准确地理解罗西的设计思路是至关重要的。而圣卡塔尔多公墓也恰恰是罗西自己讨论最多的作品，使得我们有较为充沛的资料展开讨论。在所有相关文字中，对我们最有帮助的无疑是他1981年在美国出版的《一部科学的自传》。

与《城市的建筑》一样,《一部科学的自传》是罗西出版的最重要的书之一，也是研究者们必须提及的文献。不过，两者的差异也非常明显。《城市的建筑》写作于20世纪60年代，罗西刚刚30岁出头。可能凭借年轻人的热情与雄心，罗西希望这本书成为一个关于建筑与城市的系统性著作。所以罗西按照学术专著的章节结构，以大量不同的内容构建起以“城市人造物”“类型”“永恒性”“集体记忆”等概念为核心的理论体系。毫无疑问，书中对建筑与城市关系的讨论是极富启发性的，这也使得这本书成为“新理性主义”的扛鼎之作。但是，也必须承认，从系统性理论的角度看《城市的建筑》就不是那么成功了，章节组织存在重复或者逻辑不清的状况，很多论述也含混和粗略，很难被认为是一个详尽、细致的理论体系。但更为重要的不足是这本书的理性主义倾向，使得罗西忽视了个人化的感受与想象。

这一缺陷罗西自己有清楚的认识，他在后来写道：“在1960年左右，我写了《城市的建筑》，一本成功的书。那时候我还不到30岁：在我看来，所有的事物，一旦被澄清，就可以被定义。我相信文艺复兴文献需要成为一种器具，它应该能够被转译为物品。我轻视回忆，而且在那个时候，我利用了城市印象：在感觉之后，我寻找不受时间影响的类型的不变法则。”[①]正是这种对“不变法则”的追索，造就了“新理性主义”的称呼。在罗西的理论架构之后，的确存在某种理性主义的倾向，希望所有的一切都被清晰定义，所有的行为都遵循不变的法则。拉斐尔·莫奈欧也是这样看待罗西的早期理论探索，他指出：“从他生涯的一开始，罗西就希望建筑成为实证科学，而且希望建筑师的工作被看作类似于科学家所做的事。如果自然与人文科学已经可以解释和控制它们所运作的领域，没有理由去想象建筑不能也这样做。”[②]不过，罗西很快就认识到这种科学化倾向的不足，他写道：“我阅读城市地理学、地形学、历史的书，就像将军一样希望知道所有可能的战场，高地、道路、树林。我在欧洲城市中步行，去理解它们的平面，并且根据类型划分它们。就像一个被自我所控制的恋爱中的人，我常常忽视了我对这些城市的秘密感觉；知道统辖它们的系统就足够了，”[③]以及“稍后，我研究的科学倾向，让我疏远了最重要的东西，也就是那些关系所创造的想象力。”[④]

“想象力”在罗西1976年左右提出的“相似性”概念中重新出现，这已经是《城市的建筑》出版10年之后。如果我们对罗西的文字理解正确，那么“相似性”概念的确可以被看作是对《城市的建筑》中过于理性化的“类型”概念的修正。大约5年后，《一部科学的自传》以英文形式出版，它与“相似性”的关联显然更为密切。这种差异性可以充分解释这两本书从内容、组织到表述、措辞之间的巨大差异。例如，一个最直观的差别，《城市的建筑》约130页的正文被分成了4章、33个小节，而《一部科学的自传》正文85页从头到尾没有任何章节划分。看起来整个85页组成了一篇名为《一部科学的自传》的文章，但实际上汇集在其中的是无数的片段。没有章节不是想表现整个85页的整体性，更应该被理解为作者放弃了将所有片段塞入一个规范化体系的想法。如果说《城市的建筑》偏向了“类型”理论背后的理性主义组织体系，那么也可以说《一部科学的自传》则倒向了充满“想象力”的“相似性”概念。《一部科学

① ALDO ROSSI. A scientific autobiography[M]. Cambridge, Mass.: MIT Press, 1981: 15.
② JOSé RAFAEL MONEO. Theoretical anxiety and design strategies in the work of eight contemporary architects[M]. Cambridge, Mass.: MIT Press, 2004: 103.
③ ALDO ROSSI. A scientific autobiography[M]. Cambridge, Mass.: MIT Press, 1981: 16.
④ 同上，19.

的自传》中充满了罗西个人化的回忆、感触、反思与遐想，就像荣格所说的，“它不是一种理论论述，而是一种对过去主题的沉思，一种内在的独白。”[①]这可能是罗西将其命名为一部“自传”的原因。当然，这也并不真的是一本按照时间序列撰写的常规自传，而是一本将很多具有自传特色的文章聚集在一起的文集。在这些文章里，罗西谈论的大多是自己对特定建筑或城市现象，包括自己的设计项目的体验与感想，而这些恰恰是在《城市的建筑》中被忽略的东西。

从这个角度来看，《一部科学的自传》提供了一个特殊的路径，将我们引向罗西的内心深处。摆脱了建构一个系统性理论的制约，罗西得以在这些自传性文字中自由而随性地描述他那些细腻、微妙、可能无法理性化，但也同样真实存在的感受与想法。而这正是我们在讨论圣卡塔尔多公墓时想要寻找的。我们已经知道了罗西是如何运用类型这一不变法则的，现在想要探讨的是他如此设计的动机与意图。就像人的其他行为一样，这些动机与意图往往埋藏在思想深处。

令人欣慰的是，在《一部科学的自传》中，罗西用很多文字详细记述了圣卡塔尔多公墓的设计过程，以及关于这个设计的想法。这使得我们能够看到在普遍性的类型元素之外，这个项目中真正独特的东西，这些东西使得圣卡塔尔多公墓成为独一无二的圣卡塔尔多公墓。下面，让我们看看关于这个项目，罗西具体写了什么。

《生命中途》

阅读《一部科学的自传》给笔者最直接的感受是，一个真实的罗西在这些文字中才浮现出来。那种认为“类型”或者“相似性”概念能简要地概括罗西的建筑创作的想法如果不是错误的，至少也是狭隘的。在这些

① ALDO ROSSI. An analogical architecture[M]//NESBITT. Theorizing a new agenda for architecture: an anthology of architectural theory, 1965-1995. New York: Princeton Architectural Press, 1996: 349.

片段中，罗西展现出他复杂、敏锐、充满情感的个人思绪，这些都不能被“类型”或者“相似性”概念所概括，就好像人们都知道自己的内心想法很难通过文字或者语言得到充分表达，更不要说仅仅用一两个概念来总结。往往是在那些自传性文字中，我们可以看到一个鲜活的建筑师。尽管他们也会用理论性的表述对自己的作品进行概括，但是这些自传会告诉我们，理论性的表述可能只是冰山露出水面的一角，在水面之下所隐藏的是更为丰富和庞杂的个人经历与思绪演变，这些细腻与复杂的内容才真正塑造了一个建筑师的品性以及思想倾向，而理论性的表述只是对这些倾向的结果概括，而不是起始的动因。无论是路易斯·沙利文的《一部理念的自传》(*The Autobiography of An Idea*)还是赖特的《一部自传》(*An Autobiography*)，都告诉我们在“形式追随功能”以及“有机建筑”等理论概念之后，那个充满了活力、斗争、挫折与坚持的建筑师生命历程，只有这样丰厚的内涵才可能与他们作品的深度相匹配。仅仅是两个概念，并无法造就伟大的建筑师，就好像几乎所有学习过建筑的人都知道“形式追随功能”与“有机建筑”，但并不是每一个人都能成为沙利文或者赖特。

罗西的“自传”不像沙利文与赖特的那样系统和全面，就像他在一开篇所写的，这本书是他近10年来各种笔记的聚合，也就是说，是1971～1981年的笔记合集。这段时间正是圣卡塔尔多公墓的设计时间，也是罗西的“形而上学”建筑画时期，那么与圣卡塔尔多公墓设计有关的片段频繁出现也就很好理解。令人惊异的是，罗西通过这些思绪片段告诉我们，圣卡塔尔多公墓设计的真实来源，是他从童年以来就具有的某种特殊情绪，也与他不同寻常的个人经历有关，甚至也关联到他此后建筑趋向的变化。虽然是看似缺乏逻辑关联的片段，但这些文字实际上能够将圣卡塔尔多公墓、他的“形而上学”建筑画、《一部科学的自传》以及从少年时代步入青年时代，并且进一步转向成熟时期的罗西串联成一个整体。而贯穿这个整体的核心线索是，对死亡的兴趣以及随之而来的忧伤情绪。

在罗西的文字中，有各种各样的文字提示这一线索的存在。最具代表性的可能是他借用德国诗人弗里德里希·荷尔德林（Friedrich Hölderlin）的一首短诗《生命中途》(Hälfte des Lebens）来描述圣卡塔尔多公墓的文字。这段文字清晰呈现了罗西对这个项目的个人感受，他写道："我将荷尔德林诗篇的最后一句转移到了我的建筑中：'墙站立着，无言而冰冷，在风中，风向标吱呀响着。'在苏黎世的一次演讲中，我用这句话作为结尾，它可以用于我的作品：'我的建筑站立着，无言而冰冷。'"[①]

《生命中途》发表于1805年，是荷尔德林最著名的短诗之一。全文如下：

悬挂着黄梨
和遍布各处的野玫瑰
大地伸向湖中，
你们这些可爱的天鹅
在亲吻中沉醉，
把头浸入
神圣冷静的水中。

令人忧伤的是，如果冬天来临
我到哪里去寻找花朵、阳光
地上的阴影？
墙站立着
无言而冰冷，在风中
风向标吱呀响着。

荷尔德林的短诗分别描绘了两个季节，在仍然风和日丽的春夏时节，果实充盈、鲜花盛开，天鹅在湖面悠闲地划过，但如果设想冬日来临，花朵、阳光与树荫都消失不见，只留下荒弃的墙壁，"无言而冰冷"。在冷漠和萧瑟之中，风中吱呀作响的风向标进一步渲染了孤独、无助与忧伤的氛围。从短诗的命名就可以看到，虽然表面是关于季节，荷尔德林

① ALDO ROSSI. A scientific autobiography[M]. Cambridge, Mass.: MIT Press, 1981: 44.

真正的主题是生命。在生命中途，活力与美好似乎都得以展现，然而冬日终将来临，这些珍贵的东西会逐渐逝去，只留下一片荒凉。我们并不清楚荷尔德林在1805年发表这首诗是一种巧合还是说他有了某种预感，因为这一段时间也恰恰是荷尔德林人生的中途。在此前的10年中，荷尔德林完成了他一系列最具有代表性的诗篇，如《面包和酒》(*Brod und Wein*)、《群岛》(*Der Archipelagos*)、《帕特莫斯》(*Patmos*)，以及《伊斯特河》(*Der Ister*)。然而，从18世纪90年代开始，精神分裂症开始逐渐影响他，最终在1806年，即《生命中途》发表的次年，荷尔德林被送入图宾根（Tübingen）的诊所治疗。但是，诊所很快就断定荷尔德林无法被治愈，他在1807年离开诊所，一位曾经阅读过他诗篇的木匠恩斯特·齐默（Ernst Zimmer）收留了他，并且一直照料他的生活。在此后的37年中，荷尔德林都居住在这位木匠位于图宾根老城内卡河（Neckar）边的家中，他的房间位于靠河岸的一座圆塔二层（图3-6）。虽然在37年中荷尔德林偶尔会恢复清醒，并且完成一些短诗，如送给齐默的《致齐默》(An Zimmern)，但绝大部分时间他都处于精神失常状态。恩斯特·齐默在1838年去世，他的女儿夏洛特·齐默（Charlotte Zimmer）继续照料荷尔德林，直至诗人在1843年逝世。

从荷尔德林的生命历程来看,《生命中途》似乎具有了某种“自传性”的预言色彩。他是否已经知道自己的冬天即将降临，所以开始慨叹失去一切的忧伤？还是说这是一种习惯性的情绪，就像他在给母亲的信中所写的，自从他的父亲与继父相继去世，他心中的沉重伴随着年龄不断增长。我们没有能力在这里解答这个问题，但无论是这两种中的哪种情况，这首短诗想要传递的内涵都是清晰的：面对失落的活力，忧伤充满了大地、墙壁与吱呀响着的风向标。

罗西用荷尔德林的这首短诗来描述圣卡塔尔多公墓，可能比其他任何评论家对这个项目的阐释都更为准确。荷尔德林诗句虽然简短，但是精确和深刻地刻画了圣卡塔尔多公墓最重要的特质，也是我们想要深入讨论的，它“冬天”般的沉寂与荒凉，以及带给观赏者们的难以抗拒的忧伤。德国诗人告诉我们，这种忧伤来自于一种失落，对生命或活力从我们身

图3-6

恩斯特·齐默的家，荷尔德林居住在圆塔二层

（Thomgoe; modified by Wildfeuer, Copyrighted free use, via Wikimedia Commons）

边流逝的失落。在《一部科学的自传》中，罗西的笔记印证了他与荷尔德林的相似性。圣卡塔尔多公墓是一片荒凉的废墟，他写道："最终，建筑成为了被遗弃的房屋，在那里，生活停止了，工作被悬置，这个机构本身变得不确定。"[①]作为一座城市，圣卡塔尔多公墓与其他城市在元素上并没有太大区别，这里也有房屋、广场、纪念物与类型。最重要的差异是，"生活停止了，工作被悬置"，城市所拥有的活力都消失了，建筑被遗弃，留下了一片死寂。就像荷尔德林用春夏与冬季的对比来烘托忧伤一样，罗西利用了活人的城市与死者的城市的关联和差异来强化情绪。建筑、墙壁、窗、长廊几乎都是类似，差异只在于生命，一个像雷吉奥内宫一样充满活力，另一个则永远失去了这一成分。

被生命所遗弃的荒凉，是圣卡塔尔多公墓死寂氛围的来源。罗西随后的话表明，这并不是突发奇想，而是他早就有深刻感触的事情。他继续谈到了自己在意大利北部波河（Po River）岸边所看到的景象："在设计中，这个建筑已经从属于波河谷地的厚重迷雾，以及河岸上被荒弃的住宅，因为大洪水的缘故，它们已经被遗弃了多年。在这些房子中，你仍然可以发现打破的杯子、铁床、破碎的玻璃、黄色的相片，伴随着潮湿以及其他河流摧毁的印记。那里有一些村庄，河流伴随着持续的死亡出现，仅仅留下标记、符号与片段；但它们是人应该珍视的片段。"[②]波河谷地中的这些房子都曾经是真实的住宅，人们在这里生活、劳作，留下生活的印记。但是"洪水伴随着持续的死亡出现"，迫使人们离开，也一同带走了这里曾经拥有过的生命与活力。这里所说的"死亡"当然不一定是指真的有人在洪水中死去，对于这些建筑来说，"死亡"意味着生活的离去。所以当人们相继离开，即使没有人真正的死去，这些建筑的命运都是一样的，它们成为被生命遗弃的场所，只有"杯子、铁床、破碎的玻璃、黄色的相片"等"标记、符号与片段"提示人们，这里曾经也有过欢声笑语，有过与生活有关的一切。死亡与其说是一个事件，不如说是一种状态，是曾经的生命离去之后，留下一个"无言而冰冷"的异类世界。

① ALDO ROSSI. A scientific autobiography[M]. Cambridge, Mass.: MIT Press, 1981: 15.
② 同上。

关于波河住宅的这段话非常重要，它提示我们罗西是如何看待“死亡”的。罗西在文字中不断提到圣卡塔尔多公墓中的建筑是“死者的房屋”，整个公墓是“死者的城市”。之所以这样称呼，当然不会是因为这里是死者的安息之地这么简单。“死者的房屋”与“死者的城市”应当具有什么样的特质，并不是一个有既定答案的问题，它取决于如何看待死亡。在这一点上，罗西的新公墓与一旁科斯塔老公墓的差异可以有助于说明这个问题。

虽然就像我们前面已经提到的，两个墓地在格局上有所类似，但一个显著的差别仍然是清晰可见的。科斯塔的老公墓具有典型的古典纪念性，这体现在环绕的多立克柱廊，万神庙式的穹顶与门廊，以及绵长的筒形拱顶长廊之中（图3-7）。一个直接的问题是，这样隆重的纪念性是针对什么的，为何死亡需要这样庄重地纪念？简单地说，之所以需要纪念，当然是因为死亡的重要性，但马上会带来另一个问题，在什么意义上死亡是重要的？而在绝大多数纪念性丧葬建筑中，死亡的重要性在于它并不是一个终点，而是一个起点，一个通向“后世”的起点。对“后世”（after-life）的设想，是人类应对死亡最古老也最有效的方法之一，几乎在每一种有悠久历史的文化中都能找到某种表现形式。它对死亡提供了一个结构性的解答：这并不是生命的终点，而是另一个阶段的起点，丧葬建筑能够帮助逝去的人顺利开启新的旅程。

金字塔或许是此类丧葬建筑最典型的代表。古埃及人认为死亡只是肉体机能的终止，而真正容纳生命本质的是灵魂，它并不随死亡所终结，而是可以继续存活下去。尽管如此，这一灵魂的一部分仍然在某些时段需要身体作为载体去吸收养料，因此逝者被制作成木乃伊来实现长久的保存。法老作为神在现世的体现，在死去之后他的灵魂将回归到众神所在的上天。因此，对金字塔内部通向金字塔表面甬道的一种常规解释是，这是留给法老灵魂回归上天的道路，而金字塔本身的形态和比例与天象的关联对这种解释提供了支持。

如果死亡只是一个站点，而下一个目的地可能是更为美好的话，那么就

图3-7

图3-7

切萨雷·科斯塔设计的老公墓

没有任何理由对此感到惶恐。这正是苏格拉底死前最后一天在监狱中解释给他的朋友们的。被谬误与欲望所左右的身体实际上是囚禁灵魂的监狱，而死亡能够达成最终的解放。就像囚犯不应当越狱，人们不应通过自杀来摆脱身体，苏格拉底通过从自己的哲学立场出发接受死刑，却也获得了最完美的结果，因此他说："那些正确地从事哲学的人的目标之一，是以正常的方式经历死去与死亡。"[①]苏格拉底最后的话是让克利托（Crito）给阿斯克勒庇俄斯（Asclepius）献祭一只公鸡，感谢医药之神让他脱离身体的病痛纠缠，实现灵魂最终的康复。

在这两个例子中，"后世"都是比"现世"更为理想的世界，在那里灵魂不再受到病痛的折磨，也不再被身体完全囚禁，更重要的是，灵魂不会再经历"现世"中的死亡，它回到了自己永恒的存在状态。从这个角度来看，"现世"中的死亡是开启"后世"永生的起点，人们会由此进入天国或者是极乐世界，从"人"成为"神"。在这种以"后世"和"永生"为基础的死亡观念下，墓葬是帮助人们进入天国的阶梯，而这一事件的重要性超越了"现世"中的任何事件，因为这才是最为美好和永恒的归宿。进入墓葬，就相当于进入庙堂，在这里，灵魂得到洗涤和解放，重归神的怀抱。

无论是在东方还是西方，对于"后世"的观念是普遍存在的，而在传统中绝大部分具有明显纪念性的墓葬建筑都与这个观念相关。在摩德纳，切萨雷·科斯塔将多立克柱式、希腊门廊以及万神庙一般的穹顶运用在城市公墓的设计上。他所设计得更像是一个供奉亡灵的神庙，它所对应的是那个超越尘世的、永恒的、完美的死亡之后的世界。

反观罗西的圣卡塔尔多公墓，虽然也有轴线对称、立方体与锥塔一类的传统纪念性元素，但整个公墓给人的印象不是一种伟大的崇敬，而是一种平凡的荒凉。罗西刻意地让新的建筑元素靠近日常建筑——住宅、工厂、街道。这里没有隆重的纪念性去区分"后世"与"现世"，与之相反，

① PLATO. Plato: complete works[M]. Cambridge: Hackett Publishing Company, 1997: 55.

死者的建筑与生者的建筑几乎是一样的，“这个墓地的中心理念可能是我所意识到的，死者的物品、器物与建筑和活人所拥有的并没有不同，”[①]罗西曾经这样解释他的设计理念。在这个层面上，波河谷地被遗弃的住宅才是罗西设计的最理想的原型，它们曾经是生活的容器，但是当人们离去，活力消失，它们也就变成了死者的房屋。在对圣卡塔尔多公墓的描述中，罗西频繁地使用“遗弃”一词，正是出于这个原因。立方体是未完工的被遗弃的建筑，也通过与面包师之墓的相似性，召唤起“废弃房屋与被遗弃的工作之间的历史关联”；[②]锥塔预示着被遗弃的工厂的烟囱，这里用于埋葬那些被遗弃的人，他们来自“疯人院、医院、监狱，绝望的或者被遗忘的生命”；[③]最终，整个公墓成为“被遗弃的房屋，在那里，生活停止了，工作被悬置，这个机构本身变得不确定。”[④]

“遗弃”的概念，意味着被动的缺失。死者的建筑，是被遗弃的建筑，死者的城市是被遗弃的城市。这些事物提示了罗西对死亡的理解：“这就是死者的住宅，在建筑的层面来说，是未完成和被遗弃的，也就是说类似于死亡。”[⑤]它们所对应的死亡概念，不是被死后的“永生”所定义的，而是被“现世”中的缺失所定义的。就像罗西所写的：“我参照了罗马面包师之墓、被遗弃的工厂，以及空的住宅；还将死亡视为‘没有人再在这里生活’，因此是一种遗憾，因为我们不知道与这个人的关系是什么，但我们仍然试图在某种方式上寻找他。”[⑥]所有物品、墙壁、建筑或者是风向标仍然存在，只是生命与活力已经不可挽回地缺失了，人们会感受到一种“遗憾”，对失去的遗憾。当生者进入这个世界，会感到既熟悉又陌生，一些至关重要的东西不可挽回地失去了，伴随着强烈失落感的是追寻者的孤独与忧伤。正是这种忧伤，而不是类型学设计方法，让圣卡塔尔多公墓在罗西的作品序列，以及整个时代的建筑创作中突显出来。

① ALDO ROSSI. A scientific autobiography[M]. Cambridge, Mass.: MIT Press, 1981: 39.
② 同上，45.
③ 同上，47.
④ 同上，15.
⑤ ALDO ROSSI. The blue of the sky[M]//O'REGAN. Aldo Rossi selected writings and projects. London: Architectural Design, 1983: 42.
⑥ ALDO ROSSI. A scientific autobiography[M]. Cambridge, Mass.: MIT Press, 1981: 39.

如果说科斯塔的老公墓是敬献给“后世”的庙宇，那么罗西的新公墓则是献给“缺失”的挽歌。就像荷尔德林的《生命中途》一样，罗西用建筑的方式向我们吟诵生命的忧伤。

从少年到青年

如果将《生命中途》与荷尔德林的生命历程结合在一起看，会更强烈地感受到这首短诗的感染力。而如果将圣卡塔尔多公墓与阿尔多·罗西自己的生命历程结合在一起看，我们也可以发现更多富有启发的线索。在《一部科学的自传》中，罗西为我们提供了这一线索：“在1971年4月，在前往伊斯坦布尔的路上，我在贝尔格莱德与萨格勒布之间被卷入一场严重的事故。可能因为这个事故的原因，摩德纳公墓的设计就诞生于斯拉沃尼亚·布罗德（Slawonski Brod）的小医院之中，与此同时，我的青年时代抵达了终点。”①公墓的设计是青年时代的终结，这句话该如何理解，具体是什么东西被终结了？罗西在比较摩德纳公墓与基耶蒂（Chieti）学生住宅两个项目时给予了解释：“前者，通过它的主题，体现了青春期的终结以及对死亡的兴趣的结束，而第二个标志着对幸福的追寻以及一种成熟的状态。”②这也就是说对于罗西来说，青春的特点就是对“死亡的兴趣”，而成熟的状态则指向对“幸福的追寻”，摩德纳公墓项目就处于这两个状态的转折点上。罗西甚至更进一步解释了圣卡塔尔多公墓具体如何帮助结束了对“死亡的兴趣”：“在摩德纳墓地项目中，就像我说的，我力图通过呈现（representation）来解决青年时代对死亡的问题。”③这些语句说明，圣卡塔尔多公墓不仅仅是一个孤立的建筑项目，它在某种程度上也是阿尔多·罗西建筑生涯的一个分水岭，那么该如何理解这一转变呢？

罗西提到的车祸发生在今天属于克罗地亚的小城斯拉沃尼亚·布罗德。从西北方向的萨格勒布前往贝尔格莱德的公路在城北穿过。沿着这条路

① ALDO ROSSI. A scientific autobiography[M]. Cambridge, Mass.: MIT Press, 1981: 11.
② 同上，8.
③ 同上，38.

一直前进，穿过保加利亚，就可以抵达博斯普鲁斯海峡边的土耳其城市伊斯坦布尔。与罗西同行的还有他的校友与同事，也是“新理性主义”运动的另一位代表性人物乔治·格拉西（Georgio Grassi）。车祸带来较为严重的骨损伤，所以罗西只能在斯拉沃尼亚·布罗德的小医院中卧床治疗。对于这一段经历与圣卡塔尔多公墓的设计有何关系，罗西在《一部科学的自传》中有动人的描述：“我躺在一层一个小房间里靠窗的位置，通过窗户我看到天空与小花园。近乎无法动弹地躺着，我想到了过去，但有的时候我什么也没想：我只是凝视着树木与天空。这些事物的存在以及我与它们的分离——同时与之联系的是我对自己骨头的痛苦意识——将我带回了自己的童年时代。在此后第二年的夏天，在我为这个项目所作的研究中，可能只有这个图像以及我骨头中的疼痛还伴随着我：我将身体的骨架看作被组合在一起的断片。在斯拉沃尼亚·布罗德，我将死亡确定为骨架的形态，以及它所能产生的变异。”①

这段话的内涵非常丰富。首先，最直接的是后面两句，罗西将死亡与骨架，以及因车祸引起的身体中骨头的疼痛对应了起来。这理所当然地让人联想起圣卡塔尔多公墓中三角形区域的联排骨灰墓室，它们的形态与人的肋骨非常相似。在《天空之蓝》中，罗西并没有直接提到肋骨的比喻，但是他频频用“脊椎”（spine）指代墓地的中心轴线。一些学者指出，在这一意向上，圣卡塔尔多公墓的中心部分非常接近于人体，立方体是头颅、U形墓室是双臂、轴线是脊椎、三角形墓室是肋骨、圆锥塔则象征着生殖器。②一个可能的解释是，车祸让罗西感受到死亡的靠近，无法动弹的静卧似乎让他的心灵脱离了身体，就像失去了居住者的住宅，身体不再是整体的一部分，而是被遗弃的碎片。骨头的伤痛进一步强化了这种破碎感，进而体现在圣卡塔尔多公墓中心部分的“相似性”设计中。对此，罗西写道：“在事故之后，我开始了一段与死亡的关系——在斯拉沃伊基（Slavoujki）的小医院中——这种关系从此就没有离开。它——可能是人能感受的最不可能的爱——在那一年的剩余时间中让我变得异化，甚至

① ALDO ROSSI. A scientific autobiography[M]. Cambridge, Mass.: MIT Press, 1981: 11.
② 参见EUGENE J. JOHNSON. What remains of man-Aldo Rossi's modena cemetery[J]. Journal of the Society of Architectural Historians, 1982, 41 (1).

是在我受的伤以及断裂的骨头已经愈合很久之后。”①

还有另一个因素将公墓设计与骨骼联系在一起，我们已经提到，这个方案的名称“天空之蓝”来自于巴塔耶的同名小说。在小说中，一对情侣为了躲避战火而逃进了一片墓地之中，墓地被很多蜡烛所照亮，“每一片光都昭示着它坟墓中的一副骨架，这些光一同组成了摇动的天空，就像我们身体运动一样缺乏稳定。”②这些片段都说明，圣卡塔尔多公墓的设计与罗西车祸后的独特体验密切相关。

这种解释可能看起来合理，但是《忧伤与建筑》(*Melancholy and Architecture*)一书——一本讨论阿尔多·罗西建筑思想的专著——的作者迪奥戈·塞克斯·洛佩斯（Diogo Seixas Lopes）告诉我们，罗西的话可能并不是全部真相：早在车祸发生前，罗西在考虑投标蓬皮杜中心设计竞赛时已经提到了用脊椎贯穿方案的理念，而更早之前在1970年末的笔记中，罗西已经建立了骨骼与死亡之间的清晰联系，他写道：“作为生命与死亡的成分，骨头作为骨架的局部是优美的。但是它们也有自己的美，与博物馆中陶器的碎片类似。”③这也就是说，罗西对死亡和骨骼的关注实际上早于圣卡塔尔多公墓项目，这也将我们引向罗西在《一部科学的自传》中那段话的前半部分，因为在那里罗西说在医院静卧的感受让他回忆起了童年的景象，某种自传性的元素渗入了圣卡塔尔多公墓的设计中。在这一点上，罗西与德·基里科的近似性进一步体现出来，不仅是建筑与城市所承载的集体记忆凝固在作品中，作者个体的童年记忆也掺杂其中。

那么，罗西所指的童年回忆，具体是指什么呢？理所当然地，应该从《一部科学的自传》中去寻找。在这本书正文的第一页，罗西就告诉我们，书的命名就与他童年的记忆有关，而且更为重要的是，这段记忆本身环

① ALDO ROSSI. Autobiographical notes on my training, etc. [M]//FERLENGA. Aldo Rossi: the life and works of an architect. Cologne: Könemann, 1999: 24.
② 参见DIOGO SEIXAS LOPES. Melancholy and architecture: on Aldo Rossi[M]. Zurich: Park Books, 2015: 143.
③ Aldo Rossi. Quadorni azzurri, Q. 4转引自同上，142.

绕在死亡主题周边。就像“天空之蓝”的命名一样，“一部科学的自传”也是借用来的，它源自德国物理学家马克斯·普朗克（Max Planck）的自传《科学的自传》（*Scientific Autobiography*）。这很好地解除了罗西为何要用“科学”一词的疑惑，因为罗西的这些笔记与常规意义上的“科学”几乎完全不沾边。罗西对普朗克的兴趣也不是在于物理学家的理论贡献，而是普朗克在自传里记录的自己小时候他的老师给他讲的一个故事：“一个石匠耗费极大的努力将一块石头推上了屋顶。他被这样一个事实所震惊，那就是他所消耗的能量并没有消失；它一点不少地被存储了很多年，潜藏在石块中，直到有一天，石块刚巧从屋顶上滑落，落在过路行人的头上，杀死了他。”[①]对于普朗克来说，这个故事说明的是能量守恒定律，但是对于罗西来说，着迷的地方是建筑、石头、能量、时间与死亡等因素在这个小故事中的并存。“在每一个艺术家或者是技术专家那里，能量守恒都与对幸福和死亡的探寻相互混合。”[②]

这至少说明，罗西对死亡的兴趣并非局限于圣卡塔尔多公墓的设计。“每一个夏天对我来说都像是我最后一个夏天，这种不会再有演化的停滞可以解释我的许多作品。”[③]在一切都还繁盛的夏天，去设想一切的停滞，这与荷尔德林在《生命中途》所做的事情并无差异，只不过荷尔德林的沉思发生在中年，而对于罗西可以上溯到童年，因为“每一个夏天”都已经是“最后一个夏天”。我们没有足够的资料解释为何罗西会从小时候开始就有这样阴郁的感受。一种揣测是他从童年开始就经常遭受的骨折会带来某种影响，就像他自己所写到的，“在我的一生中，我常常因为骨折或者其他骨损伤住院治疗，”这使得他对“碎片以及重组感兴趣，就像在考古和外科手术中所做的那样。”[④]这段话印证了洛佩斯的观点，罗西对骨骼、碎片的兴趣早于圣卡塔尔多公墓，现在我们看到，这种兴趣甚至要上推至他的童年时代。

在这段引言随后的一段话中，罗西告诉了我们更多的秘密：“我将所有这

① ALDO ROSSI. A scientific autobiography[M]. Cambridge, Mass.: MIT Press, 1981: 1.
② 同上。
③ 同上，8.
④ 同上，82.

些与我童年时代对先知以利亚（Elijah）的印象相关联，与我对一幅图像和事件的记忆相关联。在充满了圣经故事的大部头书籍中，我常常看着那些在密集的黑色字体中，带着鲜艳颜色——黄色、蓝色、绿色——显露出来的图像。一辆炙热的战车升向被彩虹横跨的天空之中，一个伟大的老人站立在上面。就像往常一样，图像下印着简单的图注：'先知以利亚没有死去。他被炙热的战车带走了。'我从来没有看过如此精确的呈现与定义——几乎不会有这样的事件出现在童话故事中。整个基督教都建立在死亡、判决，以及重生之上，这几乎是呈现人与神的最为人性化的图像志。在先知以利亚的消失中，我感受到某种对常识形成威胁的东西，一个极度傲慢的举动。但是所有这些都接近于满足一种倾向，这种倾向渴求一种绝对和极端完美的行为。"[①]

罗西的这段童年回忆看起来是关于童话的故事，但它与圣卡塔尔多公墓的对应关系是令人震惊的。触动童年罗西的不是以利亚为宗教所作的那些贡献，而是他的离去。"先知以利亚没有死去。他被炙热的战车带走了。"在罗西看来，以利亚的离去打破了基督教中由生命、死亡、审判、重生以及永生的常规体系。死亡无法再被描述为这个体系中的一个片段，而是一种绝对的离去。人们的"常识"受到了挑战，但罗西也发现了一种"绝对和极端完美的行为"。在前面的讨论中，我们已经谈到，科斯塔的老公墓就奠基于传统的常识性的"后世"观念，所以向"永生"奉献上最为隆重的纪念性建筑。但是罗西的新公墓没有表现"永生"的恢宏，而是展现了一种离去，建筑仍然存在，生命已经离去。就像先知以利亚"被炙热的战车带走了"，而在火焰冷却之后，留下的则是"无言而冰冷"，一种"不会再有演化的停滞"。

如果这样的解读是合理的，那么它们至少说明，从童年时代开始罗西就对死亡的议题感兴趣，而死亡对于他来说就意味着一种离去。不同于基督教等宗教体系对离去之后另一个世界的强调，从一开始罗西更多关注的就是生命离去之后所留下的这个世界。就像那些被遗弃的房屋，它们

① ALDO ROSSI. A scientific autobiography[M]. Cambridge, Mass.: MIT Press, 1981: 82.

不再具有活力，也不再变化，陷入一种永恒的静止之中，也就是“最后一个夏天”那种“不会再有演化的停滞。”从这个角度来看，罗西在荷尔德林《生命中途》中所感受到的那种共鸣，不仅仅来源于他在波河谷地的体验，还可以追溯到他一直以来的对死亡的特殊理解。这种理解的存在远远早于圣卡塔尔多公墓，我们甚至可以说，类似的主题已经在罗西的心目中萦绕了许久，只是在圣卡塔尔多公墓得到了最好的宣泄——这本身就是一个与死亡直接相关的项目。在另一方面，也正是因为这种理解是根植于罗西内心深处的，它不仅在圣卡塔尔多公墓这一个项目中浮现出来，也在罗西同一时期的其他项目如加拉雷特西住宅与法尼亚诺奥洛纳小学等项目中呈现出来。这两个项目在功能上与死亡并没有直接的联系，但是与圣卡塔尔多公墓设计类似的气息——停滞与忧伤——通过空旷的长廊、孤立的烟囱、苍白的墙壁强烈地传递给注视这些建筑的人。可能对于罗西来说，即使在这些充满活力的地方，死亡的忧伤仍然存在，就像他所写的：“当我谈到一所学校、一个墓地、一个剧场时，更准确地说，我是在谈论生活、死亡与想象。”[①]在他独特的心境之下，“死亡的主题，会自然而然地找到自己的路径进入设计的进程当中。”[②]就像罗西用自己的话所总结的，这些项目都体现了他“青春期”对“死亡的兴趣”，圣卡塔尔多公墓的特殊性在于它为这种兴趣的表现提供了最佳的机会，从而也成为这种兴趣驱动下建筑创作的顶点。在《一部科学的自传》中，罗西认为，通过圣卡塔尔多公墓对死亡的深刻表现，他得以为这一段青春期的历程画上一个句号。

死亡与家乡

上面的讨论有助于我们重新回到德·基里科的话题。在前面，我们提到了罗西设计圣卡塔尔多公墓时期所绘制的建筑画作与德·基里科的“形而上学绘画”之间密切的相似性。现在，我们可以看到，除了绘画元素、构图、色彩、氛围以外，两人的相似性还可以扩展到自童年以来的体验

① ALDO ROSSI. A scientific autobiography[M]. Cambridge, Mass.: MIT Press, 1981: 78.
② 同上，11.

与历程。德·基里科在很多场合提到了童年时期的影响：希腊的神话与门廊、与父亲有关的回忆、在沃洛斯居住时持续不断的伤感，以及阅读《匹诺曹历险记》时的奇特印象。这些谜团一直拉扯着德·基里科，最终他在尼采、叔本华、赫利克里特的哲学思想中找到了解答，并且将它们呈现在“形而上学绘画”之中。罗西的情况也类似，他对死亡与停滞的兴趣由来已久，体现在他对夏天、先知以利亚的离去、普朗克讲述的故事、波河谷地的房屋、荷尔德林的诗，以及车祸之后的伤痛等情景的特殊体验上。最终这些因素在圣卡塔尔多公墓中得到了呈现，所以罗西说这是他青年时代的终结。可以认为，圣卡塔尔多公墓提供了一个绝佳的契机，使得罗西这些个人化的记忆与联想能够从心底深处浮现出来，并且以建筑的方式凝固下来。作为一个节点，“死者的城市”所展现的不仅是类型与城市，可能更为重要的是罗西自己的一段成长历程。在这一历程中，对死亡的兴趣一直从少年时代延伸到青年时代。

虽然没有像德·基里科那样对形而上学问题有直接的讨论，但罗西看起来也曾有过与德·基里科类似的“揭示”般的经历。例如，在谈到游历伊斯坦布尔布尔萨清真寺（Mosque of Bursa）的感受时，他写道：“在清真寺里，我重新体验到了我从童年之后就没有再体会到的东西：我变得无形，从某种程度上变到了整个奇观的另一面。”[①]这当然非常类似于德·基里科所讲述的，他在一个清爽的秋天的下午，在佛罗伦萨圣十字广场上突然感受到一切都变得不同寻常的体验。对于德·基里科来说，这就是形而上学“揭示”的后果。在另一段关于19世纪意大利画家安杰洛·莫贝利（Angelo Morbelli）所描绘的特里乌尔齐奥老人院（Pio Albergo Trivulzio）的引言中，罗西也多少谈到了这一体验的内涵：“一种弥漫的光线遍布于整个大房间中，就像在广场上一样，人形消失在其中。将自然主义推向极致的结果，会引向一种有关物体的形而上学；事物、老人的身体、光线以及寒冷的氛围——都通过一种似乎很遥远的观察来感知。这种无情感的距离也正是这个救济院中死亡般的气息。”[②]（图3-8）对这段话的一种可能的解释为：脱离开日常世界，在“无情

① ALDO ROSSI. A scientific autobiography[M]. Cambridge, Mass.: MIT Press, 1981: 12.
② 同上。

图3-8

图3-8

安杰洛·莫贝利作品《剩下的人的圣诞》

（Angelo Morbelli，Public domain，https://www.domusweb.it/it/arte/2020/04/23/dal-dipinto-alla-scena--angelo-morbelli-e-il-pio-albergo-trivulzio.html）

感的距离之外”来看待它，就会获得一种形而上学般的新体验，而这种体验的核心内容则是“死亡般的气息”。罗西随后的一句话则建立了这个解释与圣卡塔尔多公墓之间的联系：“当我在设计摩德纳墓地的时候，我不断地想起这个老人院，那道在画面中刻画出精确光影条纹的光线，也就是穿过公墓项目窗户的光线。”[①]这段将光线与形而上学体验相关联的话，无论是在主题还是在措辞上都让人联想起德·基里科一段类似的话语：“作为真的忒修斯，德·基里科冒险进入新价值构成的令人不安的迷宫，沿着缪斯牵引的线索，他抵达了那些遍布于我们愚蠢的生活中，但是却不为人知的地方。住宅、房间、高耸的墙、走道、打开或关上的门窗，都在新的光线下展现给他。他不断在日常事物中发现新的方面，新的孤寂以及一种沉思的感觉，而我们的日常习惯让我们对这些事物习以为常，甚至于彻底掩盖了它们。这种发现就像打开一个惊喜盒（surprise box），就像以弗所的赫拉克里特斯在所有事物中所看到的著名‘鬼魅’。”[②]值得注意的是，罗西也曾经用“迷宫”来形容圣卡塔尔多公墓，在谈到以这个项目为基础所设计的一张桌子时，罗西写道：“在设计它时，我们意识到自己已经抛弃了原来的路径，转而追随某种强迫性的迷宫。实际上，迷宫让我们觉得有趣，因为在其中我们发现了大鹅游戏（goose game），[③]考虑让这个设计模仿孩子们的游戏。但是我们怎么可能不想起这一事实，这一游戏中最为凶恶的元素，尤其对于孩子们来说，是由死亡方块来代表？”[④]

这些讨论可以帮助我们将德·基里科与阿尔多·罗西之间的联系扩展到画面之外。如果仅仅是比较两人“形而上学绘画”之间的类似性，那么我们仍然只是停留在类型这样的形式元素的讨论之中。更为重要的是理解这种做法背后思想深处的动机。我们之所以要讨论罗西的绘画，以及德·基里科的绘画，还是为了讨论圣卡塔尔多公墓这个建筑。在类型层面，罗西的公墓与德·基里科的绘画之间有很强的平行性，如广场主题、

① ALDO ROSSI. A scientific autobiography[M]. Cambridge, Mass.: MIT Press, 1981: 12.
② GIORGIO DE CHIRICO. Giorgio de Chirico[J]. Metaphysical Art, 2006 (5/6): 525.
③ 一种欧洲的儿童游戏，棋盘由63个格子呈螺旋线环绕组成，棋子应当走过方格抵达终点，但是中途不同的方格会有不同的操作，比如死亡方格会让棋子回到起点。
④ ALDO ROSSI. A scientific autobiography[M]. Cambridge, Mass.: MIT Press, 1981: 11.

柱廊、锥塔以及立方体所采用的砖红色等。然而，这些作品真正触动人的不是类型元素的列表，而是它们所传递给观察者的感受。即使不了解这些类型元素的对应性，一个真诚的观察者也可以在这些作品中感受到一种强烈的类似氛围——空旷、沉寂、停滞，以及由这种氛围所带来情绪——忧伤与孤独。在第2章中，我们已经讨论了德·基里科是如何塑造这种独特的氛围与情绪的，以及它们之后的哲学内涵是什么。对于罗西，他的“形而上学”建筑画具有类似的效果已经无需重复。“在意大利广场中，阴影属于建筑”，[①]他在设计圣卡塔尔多公墓期间留下的笔记，明显指向了德·基里科的影响。罗西也非常明确，忧伤感就是圣卡塔尔多公墓想要传递的感触，“在我看来，摩德纳公墓中的空旷所带来的毋庸置疑的伤感（sadness），是一种历史性的伤感。”[②]他还更为准确地解释了如何塑造这种“伤感”：“我相信，不可能设想一种比下述建筑更为伤感的事物，那就是一个完全由赤裸、贫瘠的表面组成的纪念碑，它由能够吸收光线的材料建造，去除了细节，只是由阴影的静态布景作为装饰，这些阴影只是由更深的阴影所刻画出来。”[③]虽然这段话的对象是指法国建筑师艾蒂安-路易·部雷的作品，但是贫瘠的表面、强烈的光线、深重的阴影也是德·基里科的绘画特色。罗西异常明晰地指出了它们与忧伤之间的关联。

由此看来，比罗西和德·基里科绘画的相似性更为根本的是对忧伤的刻画，而这一点也深深地渗透到圣卡塔尔多公墓的设计中。所以，对忧伤的分析可以帮助我们解析这一建筑的内涵与感染力。也正是在这一点上，德·基里科对“形而上学绘画”的解释，以及罗西在《一部科学的自传》中的回忆，可以为我们的分析提供直接的帮助。现在，我们可以确认，忧伤是两个人都关注的议题，也是他们的作品着重渲染的效果，那么，随之而来的疑问是，他们所指的是同样的忧伤吗？对于德·基里科，我们已经提到忧伤来自于他特定的哲学思想，尤其是以叔本华为核心的形

① 引自FRANCESCO DAL CO. Introduzione ai quaderni azzurri[M]//DAL CO. Aldo Rossi: I quaderni azzurri. Milano: Electa/The J. Paul Getty Research Institute, 1999: X.

② 转引自DIOGO SEIXAS LOPES. Melancholy and architecture: on Aldo Rossi[M]. Zurich: Park Books, 2015: 188.

③ 转引自同上，184.

而上学思想；而对于阿尔多·罗西，忧伤来自于从幼年时就拥有的对死亡的特殊兴趣。一方是形而上学理论，一方是对死亡的兴趣，看起来这似乎是两种不同的忧伤。但是，如果我们不停留在字面上的差异，再仔细地看看两种忧伤的实质，就会发现两者实际上有着内在的共通性：它们都来自于一种失落——失去家园的失落。

我们可以在两个层面理解“家园”的概念。一个是具象的家园，如我们的住宅、邻里、家乡，那里是我们生活的地方，也是令我们感到温暖、安全和平静的地方。德·基里科“形而上学绘画”里频繁出现的奥德修斯就是失去了家园的人。在完成特洛伊的征战之后，他渴望回到家乡，回到平静和幸福的家庭生活。但是在回家的中途，他被困在了奥杰吉亚岛上长达7年。尽管女神卡吕普索用永生等优厚条件诱惑他留下，奥德修斯仍然一心要回到家乡。奥杰吉亚岛可能有着无尽的美酒和美食，还有女神相伴，但无论如何这里不是家乡。站在海边的奥德修斯，充满了思乡的失落，背影中流露出绵长的忧伤。在罗西的叙述中，波河谷地的农宅与圣卡塔尔多公墓本身也是具象的“家园”。虽然参观者并不真的居住在这两个地方，但是他们看到的是与自己的生活场景类似的事物，杯子、铁床、玻璃、相片、民宅、街道、工厂与烟囱。这里曾是人们的家园。身处这样的环境之中，人们会自然而然地将自己与曾经在这里生活的人们等同起来，仿佛这里也是他们的家园。不过，即使建筑和物品仍然存在，真正的家园也已经失去，因为这里不再有生活。在波河边，“河流伴随着持续的死亡出现，仅仅留下标记、符号与片段”，在摩德纳，“建筑成为了被遗弃的房屋，在那里，生活停止了，工作被悬置，这个机构本身变得不确定。”[①]假如奥德修斯历经千辛回到伊萨卡（Ithaca）——他的家乡，却发现他的妻子佩内洛普（Penelope）与儿子忒勒马科斯（Telemachus）已经远去，仅仅留下过往的房屋与物品，他也不会觉得真正回到了梦寐以求的家园，取而代之的是对失去的家庭与幸福感到失落和忧伤。

① ALDO ROSSI. A scientific autobiography[M]. Cambridge, Mass.: MIT Press, 1981: 15.

所以，奥德修斯与罗西所追寻的不仅仅是具象的“家园”，这也将我们引向另一个层面的“家园”概念，一种更为抽象也更为全面的“家园”概念。在这一层面上，家园被理解为“安居”（dwelling）之处。安居需要的不只是一个居所，还要在这个居所中感到安全和温暖，这也就意味着一个好的家居环境、工作环境、社会环境。我们不仅需要生活在一个熟悉和亲切的环境中，也需要有满足的归属感。这种归属感是环境层面的也是心理层面的，我们知道自己应当处在的位置，也知道在这个位置中如何自处。我们知道自己的行为有什么样的目的，也知道这样的目的与其他目的之间如何相互支持，它们构成了一个整体，为生活的各个片段提供意义与价值。而如果缺乏了意义与价值，那么再优越的环境条件都会变得无关紧要，就好像女神卡吕普索用来引诱奥德修斯的那些条件一样。而在当代社会中，即使日常生活条件已经是过去数千年间最为优越的，仍然可以看到很多人遭遇迷茫与抑郁，他们无法找到自己的安居之所，无法真正地栖居于家园之中。

抽象“家园”的概念，扩展到更为全面的生活领域之中。没有人能孤立地存在，总是要与各种各样的人、物品、机制打交道，与它们产生关联，也受到它们的影响。所以，要实现“安居”就需要这些因素的相互协调，人需要与他人，包括家人、同事、邻居甚至是偶遇的陌生人形成融洽的关系，也需要与社会环境，包括物质层面与非物质层面的，如工作与生活条件、法规政策、伦理习俗、文化时尚实现积极的互动，所有这些构成了人所生活的现实世界。只有在这个现实世界中拥有归属感，感受到自己与整个世界的密切关系，并且能够肯定这些关系会导向积极的价值与意义，就像我们的日常工作与家庭生活具有意义一样，人们才会将整个世界看作“家园”。在这个“家园”世界中，人们的生活在时间中延续，朝着理想的生活目标不断前行。

抽象“家园”的失去，也是德·基里科与阿尔多·罗西作品中忧伤的直接原因。从叔本华的形而上学观点出发，德·基里科认为整个现实世界都是假象，不仅无法为人提供真实的支撑，甚至让人沉迷于假象之中，就像卡吕普索用利益诱惑奥德修斯放弃真正的“家乡”一样。德·基里科通过“形而上学绘画”的“揭示”，撩起了“摩耶之幕”，让人们看到所谓“现实世界”的虚假，也就打破了人们对这个“现实世界”的依赖。我们曾经以为这里就是“家乡”，但是德·基里科摧毁了这个幻象，那么过往的一切都被骤然打断，“我们的生活，更准确地说，是整个宇宙的逻辑节奏……瞬间停滞”，这时候“生命突然暂停了，在宇宙生命节奏的停滞中，我们所看到的人虽然在物质形态上没有任何变化，却以一种鬼魅的方式展现给我们。”在德·基里科的画面中，奥德修斯不仅仅是思乡之人，也是沉思的哲学家，他的忧伤也来自于对“现实世界”的质疑。作为一切生活基础的抽象“家园”不复存在，即使墙、街道、广场、阴影仍然遍布身边，但奥德修斯不再认为它们是绝对真实的，不再认为自己与它们有着密切的关联，也不再认为它们拥有毋庸置疑的价值与意义。他与“现实世界”的关系变得疏远，自己仿佛异域之人，徘徊在陌生而怪异的假象之中，失落、焦虑、不安共同导向形而上学的忧伤。

阿尔多·罗西对死亡的兴趣也可以从这个角度来理解。他所谈到的“最后一个夏天”、布尔萨清真寺、特里乌尔齐奥老人院，都指向一种停滞与疏离。生命的进程似乎将永远停滞下来，观察者自己“变得无形”，仿佛通过“很遥远的观察来感知”，这种观察引向“一种关于物体的形而上学”，也就是一种特殊的感触与理解，“这种无情感的距离”带来“死亡般的气息”。在罗西看来，死亡意味着离去，就像先知以利亚的故事中那样。观察者们仍然在现实世界中，这本应是我们的“家园”，也在过去承载了人们的生活，但是死亡已经带走了它的活力，一切都无法继续下去，所以陷入“最后一个夏天”的静止之中。人与世界之间的纽带也被离去所切断，它们之间拉开了“无情感的距离”。死亡改变了罗西的整个世界，某些重要的东西无可挽回地失去了，思考的人还活着，但是却被失落所笼罩。荷尔德林的诗句给予了罗西的死亡主题最为动人的描述：

“我到哪里去寻找花朵、阳光
地上的阴影？
墙站立着
无言而冰冷，在风中
风向标吱呀响着。”

按照这样的理解，德·基里科与罗西所传递的忧伤都来自于失去“家园”的失落。在表面看来，一个归因于形而上学世界的揭示，另一个归因于死亡，似乎有所不同。但是，无论德·基里科还是罗西，所谈论的并不是那个形而上学世界或者死亡本身，而是它们给现实世界所带来的变化。德·基里科所描绘的不是作为真相的形而上学世界，而是被剥夺了“家园”地位，开始变得怪诞和孤寂的“鬼魅”一般的现实世界。罗西的圣卡塔尔多公墓也是一样，它并不像科斯塔的老公墓一样指向死后的世界，而是将一座与活人的城市没有什么不同的世界用类型呈现出来，但是却剥离了其中的生机与活力。圣卡塔尔多公墓成为一座被生命废弃的城市，如同波河边被废弃的房屋。

在这两种情况下，形而上学世界与死亡都不是由其自身的性质被定义的，而是通过它们对“家园”的作用所定义的：它们让“家园”不再是“家园”，人们无法再找到安居之所。反向定义的情况并不是偶然的巧合。严格地说，我们对形而上学世界与死亡的确一无所知。遵循康德的理论，彼岸的形而上学世界是我们永远无法企及的，唯一可以确定的只能是它不同于我们所熟悉的现象世界，所以哲学家往往只能通过与现象世界的差异来间接地分析它。死亡就更不必说了，我们无法直接谈论死亡本身，这不是因为我们对它不熟悉，而是因为我们缺乏对死亡本身的体验，正如列维纳斯所指出的，“所有我们关于死亡能说的和能想的，以及它们的不可避免，都是来自于二手的经验。”[①]作为活着的人在定义上就不可能对死亡有直接的体验，因此古希腊哲学家伊壁鸠鲁（Epicurus）坚持：“我们不关心死亡，因为只要我们存在，死亡就不存在。当它真的来了，我们就不存在了。”[②]由于生死之间的这种互斥性，我们的讨论只能限定在生的领域之中，对于死或者是死之后（如果存在的话）的任何实质问题，最多仅仅能够使用间接的、二手的方式去触及，而触及的方式仍然是它与我们所熟悉的事物——家园——之间的关系。

① EMMANUEL LEVINAS. God, death, and time[M]. Stanford, Calif.: Stanford University Press, 2000: 8.
② 引自http: //izquotes. com/quote/58489.

在这个意义上，德·基里科与罗西都没有将我们带到另一个世界，无论是形而上学世界还是死后的世界，而是留在了那个我们异常熟悉，但是也被他们彻底改变的“现实世界”之中。我们成为了被困在奥杰吉亚岛上的奥德修斯、波河岸边房屋中的旅人，以及设想冬日降临的荷尔德林。不仅如此，两人也没有提示任何方法摆脱这个被他们转化为“鬼魅”一般的世界，现实世界成为了一个迷宫，一个难以寻找出路的谜题。德·基里科与罗西都曾经用“迷宫”或者“谜”来描述自己的作品。谜之所以是谜，而不是无关紧要的词句，就在于人们仍然希望解开谜题，帮助他们走出迷宫，找到新的家园。这种希望也蕴藏在忧伤的情绪之中。同样面对挫折，忧伤与冷漠、绝望的不同之处在于，人们并没有完全放弃，还没有毫无保留地接受已经失去某种事物这一事实。忧伤源于将失落，而失落则是相对于完善来定义的。伤感来自于某种缺失，但是其前提是对未缺失状态的渴求，忧伤意味着仍然在渴求那个没有缺失的完整状态，那个没有被剥离了生命与活力的安居之所。

所以，在忧伤背后是隐藏的期待与希望。这显然是德·基里科与阿尔多·罗西的作品显得复杂而迷人的原因之一。我们已经提到，《街道的神秘与忧伤》中滚铁环的小女孩是德·基里科对潜藏的希望最为生动的描绘。在谈及圣卡塔尔多公墓时，罗西也清晰地点出了这种渴望：“我已经谈到了罗马面包师的坟墓，一座被废弃的工厂，一座空的住宅；我还将死亡理解为‘不再有人居住在这里’，因此是一种遗憾，因为我们不知道我们与这个人的关系是什么，但我们仍然在以某种方式寻找他。”[①]这里的寻找当然是指寻找失去的“家园”，寻找使家园成为“家园”的那些因素。这显然不是一个容易的任务，所以德·基里科将其称为“前往一个危险的世界航行”。不过，失落越是深重，阴影越是漆黑，街道和广场越是空无一人，也越是激发了人们走出迷宫的意志。忧伤虽然动人，但并不是我们最理想的归宿。“建筑是人性幸存下来的一种方式；它是一种特定方式，来表达对幸福（happiness）的根本性追寻。”[②]即使从童年时代就对死亡感兴趣，罗西仍然坚持幸福才应该是建筑追寻的最终目标。

① ALDO ROSSI. A scientific autobiography[M]. Cambridge, Mass.: MIT Press, 1981: 39.
② 同上，2.

在这一视角下，圣卡塔尔多公墓的特殊意义就在于，它超乎寻常地将罗西心目中死亡所带来的忧伤转变成了建筑体验。它的确成功地渲染了一种强烈的失落、孤独、忧郁和不安的情绪，但是它们所构成的不是最终结局，而是一个谜题，一个需要继续解答的谜题。我们无法回避死亡，仍然需要面对死亡所带来的影响，但是希望之火并没有熄灭，我们仍然渴望在死亡的深重阴影中重新寻找“家园”。

那么，关键的问题是，到哪里去寻找失落的“家园”，让人们获得幸福的安居之所？罗西对此的回答惊人地简单，他提到，圣卡塔尔多公墓与基耶蒂学生公寓的设计是他生命——注意，不仅仅是建筑生涯，而是整个生命进程——中重要的转变。“我相信第一个，通过它的主题，体现了青春期以及对死亡兴趣的终结，而后一个则昭示着对幸福的追寻，这是成熟的条件。”[①]罗西告诉我们，通过圣卡塔尔多公墓彻底地表现死亡的忧伤，他也得以超越（overcome）死亡，结束了自童年时代以来对死亡的迷恋。在此之后，走向成熟的他可以开始追寻更为重要的目标——幸福。这当然不是一个令人信服的解答。仅仅通过表现这一主题就可以解决死亡的困惑吗，难道圣卡塔尔多公墓能自然而然地帮助人们重新找到“家园”，“呈现”忧伤难道就是对忧伤的解决？很少有人会认同，“前往一个危险的世界航行”原来就是这样一种表述。这些疑虑实际上也被罗西所证实，洛佩斯指出，罗西并没有像他在《一部科学的自传》中所声称的，从此走上了寻找幸福的光明之旅。“在他生涯的末期，一种类似的疑惑口吻弥漫在各种写作之中，散布在期刊、书籍以及未发表的文稿中。罗西继续这些思索，直到最终。”[②]杰马诺·切兰特（Germano Celant）也是这样的观点，他认为“尽管罗西自信地断言，通过摩德纳公墓他已经结束了死亡的主题，从此开始寻求对幸福的形式呈现，但这只是字面上的，因为对时间流逝的着迷，以及由此带来的死亡的潜流，一直持续存在于他此后的绘画与建筑之中。”[③]洛佩斯还告诉我们，而就在罗西去世的不久之前，“在一篇粘贴的报纸上，日期是1997年5月，他写道‘死亡是

① ALDO ROSSI. A scientific autobiography[M]. Cambridge, Mass.: MIT Press, 1981: 8.
② DIOGO SEIXAS LOPES. Melancholy and architecture: on Aldo Rossi[M]. Zurich: Park Books, 2015: 220.
③ GERMANO CELANT. Aldo Rossi drawings[M]. Milano: Skira, 2008.

传染的’”。[1]

这也意味着，圣卡塔尔多公墓并不是罗西对死亡思考的终点，也不能认为这个建筑自然而然地帮助我们解答了死亡的谜题。罗西的设计强有力地渲染出这一谜题的深刻内涵，但是对它的解答，仍然无法由圣卡塔尔多公墓本身提供。在某种程度上，罗西仍然轻视了死亡困惑这一问题的难度，他所认定的解答虽然不成功，但是他对这个问题的揭示仍然构成了他对当代建筑理论最重要的贡献之一。这是因为，与死亡问题相关的是当代建筑理论深层次的价值危机，也是建筑所面对的最艰难的挑战：如何为人们建造安居之所？我们将在下一节继续讨论这一问题更为深厚的内涵。

虚无主义的危机

通过前面的讨论，我们可以得到这样的初步结论：圣卡塔尔多公墓的独特性并不只是来自于类型学方法，也来自于它的“无言与冰冷”所带来的凝滞与忧伤。这种情绪早已存在于罗西个人的感受之中，只是在圣卡塔尔多公墓中获得了最强烈的表达。通过与德·基里科“形而上学绘画”的关联，我们也分析了忧伤的实质，它来自于人们失去“家园”的失落，以及再度寻找“家园”的期盼。对于德·基里科和罗西来说，绘画与建筑是一座桥梁，它引导和帮助我们开启寻找“家园”的历程，而这一历程的理想终点是人最终的“安居”，意指一种具有归属感、满足感，也富有价值与意义的存在方式。

桥梁的概念，让我们将讨论从建筑延伸到更为广阔和复杂的哲学层面。如果建筑的目的是帮助实现安居，那么我们首先需要知道安居是什么，由什么样的因素组成，具有什么样的组织特征，才可能有的放矢地朝向这一目标前进。这其中也包括去分析是什么因素导致了安居的失落，并

[1] DIOGO SEIXAS LOPES. Melancholy and architecture: on Aldo Rossi[M]. Zurich: Park Books, 2015: 220.

针对这些因素采取对策，使得人们能重拾“家园”。就像在波河岸边，并不是房屋本身让人们离去，而是洪水的威胁剥夺了生机与活力，如果可能在这里重建生活，首先需要处理的仍然是人与洪水的关系，只有当洪水不再是威胁，人们的生活才可能安稳下来，也才有可能实现安居。阅读德·基里科与阿尔多·罗西的文字，我们可以清晰地感受到，他们两人对人的处境、感受以及渴求的讨论，在分量上甚至超过了对绘画与建筑本身的直接论述。德·基里科将自己的画作称为“形而上学绘画”明显是有这样的意向。作为第一哲学，形而上学不仅仅为讨论存在事物的本体论提供基础，也要为讨论人的理想存在方式的伦理学提供基础。他的绘画将有助于对这些全部领域展开反思。罗西的文字可能更为朴实：“我只希望强调，一个房屋、一座建筑如何作为基本元素，让生活嫁接在它的上面。”[①]他对死亡的兴趣显然并不局限于建筑，而是延展到每一个人的生活之中，因为每一个人都将面临死亡的谜题。

就像我们之前借用德·基里科的绘画来帮助解析罗西建筑的内涵一样，面对放大之后的议题，我们也可以借用其他哲学或思想史议题来帮助解答死亡的谜题。其中一个非常具有启发性的是德国哲学家汉斯·约纳斯（Hans Jonas）对诺斯替主义（Gnosticism）的研究。诺斯替主义并不是指某个特定学派或者个人的思想，一般来说，诺斯替主义是指公元2世纪左右流行于希腊–罗马世界中的一系列宗教派别所共享的某种思想体系。这些教派有的是基督教内派别，有的是独立的宗教派别，它们的具体教义可能有各种各样的差异，但是在宗教哲学的基本结构与特质上有着强烈的共通性。研究者们也将这种具有共通性的宗教哲学思想称为诺斯替主义。为何要关注这样一个距今一千多年的并不广为人知的宗教思想体系，它与20世纪的德·基里科和阿尔多·罗西有什么样的联系，莫非他们也是诺斯替神秘信仰的追随者？答案并不是这样，之所以要讨论诺斯替主义，是因为在诺斯替主义中也存在着一种与德·基里科的“形而上学绘画”和罗西的圣卡塔尔多公墓类似的忧郁情绪，汉斯·约纳斯告诉我们，这种忧郁情绪的来源也是“家园”的失落与渴望。

① ALDO ROSSI. A scientific autobiography[M]. Cambridge, Mass.: MIT Press, 1981: 20.

这种平行性在德·基里科的身上体现得最为明显。我们已经谈过，德·基里科的形而上学理论可以通过尼采追溯到叔本华与康德，而康德哲学思想中两个世界的区分指向了一种形而上学的二元论，即现象世界与物自体世界之间的二元结构。汉斯·约纳斯在他著名的《诺斯替宗教》（*The Gnostic Religion*）一书中指出，这种二元论也是古代晚期诺斯替神秘主义的根源。其根本观点在于，日常世界与形而上学的世界是不同的两个世界，人虽然生活在日常世界当中，但是他在本质上与形而上学世界更为接近。日常世界实际上是具有邪恶特性的造物主（Demiurge）所打造的牢笼，目的是将人囚禁在这个看起来"真实"的日常世界中。人们所认为的日常世界所具有的美好、理性与价值都只是幻象，真实情况是人在这个世界中其实无关紧要。"人只是一根芦苇，随时随刻可能被巨大而盲目的宇宙力量所压碎，他在这宇宙之中的存在只是一个盲目的偶然，他的毁灭也是同样盲目的一个偶然。"[①]在这样一个世界中，人所感受到的只会是无家可归、孤独、恐惧。这不是对某种具体事物的恐惧，而是对整个世界的恐惧。对于诺斯替主义者来说，唯一的解脱是通过"灵性"的"揭示"与"神"（理想与完美的救赎世界）建立联系，通过神秘主义的方式摆脱恐惧的纠缠。最终，"灵性"可以引导人们脱离日常世界，重归理想的形而上学世界，与"神"再度融为一体。在诺斯替信仰中，神秘、忧伤、揭示与拯救同时糅合在一起。这种复杂情绪在古代晚期衰落的文化氛围以及东西方思想的交融之中产生，在诺斯替主义中获得结晶。

虽然很多宗教都有关于救赎的内容，但诺斯替信仰的特殊性在于，它可能比其他宗教都更为极端地将两个世界对立起来，一方是神的理想世界，另一方是邪恶造物主的现实世界。由于人们都被囚禁在现实世界之中，又难以获得解脱重归理想世界，所以诺斯替信仰的教义中充满了比其他宗教派别更为浓重的忧伤与孤独。在典型的诺斯替文献中，"光明"与"黑暗"被用来指代两个世界，在现实世界中的人只是"异乡之人"（alienated），他被"遗弃"在异域，困于造物主的"迷宫"之中，心中充满了"恐惧、思乡、忧伤与焦虑"。他虽然期待光明的召唤，但是因

① 汉斯·约纳斯. 灵知主义、存在主义、虚无主义[M]//刘小枫. 灵知主义与现代性. 上海：华东师范大学出版社，2005: 37.

为造物主的阻碍，这并不容易，所以在很多时候，人们陷入了“麻木、昏睡、沉醉”之中。

尽管因为二元论的缘故，诺斯替信仰在基督教正统教义中被贬斥为异端，从而日渐衰落，但是以诺斯替主义为核心的思想体系并没有就此湮灭，而是在西方文化中以不同的方式延续。例如，二元世界的观点就深入影响了20世纪初的先锋艺术运动。很多先锋艺术家与建筑师认同或者感兴趣的“神智学”就是这种二元论思想的另一种体现。蒙德里安的几何原型、鲁道夫·斯坦纳（Rudolf Steiner）的神秘舞蹈、约翰内斯·伊顿（Johannes Itten）的拜火教仪式都成为“揭示”的钥匙，通过它们超越日常现实，让人的灵魂回归到那个更为理想的家园。从这个角度来看，德·基里科的“形而上学绘画”中的神秘与忧伤虽然独特，但是在精神气质与思想内涵上却与当时的众多先锋艺术家具有内在的联系。他的绘画所描绘的不只是个人体验，也承载了人类思想历史上一个经久不衰的主题。

可能不需要再进一步提示，我们已经可以将诺斯替主义的核心信条和德·基里科与罗西的话语及作品中那些特殊的元素与氛围联系起来。失落的忧伤、回归家园的渴望以及被留滞在异域的惆怅弥漫在这些词句、笔触与砖石之间。抛开宗教性的细节，只是关注其哲学思想的话，就会发现在诺斯替主义与两位20世纪艺术家的类似情绪背后，是同样的理论前提，即二元世界的形而上学结构。在诺斯替信仰中，人的灵魂本来是归属于神的，也就是说，人本来属于形而上学世界，那里才是他的理想家园。但是因为造物主的干预，人却被困在了邪恶的现实世界。他渴望脱离现实世界回到神的世界，却因为造物主过于强大而难以轻易地达成目标，所以失落与忧伤远远超越了对救赎可能带来的欢欣鼓舞。二元世界的结构并不是诺斯替主义所独有的，如柏拉图主义也强调完美的理念世界与不完美的现实世界之间的二元差异。不过，柏拉图主义认为理念世界仍然可以被人的理智与灵魂所触及，所以即使在现实世界中，人也可以通过理性在很大程度上理解和把握理念世界。现实世界虽然不完美，但也不是阻止人们进入理念世界的绝对障碍，所以总体上柏拉图主义的二元世界体系是乐观主义的，人有可靠的路径进入那个完美的理念世界。这种乐观主义在诺斯替信仰中被摧毁了，因为神与造物主的对立，现实世界不仅不是真实的理想世界，而且成为了理想世界的对立面，也就成为了人的对立面。人与理想世界的联系被现实世界切断了，他被困在了造物主构建的异域之中，而且因为还没有得到拯救，会觉得自己似乎已经被神、被“家园”所抛弃。简单地说，在现实世界中的人成了“异乡之人”，他无法回到自己的“家乡”，回到自己的安居之所。

德·基里科的理论体系中虽然没有邪恶的造物主，但是形而上学世界与现象世界的断裂也是毋庸置疑的。根据康德的观点，人们也没有办法真的理解“物自体”本身，没有办法获得纯粹的、绝对的对事物本身的理解。他们被限定在现象世界的此岸，无法真的置身彼岸。从这个角度来看，康德的理论结构甚至比诺斯替主义更为严峻，因为这里并没有什么“灵知”帮助人们重归神的世界。可想而知，这一理论结构所带来的结果并不会比诺斯替主义更为乐观，德·基里科所描绘的也是异乡之人，被留置在已经被“揭示”转变成“鬼魅”一般的现实世界中。

罗西的二元结构，分别对应于充满了生机与活力的世界和被剥离了生机与活力的世界。前者是人的理想归宿。但是在“最后一个夏天”，在“死者的城市”，在波河岸边的弃宅中，罗西感受到的却是后者，被死亡彻底改变了的现实。身处这个“无言而冰冷”的世界中，不仅是住宅、工厂、街道、城市被废弃，站在这些废墟之中的人也被抛弃。这并不是他自己的生活世界，他试图寻找已经离去的生命，试图去理解离去的合理性以及重获生机的可能性，但是苍白的墙壁、萧瑟的街道与广场、空洞的窗户以及吱呀响着的风向标，所传递的是困难与忧郁，而不是鼓励和指引。

在这三种情况下，忧伤都不是针对一个具体的事物或者事件，而是针对人的生活整体。因为被切断了与神、与形而上学世界、与充满生机与活力的现实之间的联系，人变得孤独、沮丧和焦虑。他们本应在理想世界中找到归属，本应身处安居之所，但是却被抛弃在异乡。与忧伤对应的是人的存在危机，他无法为自己在现实世界中的存在提供支撑，无法论证怎样的生活才是值得过的生活，他在现实世界中的存在失去了意义与价值的基础，周围的一切不仅是不再真实，甚至因为与理想世界的对立，变得冷酷和具有压迫性。在这样的世界中，人的生活失去了根基，所有的目的都失去正当性，一切价值都变得虚无。

实际上，是汉斯·约纳斯富有启发性的论述，让我注意到诺斯替主义与本书讨论主题的关联性。在一篇著名论文《诺斯替主义、存在主义与虚无主义》(*Gnosticism, Existentialism, and Nihilism*)中，约纳斯讨论了诺斯替主义与存在主义之间的相似性，那就是类似的虚无主义立场。约纳斯曾经是存在主义先驱、德国哲学家马丁·海德格尔的学生。但是作为一名犹太人，他不仅反对海德格尔与德国纳粹的合作，在哲学立场上，也对海德格尔具有鲜明存在主义特色的早期哲学理论给予了激烈的批评。他认为，存在主义思想的内在问题是，它会导向绝对的价值虚无主义，其原理与诺斯替主义极为相似。这两种思想都有一个重要的关键词——被抛(*Geworfenheit*，*thrownness*)。人处在一个特定的环境中，但这并不是他自身选择的结果，而是被强制性地抛弃在这一处境之中。对于诺斯替主义，人作为神的附属，却被抛弃在造物主营造的牢笼——现实世界——之中；而对于存在主义，人并不是出生在真空之中，而是生于一个既存的生活环境之中，这个环境的物质条件、组织结构、价值体系是由过去的传统所构建和定义的，并不能轻易地被个人所改变，所以人也是被抛弃在一个特定的世界之中。如果是完全顺从地接受了自己被抛入的世界，那么也不会出现虚无的问题，因为你可以直接在这个世界中获得价值与肯定，实际上就是融入了世界之中，成为这个世界的一部分。但是，诺斯替主义与存在主义的重要平行性就在于，两者都不认为人能够接受这个世界，不认为人应该成为这个世界机制中一个顺服的元素。在诺斯替主义看来，人本应属于神，神与造物主的对立使得他不能成为后者作品的一部分。只有愚昧的人才会沉迷于现实世界，而那些具有了“诺斯”(*Gnos*，意指知识，或者说是灵知)的人只能成为身在曹营心在汉的异类。在存在主义理论中，人与被抛入的世界之间的对立来源于他的自由，没有任何可以信赖的形而上学基础可以依靠，人所拥有的只有自己的自由，他只能依靠自己来定义和塑造自己，“人，被‘抛弃’的和任其自生自灭的生物，收获了他的自由，或者更为接近的，是不得不自己拾起了自由：他‘就是’那种自由，人是‘他自己的创造，而不是其他任何事物’，以及‘所有对于他来说都是可能的。’”[①]约纳斯引用了法国哲学家让-保罗·萨特（Jean-Paul Sartre）一些最为知名的话语来展现存在主义对自由的强调，以及通过自由来拒绝被同化和吸收到被抛入的世界中。萨特的理论很大程度上受到了海德格尔的《存在与时间》（*Being and Time*）的启发，在这本书中，海德格尔也谈到了很多人的日常生活是“非真实的”（inauthentic），因为他们让“他们”（they），也就是被抛入的世界的既有体系，决定了自己应该成为什么样的人，而不是承担起自己决定自己的存在方式的责任。

在这种对抗之中，诺斯替主义与存在主义都会指向一种孤立和阴郁的情绪。对于前者，神的使者还没有到来，所以并不知道如何获得拯救；而对于后者，虽然拥有了自由，但是并不意味着就知道了到底利用这个自由做什么，所以也仍然可能是空虚的。两个流派都认同人至少拥有拒绝被抛入的世界的自由，但是他们也都承认，很难找到一个稳定的体系为获得了自由的人提供支撑性的基础，所以他虽然从蒙昧和沉迷中解脱了出来，却仍然面对着空虚，仍然需要为自己寻找可以信赖的价值支撑。这种支撑显然不能来自于对被抛入的世界的简单接受，但是要到哪里去寻找也仍然悬而未决。在这种状态下，人仍然处于虚无的危机之中，仍然被忧伤和焦虑所困扰。简单地说，诺斯替主义与存在主义的虚无主义特征都来自于拒绝将现实世界视为合理的价值来源，人可以凭借自己的自由摆脱这种限制，但是除此之外，人自身也无法找到其他来源以提供足以依靠的基础，所以只能停留在虚无的状态之中。在能够解决这个问题之前，身处现实世界中的人都会觉得自己处于一种“异化”的状态，他不属于这个世界，但是也找不到自己能够归属的其他世界。

这样的情绪及其背后的逻辑与德·基里科和阿尔多·罗西之间的关联应该无须复述了。汉斯·约纳斯的分析，让我们将“形而上学绘画”与圣

① HANS JONAS. The Gnostic religion: the message of the alien God and the beginnings of Christianity[M]. 2nd ed. , rev. ed. Routledge, 1992: 332.

卡塔尔多公墓和西方思想史上的重要主题——虚无主义（Nihilism）——联系了起来。就像约纳斯所说，虚无主义是一个古老的议题，不仅体现在诺斯替主义之中，还可以上溯到古希腊的悲观主义，上溯到普罗米修斯因为照料了人而被宙斯惩罚的神话之中。但是，作为一个问题，虚无主义的激化仍然是属于近现代的现象，是德国哲学家弗里德里希·尼采——德·基里科的启蒙者——给予它最为知名的表述："虚无主义是什么意思？就是最高的价值也失去了价值。没有目标（aim），关于'为什么'的问题找不到答案。"[①]就像美国学者凯伦·卡尔（Karen L. Carr）所指出的，虚无主义从19世纪开始成为一个关键性的哲学议题。虽然在19世纪早期虚无主义主要讨论的是人意识之外的外部世界是否会被虚无掉，变成彻底的虚空（nothing）的问题，但是在19世纪后半叶，虚无主义主要转向了价值领域，人们开始质疑支撑我们生活价值的伦理、宗教、政治体系是否拥有确凿的基础。如果这些体系都失去合法性，那么所有的价值诉求都将失去意义，生命会变得"没有目标，关于'为什么'的问题找不到答案。"关于虚无主义的哲学分析很多，除了存在主义以外，学者们还常常将虚无主义与德国唯心主义、笛卡儿二元论、中世纪唯名主义等诸多哲学理论相互关联。在这些分析中，约纳斯将诺斯替主义与存在主义结合起来的讨论有其独特的价值。他告诉我们，虚无主义重要的根源就在于人与世界的差异，乃至于对立。无论是因为人本属于神，还是因为人拥有绝对的自由，或者是其他任何原因，人与世界之间的关系即使不是对立的，也是断裂的。人无法在现实世界之中获取价值基础，也不认为自己属于这个世界秩序的一部分，在现实之中，人的真实处境是一种"异化"的状态。

"异化的人，注定要在某个时刻感觉自己与自己的身体，与周围的同伴分离；他会认为这个世界失去了意义与价值，变成一个他在其中无关紧要的秩序。"[②]英国哲学家大卫·库珀（David Cooper）这样定义"异化"的概念。而海德格尔在《存在与时间》中用"畏"（*Angst*）的概念来分析"异

① 引自BERND MAGNUS, KATHLEEN M. HIGGINS. The Cambridge companion to Nietzsche[M]. Cambridge: Cambridge University Press, 1996: 257.

② DAVID E. COOPER. Existentialism: a reconstruction[M]. 2nd ed. Oxford: Blackwell, 1999: 8.

化”。“畏”不是针对任何具体的事物或者事件，而是针对人在现实世界中的真实处境。库珀指出，“畏”的概念中实际上包含了不同的层级。首先，“畏”是一种“揭示”，它让我们意识到日常世界所依赖的价值结构，只是“他们”（they）加工阐释的结果。如同叔本华所说的“表象世界”，它让我们感到安稳，因为我们可以在其中找到自己的位置，确定自己的生活目标。但是，一旦你意识到自己仅仅盲目地接受了一种阐释而放弃了自己提供其他诠释的自由之后，就无法再容许自己沉迷于“他们”所提供的温暖巢穴。这样的人才是“本真的”（authentic）。但是，随之而来的代价是他不再能依赖以往的生活体系，建构整个体系的责任似乎落到他自己身上。最后，“本真”带来的结果变得更为沉重，因为你会发现，在自己身上并没有什么东西能支持你建构一个比“他们”的阐释更为合理的生活世界。因此，“畏”是一种复杂的情绪综合体，既有形而上学的“揭示”所带来的兴奋，也有离开熟悉的日常世界的忐忑，更有面对无法建构一个新的体系的失望。简单地说，“异化”与“畏”的根源仍然是来自于虚无主义——无法在现实世界或者其他地方找到稳固的价值根基。

建筑困境

尼采将虚无主义称为“最严重的危机之一，是人性对自己进行最深刻反思的时刻。人们是否能够从虚无主义之中恢复，是否能够掌控这一危机，是关于他的力量的问题。”[①]这显然不是夸大其词，就像新西兰哲学家朱利安·杨所指出的，如何应对虚无主义的危机，重新为生活的意义奠定基础的问题，构成了对尼采以来诸多哲学理论最为重大的挑战。从尼采到海德格尔，再到萨特、福柯、德里达与哈贝马斯，都试图解决这一难题。然而诸多尝试证明，这一问题可能比我们想象的要更为困难。[②]尽管相比于尼采的时代，人类在科学技术上取得了巨大进步，但是这并不

① 引自KAREN LESLIE CARR. The banalization of nihilism: twentieth-century responses to meaninglessness[M]. Albany: State University of New York Press, 1992: 43.
② 参见JULIAN YOUNG. The death of God and the meaning of life[M]. London: Routledge, 2003.

足以解决价值虚无的危机。这是因为科学技术的基础是一种公理化的逻辑体系，这一体系本身就要求将价值、意义等概念排除在外。这一区分可以追溯到笛卡儿对物质与心灵所做的绝对区分，前者完全由各种数量与机械关系来定义，而后者则决定人的意识、诉求、价值与意义。约纳斯的分析已经告诉我们，这种绝对差异性的二元论恰恰就是虚无主义的来源。德国哲学家埃德蒙德·胡塞尔（Edmund Husserl），也是约纳斯的老师海德格尔的老师，在他著名的《欧洲科学的危机与超验现象学》（*The Crisis of European Sciences and Transcendental Phenomenology*）一书中也持有这样的观点。因为仅仅讨论数量与逻辑关系，"关于我们的重要诉求——我们被这样告知——科学对我们无话可说。它在原则上恰恰排除了这些问题，而这些问题，在我们当下面临潜在的动荡的令人不安的时刻，是最为紧迫的：关于整个人类存在的意义或者说无意义的问题。"[①]这当然不是说要拒绝科学，而是说如果将科学视为全部，不去处理笛卡儿二元论带来的科学与价值的分裂，那么就会日益滑向更为深重的虚无主义危机。

在建筑领域，一个例子很好地呈现了胡塞尔的论断。德国建筑师路德维希·希尔伯塞默1924年绘制的《高层建筑城市》（Hochhausstadt），展现了一座完全按照经济、效率、工业生产体系规划和建造的城市（图3-9）。希尔伯塞默是以一种理想的图景为目的来绘制这幅著名的建筑画作。但是在绝大多数人看来，这幅画作中所展现的是一个严酷、陌生、缺乏人情味也缺乏生机的场景。这并不是误解，因为人情味与生机并不是希尔伯塞默的建筑计算中所包括的成分，他的技术化解决方案所带来的是排除了这些因素的结果。希尔伯塞默的方案可能是现代主义运动中机械功能主义最极端的代表之一，他的画也戏剧性地展现了这种倾向所带来的后果。对此，阿尔瓦·阿尔托的话极富深意："建筑革命仍然在继续，但是就像是所有的革命：它源起于热情，但却停止于某种专制。"[②]

① EDMUND HUSSERL. Phenomenology and the crisis of philosophy [M]. LAUER,　译. Evanston: Northwestern University Press, 1970: 6.

② 引自COLIN ST JOHN WILSON. Architectural reflections: studies in the philosophy and practice of architecture[M]. Oxford: Butterworth-Heinemann, 1992: 84.

图3-9

图3-9

希尔伯塞默作品《高层建筑城市》

（Ludwig Karl Hilberseimer，Public domain）

值得注意的是，希尔伯塞默的画作与稍早之前的德·基里科的“形而上学绘画”，以及更往后的阿尔多·罗西的建筑画作之间有着很大的相似性。漆黑的人影、贫瘠的墙面以及黑洞般的方窗，是这些画作共有的元素。而更为重要的相似性则来自于画面所传递的情绪，一种停滞的压迫感，令观察者感到不安与忧郁。希尔伯塞默的作品与阿尔多·罗西的作品之间间隔了大约50年。这50年正是现代主义运动从兴起走向成熟，在第二次世界大战后达到顶峰，并随之开始遭受越来越多质疑的历史时期。阿尔托的话精确地概括了这种变化。第二次世界大战后对现代主义的批评基本上都聚焦在它的“专制”。就像希尔伯塞默的《高层建筑城市》一样，实用性与效率的技术性元素被提升到至高无上的地位，这些被认为是建筑的“客观”基础，但是被这种“客观性”排除在外的则是除了实用性与效率之外的其他价值与意义。就像胡塞尔所论述的，这些价值与意义和我们的“重要诉求”有关，它们可以帮助思考“关于整个人类存在的意义或者说无意义的问题”。

意义问题是“二战”后建筑理论发展中最重要的线索，诸多不同的流派与思潮其主要理论观点与立场都围绕着意义问题展开。例如，第二次世界大战后对现代主义的质疑与批判就集中在现代建筑的乏味和单一，缺乏大众可以阅读的表意内容之上。此后的新经验主义、文脉主义、结构主义、符号学等理论流派也都试图通过各种方式重新赋予建筑以意义。最为直接的当然是以罗伯特·文丘里和丹尼斯·斯科特·布朗（Denise Scott Brown）为代表的后现代建筑。他们号召以符号、装饰、历史片段塑造“装饰化的棚屋”，在维持了经济实用性的同时获得填充了大量意义指代物的外表面。实际上，以阿尔多·罗西为代表的新理性主义者所关注的也是意义问题。他们使用类型的原因不仅仅是类型的持久性，在持久性背后是大众对类型元素的稳定理解，也就是他们对于大众的“意义”。使用类型就是通过集体记忆的作用将意义注入新的建筑，就像罗西所写道的：“我相信在设计阶段中选择类型是非常重要的；很多建筑是丑陋的，正是因为它们并不呈现任何清晰的选择，它们总的来说缺乏意义。”[1]

① ALBERTO FERLENGA. Aldo Rossi: the life and works of an architect. Collogne: Könemann, 1999.

如果说这些流派都在支持为建筑赋予意义，那么另外一些流派，如彼得·艾森曼的自主性理论、解构主义理论与建筑批判理论也将注意力转向了意义问题。只不过他们的主要立场并不是否定意义，而是质疑是否有任何意义是具有绝对的合理性。艾森曼认为意义来自于人，但人自己并不知道怎样为意义提供基础，换句话说，人自己不清楚什么意义是确凿的，所以意义无法成为建筑创作的稳固基础。德里达的解构理论挑战了意义的稳定性，如果意义的媒介（如文字）是不断变化的，那么就会导致意义自身的“延异”，也就不再存在任何确定性的意义体系。而在批判理论的支持者看来，意义很多时候是被资本主义意识形态所控制的，其真实意图并不是让人们寻获价值，而是诱使人按照它所希望的方式生活，从而成为资本主义体系的附庸。例如，在曼弗雷多·塔夫里看来，文丘里在建筑表面上让建筑充满了符号，似乎获得了意义，但实际上只是通过混乱的符号拼贴来让人们接受资本主义社会的混乱和无序，从而不会再对这种现象感到惊讶。

艾森曼、德里达与塔夫里的质疑是重要的提醒。尽管很多人认同意义问题是当代建筑理论的核心议题，但是对于这个问题的真实内涵并不一定有清晰的认知。例如，非常典型的后现代建筑，认为大量使用装饰与符号，就像给建筑表皮贴上词语一样，就可以立刻给予建筑丰富的意义。这种观点建立在对“意义”这一概念的狭窄理解上。虽然是一个常见的概念，“意义”理念的内涵实际上非常复杂。例如，同样是与意义有关，“Red这个英文词汇是什么意义”与“这样的生活具有什么样的意义”这两个问题有着非常不同的解答方式。这两个问题实际上指代了我们在日常使用中对“意义”的两种最重要的理解。一种是指特定符号所标识的内容，如Red意味着“红”。这种理解最具有代表性的是语言，因为语言就是由各种符号组成，理解这些符号的指代内容是理解语言、使用语言的基本前提。另一种是指特定事物所蕴含的目的与价值，如上面关于生活的问句实际上是在询问“这样的生活”具有什么样的价值与目的，这种理解通常围绕人的价值诉求展开。这两种理解，前一种更为简单和明了，也用得最为普遍；后一种相对抽象与模糊，但是其重要性却不容忽视。

在“二战”之后的建筑讨论中，密斯·凡·德·罗、阿尔多·凡·艾克（Aldo van Eyck）、路易·康（Louis Kahn）所谈论的建筑“意义”属于后一种方式理解的“意义”。他们都认为建筑可以传递某种特定内容，让人们理解一些根本性的价值与目的，从而将这些价值与目的也注入他们自己的生活，让生活本身变得具有“意义”。他们能够这样做的前提，当然是能够发现“根本性的价值与目的”。例如，对于密斯·凡·德·罗来说，最重要的价值是作为一切本质的精神意识在这个时代的表现，所以他利用新材料与技术来渲染一种具有时代特征的纪念性。对于建筑理论来说，这种“意义”理论的难点在于，首先，并不是每一个建筑师都知道“根本性的价值与目的”是什么。“根本性的价值与目的”是否存在，或者它的具体内容是什么，都属于哲学问题，并没有确定性的解答。其次，即使认同某种东西是“根本性的价值与目的”，也缺乏确定的手段对其给予表达。所以往往只是在密斯·凡·德·罗、路易·康等建筑师的作品中，这种“意义”才会变得鲜明。他们具有强硬的哲学立场，坚信自己所认同的“根本性的价值与目的”，同时也有强有力的建筑手段对其给予表达。

与之相反，后现代建筑理论几乎一边倒地偏向了第一种“意义”的理解，将“意义”讨论集中在符号所传递的内容上。在《建筑的复杂性与矛盾性》中，文丘里并没有对两种“意义”的理解进行区分。但是当他使用“意义”（meaning）一词时，绝大部分是指符号的指代内容。例如，他大量借用了文学理论来论述多元“意义”的产生，而文学的基本要素则是语言文字。文丘里在多个场合提到可以向诗歌学习，利用词语“意义”的组织与并置来获得丰富性：“一个包括了多种层级意义的建筑能够培植模糊性与张力。”[①]同样，他对波普艺术的赞扬也是基于符号性的理解，因为波普艺术的特点就是将常见事物作为符号拼贴在画面上，这些符号内容之间的反差以及与经典艺术的差异都塑造出新的内涵。文丘里明显认同将这种已经具有明确意义的符号性元素进行崭新组合和处理的“非常规”操作模式。

① ROBERT VENTURI. Complexity and contradiction in architecture[M]. London: The Architectural Press Ltd. , 1977: 23.

在具体实践中，当后现代建筑师们需要符号来传递意义时，他们往往转向了传统建筑语汇。文丘里的范娜·文丘里住宅与查尔斯·摩尔的意大利广场是两个最典型的例子（图3-10、图3-11）。经过上千年的积淀，传统建筑语汇已经具有确定的模式，也能够被大众所理解，所以是最为理想的“语言”典范。文丘里与摩尔的设计模式都是在这个“语言”体系中提取符号，然后以“非常规”的方式加以组合与排布，以此方式来获得新的意义。查尔斯也借用符号学中对符号之间差异性的强调，来论证这种“非常规”的处理如何帮助形成新的意义。

但是，恰恰是因为将“意义”的概念限定在前一种的符号性理解，造就了后现代建筑理论的深度缺陷。这是因为，一旦将符号性视为“意义”的全部，便不可避免地会忽视后一种更为抽象和无形的“价值与目的”。但实际上，后者才是更为根本的“意义”，也是符号性“意义”的基础。这里提出的实际上是一个哲学议题，20世纪最重要的一些哲学家如维特根斯坦与海德格尔都对此给予过论述。

奥地利哲学家维特根斯坦一直关注语言与“意义”的问题，但是对于“意义”到底从何而来，它的实质内容是什么，维特根斯坦的前期哲学与后期哲学有着不同的阐释。在维特根斯坦的导师伯特兰·罗素（Bertrand Russell）看来，维特根斯坦在其早期著作《逻辑哲学论》（*Tractatus Logico-Philosophicus*）中所表述的语言理论完全基于“象征主义”（symbolism）：“维特根斯坦先生以这个论断开启他的象征主义理论，‘我们为自己提供事实的图像。’他说，一个图像是现实的模型，图像的元素对应于现实中的事物。”[①]“图像”作为一种符号，直接指代现实中的事物，这是维特根斯坦早期哲学中“象征主义”的内核。这种观点与后现代建筑理论对符号性意义的重视是相互契合的，两者都认为理解意义的关键在于理解符号的作用方式。

但是在以《哲学研究》（*Philosophical Investigation*）为代表的后期哲学

① LUDWIG WITTGENSTEIN. Tractatus logical-philosophicus[M]. London: Routledge & Kegan Paul Ltd. , 1955: 10.

图3-10

图3-11

图3-10

范娜·文丘里住宅

（Carol M. Highsmith, Public domain, Wikimedia Common）

图3-11

意大利广场

（Colros, CC BY 2.0 <https://creativecommc org/licenses/by/2.0>, via Wikimedia Commor

中，维特根斯坦抛弃了那种认为意义来自于为事物指定符号的“象征主义”观点，转向了著名的“语言游戏”（language game）理论。这个理论认为，词语的意义不是来自于与事物的直接对应，“一个词语的意义来自于它在语言中的用处。”[①]例如，我们常常会说“把那个给我”，这里的“那个”并不是需要有固定的对象内容，它的作用是让人拿到一个事物，而这就是它的意义与作用。人们能够明白“那个”的作用，是因为存在一种约定俗成的规则，指示怎样使用“那个”这种表述，这个规则所限定的就是一种语言活动，或者用维特根斯坦的话来说是一种“语言游戏”。所以，人们的语言在根本上不是由符号组成，而是由大量的“语言游戏”组成，而控制这些游戏的规则又从何而来呢？维特根斯坦认为是人们所共同接受和参与的“生活方式”（form of life），也就是说，一个社群关于人们行为模式、理论假设、价值倾向、传统习俗、社会组织的共识，这也是这个社群中人们日常生活的基本状态。所以，归根结底，意义不是来自于符号的指定，而是来自于人们的实践性活动，而实践性活动总是由价值与目的所指引，就好像一种“生活方式”总有其理想的生活状态，而这就是这种“生活方式”所追寻的价值与目的。我们可以认为维特根斯坦用实践性的意义理论替代了早期的符号性的意义理论，价值与目的性的意义成为符号性意义的基础。

海德格尔在《存在与时间》中专门讨论了符号（sign），他的论述与后期的维特根斯坦非常类似。在讨论交通标志时，他写道：“一个符号是一种工具，它是在手边备好的（ready to hand），服务于驾驶者的驾驶活动，而且不只是为了驾驶者，那些没有在车里的人也在使用符号——有时是专门服务于他们，要么是通过让出道路一边，要么是停下来。符号是在世界中（within-the-world）的手边备好的事物，它存在于由车辆与交通规则组成的整体性的工具-背景之中。”[②]抛开海德格尔那些晦涩的哲学术语，他的基本观点并不难理解，符号的意义来自于它所属的实践活动，而这些实践活动从属于一个更大的范畴，那就是人们相互关联的存在与

① LUDWIG WITTGENSTEIN. Philosophical investigations[M]. G. E. M. ANSCOMBE, 译. New York: Macmillan, 1959: 20.
② MARTIN HEIDEGGER. Being and time[M]. MACQUARRIE & ROBINSON, 译. London: SCM Press, 1962: 109.

生活。因此，符号的意义仍然要奠基在“生活方式”及其价值与目的之上。

如果维特根斯坦与海德格尔对符号意义的论述是合理的，那么失去“价值与目的”支撑的符号会带来无法回避的严重问题。符号固然有约定俗成的意义，但是这个意义来自于符号所从属的实践活动，这些实践活动归属于整体性的生活方式，支撑这种生活方式的是根本性的价值与目的。所以符号要真正起到传递意义的作用，就不可避免地要和价值与目的产生关联。如果切除了后者，仅仅关注符号自身的内容，实际上也就剥夺了符号的“意义”基础。所以，最为根本的意义应该是价值与目的，而不是符号自身，如果没有这一内容的依托，符号自身也会变得空洞和虚无。“我们生活在一个信息越来越多，但意义越来越少的时代。”[①]后现代主义理论家让·鲍德里亚德的这段话，很贴切地概括了很多人对后现代建筑的看法。鲍德里亚德所批评的是表层信息与图像的无限制生产，在符号狂欢之中，深层级的价值支撑被放弃，最后的结局是“意义越来越少”。后现代建筑所面临的也是这个问题，人们对它们最主要的批评正是这样的建筑缺乏深度、缺乏意义，这实际上都是在指责后现代建筑缺乏对价值与目的的关注，所以它所使用的大量符号已经变得空虚和无趣，不再具有真正的意义。

所以，意义问题的真正核心，不是手段，而是基础。如果不能回答价值与目的的根本性问题，再多符号、装饰、语汇都是虚妄的，它们不仅无法带来真正的意义，还会让人们误以为意义问题已经解决，从而错失了真正的关键。后现代建筑在短短十余年间就从炙手可热沦落为无人问津，显然与它内在的理论缺陷密不可分。同样的质疑，罗西与其同伴们所倡导的新理性主义也仍然要面对。他们所使用的类型，某种程度上也是具有稳定的大众理解的建筑语汇，这些语汇拥有类似符号性的意义是毋庸置疑的。但是，就像前面所述，真正关键的问题是如何为这些语汇提供价值与目的基础？如果不能完成这一任务，那么新理性主义的理论基础就与后现代建筑一样悬而未决。

① JEAN BAUDRILLARD. The implosion of meaning in the media [M]//BAUDRILLARD. Simulacra and Simulation. Ann Arbor: University of Michigan Press, 1994: 79.

由此看来，当代建筑理论中的意义问题，无法仅仅在建筑范畴之中解决。价值与目的所指代的不只是建筑，就像维特根斯坦所说，它所指向的是人的整个生活方式，也就是说，人们生活的价值与目的。而这正是虚无主义所对应的范畴。在尼采、胡塞尔等哲学家看来，现代生活最深重的虚无主义危机就是在于无法为生活找到坚实的价值与目的基础，这也成为当代哲学面临的最为紧迫的问题之一。所以，当代建筑的理论困境、意义的缺失，并不只是建筑的缺陷，其实质仍然是尼采所说的虚无主义的危机。

正是在这一点上，圣卡塔尔多公墓在当代建筑史、当代建筑理论史上的重要地位凸显了出来。这个项目可能比其他任何项目都更为戏剧性地展现了虚无主义的危机。罗西利用类型要素，营建出一个相似性城市，这些要素本应给建筑带来充沛的意义，但是符号性意义的充盈并没有带来价值与目的的意义，就像在德·基里科的画作中，在荷尔德林的诗句中所呈现的那样，“死者的城市”让人感受到的是人在现实世界中的异化。生命与活力已经被死亡带走，生活已经失去了价值与目的。汉斯·约纳斯的讨论让我们更进一步地理解，这种异化的根源来自于人与世界的差异，乃至于对立，来自于仍然在被对当代科学与技术不加反思的崇拜而日益强化的二元论。罗西作品的忧伤，以建筑的方式让我们感受到了虚无主义的严峻，与德·基里科和荷尔德林一道，提醒我们“最怪异的客人”已经来到了家中。

通过呈现危机，阿尔多·罗西将当代建筑理论中最为根本性的难题“揭示”出来。圣卡塔尔多公墓本身证明，仅仅使用类型并不足以解决这一问题，就像后现代建筑无法通过符号给予建筑真正的意义一样。对于建筑师来说，这个难题在于如何通过建筑来帮助给予当代生活方式以价值与目的，为人们的存在提供形而上学的基础。罗西的杰出贡献在于帮助我们更深切地感知到这个问题，而理解问题则是寻求解答的第一步。

作为这一章节的结束，笔者想用尼采来将上面的所有讨论联系起来。尼采是最早认识到荷尔德林作品思想深度的德国思想家，他自己的理论，如阿波罗与狄奥尼索斯的区分，以及后期的生命历程都与荷尔德林有强烈的相似性。尼采对德·基里科的影响前面已经有充分的论述，我们也谈到罗西设计的圣卡塔尔多公墓所揭示的核心内容，正是尼采所论述的虚无主义危机。在《诺斯替主义、存在主义与虚无主义》中，汉斯·约纳斯也引用了尼采的诗篇《孤独》来展现虚无主义的困境，我们发现，这些诗句与荷尔德林的《生命中途》一样，非常适合用在对圣卡塔尔多公墓的分析上。这首诗的其中一段是这样的：

这个世界是一扇开启门
门外是一千块沙漠的荒芜与寒冷
那些迷失的人
那些失去的事物，都无处停留
你苍白地站立着
被诅咒在寒冬中游荡
如同炊烟
不停地寻找更加寒冷的空间
……
即将下雪了
那些没有家的人有祸了。

罗西设计的圣卡塔尔多公墓，让我们意识到自己可能就是“没有家的人”，他也帮助我们开启了重新寻找家乡的旅程。需要再次引述德·基里科的话：“我们的思想，已经准备好前往一个危险的世界航行，它们可以以充分的安全感出发前往最远的地方探索，只要桥的坚固性确保了归来的路程。”[①]然而，在哪里去寻找桥的坚固性？如果我们将建筑与绘画都视为桥梁，它们是否可能为我们带来坚固性？罗西给我们留下了一个极为深刻的问题。

现在，我们的讨论将要进入下一段路程，试图在建筑中去发现坚固性。这种寻觅，将我们引回卡洛·斯卡帕，引回他独特的建筑作品，尤其是布里昂墓园之中。

① GIORGIO DE CHIRICO. Form in art and nature[J]. Metaphysical Art, 2016 (14/16): 124.

4

经由希腊来到威尼斯的拜占庭人

A man of Byzantium who came to Venice by way of Greece

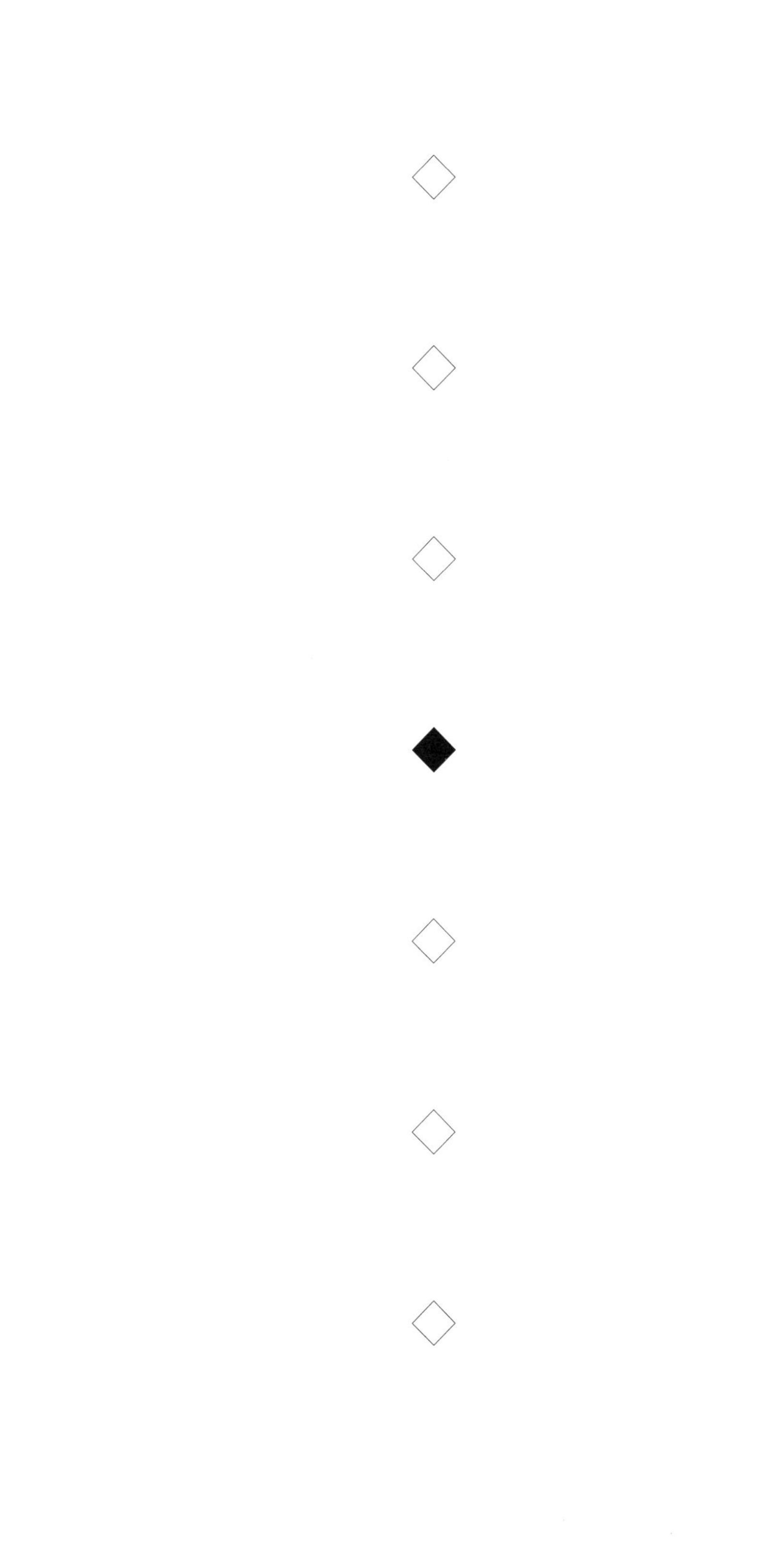

在“引子”中已经提及，本书的内容是关于阿尔多·罗西与卡洛·斯卡帕之间虚构的建筑问答，它的真实目的是探讨两位意大利建筑师各自代表性作品的深刻内涵。只是在这个场景中，两个作品的内涵被同一个问题所串联起来，罗西的圣卡塔尔多公墓帮助揭示了这个问题的本质，而斯卡帕的布里昂墓园为这个问题的解答提供了启示。在前面的章节中，我们借用了德·基里科的绘画、汉斯·约纳斯对诺斯替主义的分析、尼采的论述以及其他一些理论工具来帮助阐述罗西的作品如何凸显出虚无主义的危机。那么在后面的章节中，我们将着重阐述卡洛·斯卡帕的作品提供了什么样的启示来帮助我们应对虚无主义的挑战，为人的存在提供更具有“坚固性”的基础。

不过，这后一段的分析将面临更大困难。这个困难主要由两方面组成，一方面，相比于罗西给我们留下了像《城市的建筑》与《一部科学的自传》这样理论和自传性专著，以及大量文章与项目介绍等丰富和真实的文献资料，斯卡帕留给我们的文字极为稀少。在“引子”中笔者已经简要提及了这一问题，斯卡帕没有发表过专著，很少在杂志上发表文章，甚至所做的演讲也不多。除了一些文稿以外，很多时候需要依靠他的同事与朋友的转述来获知他的言论。因为缺少直接的文献证据，我们往往只能在斯卡帕简短而含混的语句之中去揣摩他的意图，这当然会带来很大的不确定性。

另一方面，困难也来自于斯卡帕的独特性，他无法被归属于任何派别，所以也不能像罗西那样依据学派的总体倾向进行概括。无论是在理论还是实践上，主要工作于20世纪40～70年代的斯卡帕都与当时以现代主义为核心线索的主流话语保持距离。在他的言论与文字中，你无法感受到20世纪中后叶激烈的论辩氛围，也几乎没有对时兴流派的批评与讨论，有的只是独特的个人感受与体验。斯卡帕那典型性的平静、克制、简短和深刻的语句，与60～70年代炙热的理论纷争形成了强烈的反差。同样，斯卡帕的建筑语汇也无法归于从新经验主义到后结构主义的任何派别之中。

斯卡帕的特立独行使得我们无法借用主流理论框架去定义和剖析他。这对分析者来说是一个巨大的挑战，因为以往最为得力的工具都失效了，以至于布鲁诺·赛维（Bruno Zevi）会揶揄道："在谈论斯卡帕的作品时，常常看到是评论者有着迷药般氛围的语调，神秘与含混，再搭配上文学化的修辞，混杂着魅惑与戏剧性。而那些在日常工作中与斯卡帕相熟的人，很清楚斯卡帕自己面对这些神秘的召唤时会怎样笑出声来。"[①]这提醒我们，如果仍然以主流理论体系为参照，那么斯卡帕注定就是令人费解的，我们需要从斯卡帕的视角去理解他的作品与言论，有时甚至需要修正我们所惯有的理念与信条。

这两方面的因素，都会制约我们对布里昂墓园的分析。贸然跳入对这个项目的直接分析，会缺少理论与案例的依托，尤其是在缺乏圣卡塔尔多公墓那样充沛的文献证据的情况下。所以，一个合理的路径是先去了解卡洛·斯卡帕建筑设计的总体特征，就像我们先讨论阿尔多·罗西的类型学理论一样，再以此为基础更深入地解析布里昂墓园这个作品。所以，在讨论布里昂墓园之前，我们要先通过两个建筑案例来了解斯卡帕的设计策略与建筑思想，其中一个案例是意大利维罗纳（Verona）的古堡博物馆（Castelvecchio Museum），另一个案例是威尼斯的奎里尼·斯坦帕尼亚基金会（Fondazione Querini Stampalia）改造项目，只是在这里我们将只讨论改造项目的局部——位于入口部位的小桥，并且将聚焦在小桥扶手的设计上。

选择这两个案例是因为它们可能最具代表性地展现了斯卡帕作品的特殊品质。维罗纳古堡博物馆是斯卡帕参与的建成项目中规模最大、组成最复杂的项目，这个项目中也包含了斯卡帕最为精湛的展陈设计，所以是了解斯卡帕总体设计策略的绝佳案例。另一个案例实际上是一个细部的设计，而斯卡帕的作品为人称道的就是细部的处理。奎里尼·斯坦帕尼亚基金会小桥扶手的设计，展现了斯卡帕细部设计中对材料、建构，以及"逻辑"的处理。两个案例，一大一小，从不同侧面分别切入斯卡帕

① BRUNO ZEVI. Beneath or beyond architecture[M]//CO & MAZZARIOL. Carlo Scarpa: the complete works. Electa/Rizzoli, 1984: 271.

建筑作品最具特色的领域，可以成为剖析斯卡帕独特建筑道路的有力途径。

首先，我们要讨论的是维罗纳古堡博物馆。在笔者看来，这个项目很好地体现了斯卡帕建筑设计的总体策略。虽然斯卡帕基本上没有对自己的建筑思想进行过长篇大论的总结，但是他说过的一句话被很多学者，如罗伯特·麦卡特（Robert McCarter）、朱塞佩·赞博尼尼（Giuseppe Zambonini）等引用来概括他的建筑思想。不出意外，这句话并不直接来自于直接的文献证据，而是出自于斯卡帕的朋友阿尔多·布西纳罗（Aldo Businaro）的回忆。在1981年，斯卡帕去世之后两年的一次访谈中，布西纳罗提到，斯卡帕曾经向他复述过意大利诗人欧金尼奥·蒙塔莱（Eugenio Montale）所作的《我们从不知道……》（*We Never Know ...*）的结尾部分：

有一天，
我们从你那里获得的
这些没有声音的词语
以疲倦和沉默为食，
回来到兄弟般的心中
用希腊的盐给予了精心烹调。

在此之后，斯卡帕道出了自己的感受："当我的时间到了，用这些词语覆盖我，因为我是一个经由希腊来到威尼斯的拜占庭人。"[①]在字面意思上，斯卡帕说在自己去世时，用欧金尼奥·蒙塔莱的这些词句来做最后的告别，因为它们最为理想地对应了斯卡帕对自己的理解："我是一个经由希腊来到威尼斯的拜占庭人。"在斯卡帕看来，死亡是一个恰当的时机，对人的一生进行整体性的总结。那么"经由希腊来到威尼斯的拜占庭人"又该如何理解呢，这句话如何帮助我们走进斯卡帕个人的建筑思想？这些问题显然无法仅仅通过字面的理解来回应。我们前面已经提到，斯卡

① 引自GIUSEPPE ZAMBONINI. Process and theme in the work of Carlo Scarpa[J]. Perspecta, 1983, 20: 22.

帕所认同的“真理就是被造就的东西”，或许我们可以从他“造就”的东西入手来“揭示”他所理解的“真理”，而维罗纳古堡博物馆就是这样的东西。

文脉

在博物馆这种建筑类型的发展历史上，维罗纳古堡博物馆（Castelvechhio，意大利文直译为“老城堡”）是一个必须提及的案例（图4-1）。尽管将历史建筑转变为博物馆的案例并不少见，但维罗纳古堡博物馆在20世纪50～60年代所经历的“激进式修复”（radical restoration）不仅在当时绝无仅有，即使在今天也几乎无法复制。[①]这座博物馆的独特性，并没有因为50年来无以计数的新建筑的出现而有所削弱，反而在日益庞大的博物馆建筑序列中变得更为突出。英国学者查尔斯·史密斯（Charles Saumarez Smith）在他的一篇文章中将当代博物馆建筑划分为重视内部空间效果、历史主义、技术狂热以及新表现主义（neo-expressionism）四种类型，[②]但古堡博物馆显然无法归于其中任何一类。不仅如此，我们甚至很难找到其他什么案例与古堡博物馆有着相当程度的类似性。从再生那一刻起，这座博物馆就是独一无二的，就像它的建筑师卡洛·斯卡帕所设计的很多玻璃器皿一样，唯一的设计，也只有唯一的产品，以至于赖特购买其中一件作品的提议都遭到了拒绝。[③]作为斯卡帕工作时间最长、规模最大、特色最突出的作品之一，古堡博物馆提供了解析斯卡帕及其作品独特性的重要途径。“一个作品的价值在于它的表达——当一个事物得到了很好的表达，它就具备了很高的价值。”[④]斯卡帕语汇的平实与作品深度之间的差异是现代建筑史上著名的谜团，希望通过对古堡博物

① Ellen Soroka指出，斯卡帕所采用的修复手段在今天的法规下根本不可能通过批准。见ELLEN SOROKA. Restauro in Venezia[J]. Journal of Architectural Education, 1994, 47 (4): 224.

② Charles Smith当时是英格兰国家肖像美术馆馆长，关于他对当代博物馆的划分，见CHARLES SAUMAREZ SMITH. Architecture and the museum: the seventh Reyner Banham memorial lecture[J]. Journal of Design History, 1995, 8 (4): 253.

③ 很多文献都记载了这个故事，如ROBERT MCCARTER. Carlo Scarpa[M]. London: Phaidon Press, 2013: 25.

④ CARLO SCARPA. Can architecture be poetry?[M]//CO & MAZZARIOL. Carlo Scarpa: the complete works. New York: Electa/Rizzoli, 1984: 283.

图4-1

古堡博物馆东院全景

(Ugo franchini at Italian Wikipedia, CC BY-SA 3.0 <https://creativecommons.org/licenses/by-sa/3.0>, via Wikimedia Commons)

馆的分析，我们能够剥离出那些斯卡帕希望我们理解的东西。

在斯卡帕的作品序列中，绝大多数设计都是在一个既存历史环境中展开。在这一方面，古堡博物馆最为典型。它的原有建筑规模不仅最大，历史背景也最为复杂。但对于斯卡帕来说，这是一个优势，“我并没有做过很多从零草图开始的设计。我修复过博物馆并且设计过展览，总是在一种文脉（context）中工作。当文脉确定了，可能它会让工作更为容易。”[①]在这一点上，斯卡帕与他最欣赏的现代主义大师赖特意见一致。“限制是艺术家最好的朋友”，赖特断言。两者的不同之处在于，赖特的限制往往来自于自然，而斯卡帕的文脉主要指向意大利的建筑与城市。斯卡帕谦逊地使用了“容易”一词，在古堡博物馆中它所指代的则是斯卡帕对这座建筑的丰厚历史所做出的令人惊叹的回应。这将是理解斯卡帕核心建筑思想的一个重要切入点，因此我们需要从古堡博物馆的历史开始讨论。

即使是在拥有丰厚建筑遗存的意大利，也很少有哪个地点有着像古堡博物馆一样复杂的历史层级。维罗纳城漫长历史上的一些重要节点都在古堡博物馆中留下了鲜明的痕迹。在罗马时代，这里似乎是一个军事堡垒，一些罗马构筑物的遗存在斯卡帕所主导的挖掘工作中重见天日。在中世纪，维罗纳成为一个独立城邦，一道12世纪建造的城墙与阿迪杰（Adige）河一同将城邦环绕其中。在12世纪末，维罗纳落入斯卡利杰（Scaliger）家族的统治之中。1351年坎格兰德二世·德拉·斯卡拉（Cangrande Ⅱ della Scala）成为维罗纳领主，他的横征暴敛引发了强烈的不满。为了防御民众的叛乱，他不仅启用德意志雇佣军护卫自己，还在12世纪城墙与阿迪杰河的交汇点上建造了一座城堡。他将城墙末端的一部分包入城堡之中，在城墙西侧建造他的宫殿，在城墙东侧用新的防御性墙体围合出一片院落作为军事缓冲区。城堡的各个角落建造了包括存守塔（keep）在内的五座塔楼，城墙东侧挖有壕沟。此外，坎格兰德二世还在城墙端头建造了横跨阿迪杰河的斯卡利杰桥（Scaliger Bridge），以便在武装暴动时逃往河北侧。为此，12世纪城墙上原有的靠近河岸的

① CARLO SCARPA. A thousand cypresses[M]//CO & MAZZARIOL. Carlo Scarpa: the complete works. New York: Electa/Rizzoli, 1984: 287.

莫比奥城门（Porta del Morbio）被填塞了。坎格兰德二世的工程就是今天古堡博物馆的原型，在14世纪建造时它所要对抗的实际上是他自己的臣民，这也解释了他“狂狗”（Raging dog）绰号的来历。

1797年，拿破仑的军队占领了维罗纳，古堡成为法军驻地。他们在城墙东侧的院落沿北侧与东侧建造了营房，并且在城墙末端修建了大楼梯供守军通行。为了震慑维罗纳市民，法军在一次动乱之后摧毁了古堡五座塔楼的顶部，这显然是一种难以接受的羞辱。因此，在1923年维罗纳艺术博物馆馆长安东尼奥·阿韦纳（Antonio Avena）将古堡旧址选作新的博物馆场址时，他与建筑师费迪南多·弗拉蒂（Ferdinando Forlati）一同开始了抹去法军痕迹的第一次修复。1924～1926年进行的这次改造恢复了中世纪塔楼，法军的兵营没有被完全拆毁，但是面向东侧院落的主要立面被彻底地改动。原有兵营带有些许古典色彩的厚重墙体上开有方整的小窗洞，但阿韦纳与弗拉蒂去除了古典元素，用维罗纳本地历史建筑上回收的哥特窗户与拱券取代了拿破仑时代的方窗。由此获得了一个中心对称的南向立面，博物馆入口就设置在位于中心的三组尖式拱券中。在建筑内部，阿韦纳与弗拉蒂添加了大量文艺复兴装饰，包括虚假的木梁与顶棚。很显然，这次改造的目的是抹去拿破仑时代的那段屈辱，“恢复”维罗纳的历史尊严，即使是通过虚假的修饰也在所不惜。

“二战”末期，德国军队撤退时为了阻止盟军的推进炸毁了斯卡利杰桥，这似乎是坎格兰德二世逃亡策略的最终实践。虽然这位中世纪“暴君”曾经与维罗纳人为敌，但是历史变迁让他的堡垒和大桥变成了维罗纳珍视的遗产。维罗纳人很快重建了大桥，并且继续投入对古堡博物馆的完善（图4-2）。正是在这一条件下，卡洛·斯卡帕介入了古堡博物馆的改造。“文脉”一词实际上无法涵盖古堡博物馆的复杂历史内涵，这里不仅有古罗马、中世纪、18世纪、20世纪的各种建筑要素，还有维罗纳历史上的荣耀、沉沦、屈辱与重生。很少有哪个项目有如此复杂的起始条件。如何以建筑的手段对这些元素做出合理的回应是斯卡帕为自己设定的起点。他将赖特所说的“限制”放大到了令人惊讶的程度，而最终得到的成果也超越了几乎所有人的想象。只有在这样的历史“文脉”之

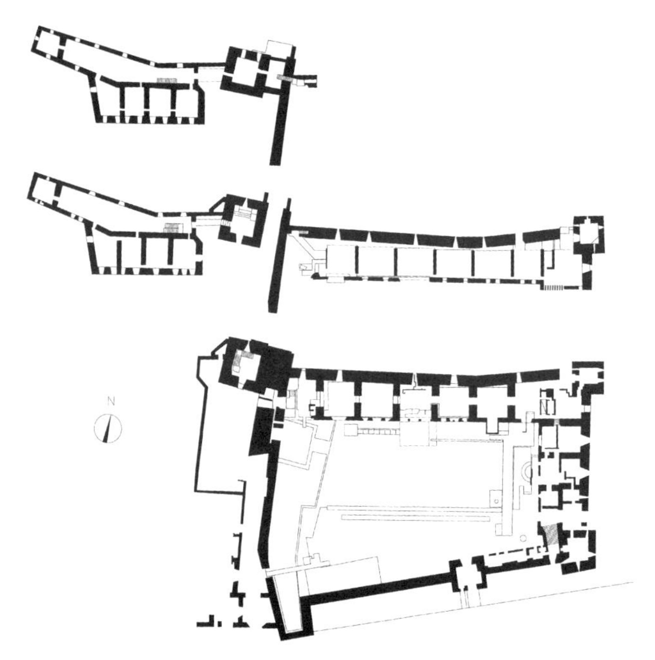

图4-2

图4-2
古堡博物馆平面
（本书自绘）

中，我们才能理解斯卡帕那句令人迷惑的话语："我是经由希腊来到威尼斯的拜占庭人。"[1]

展陈设计

从1957年到1975年，斯卡帕在古堡博物馆的工作持续了18年，涵盖了从展陈布置、建筑改造至花园设计、室内设计等各方面。这主要可以分成三个阶段：1957～1958年，斯卡帕受博物馆新任馆长马加尼亚多（Licisco Magagnato）的邀请，负责画展"从阿尔迪奇诺到皮萨内洛"（From Altichiero to Pisanello）的展陈设计，展出地址在城墙西侧由古堡宫殿转化而成的画廊中；随后在1958～1964，斯卡帕主导了古堡博物馆的整体改造，塑造了古堡博物馆最重要的建筑特征；此后的1968～1975年，他的工作集中于几个局部房间的设计，如图书馆与阿韦那房间（Avena Room）。

斯卡帕在这个项目中扮演的多重角色，是塑造古堡博物馆独特性最重要的因素之一。很少有人能同时胜任展陈设计师与建筑师的不同工作，而能够像斯卡帕一样在两个领域都拓展出独一无二路径的人更是凤毛麟角。正是因为敏锐地感受到了斯卡帕的独特能力，马加尼亚多从一开始就确立了让斯卡帕来处理古堡博物馆复杂历史的意图。实际上，作为展陈设计师的斯卡帕比建筑师斯卡帕更早得到外界的承认，他在展陈领域的独创性丝毫不亚于他在建筑领域的成就。类似地，他的展陈设计也同他的建筑设计一样游离于主流体系之外，备受推崇却也无人追随。

斯卡帕不同于博物馆主流展陈体系的地方在于，后者往往按照时间、类型或者作者序列，使用普遍性的展陈设计匀质地排布展品，但斯卡帕则坚持给予不同的作品以不同的对待。统一性让位于对作品独特性的阐发。"呈现也可以是一种阐释，让人注意到一种并置——当然是为了有利于作

① 引自GIUSEPPE ZAMBONINI. Process and Theme in the Work of Carlo Scarpa[J]. Perspecta, 1983, 20: 22.

品，而不是为了呈现自身。”[①]对于斯卡帕来说，一个称职的展陈设计师，需要通过布展对每一个作品做出阐释，这也就意味着不同的作品需要不同的阐释。虽然这个原则并不新鲜，但是斯卡帕的杰出之处在于，他让我们意识到这一简单原则可以被怎样充实地实现。斯卡帕常用的一个策略是将展品从墙面的束缚中解脱出来，他往往回避将画作或陈列品靠墙布置的做法，倾向于将展品灵活布置在房间中。具体在哪里则是由空间氛围、视线关系、光线效果、材料色彩等元素共同决定。因为脱离了墙体，无论是画作还是雕塑都需要特定的支撑，斯卡帕会精心设计每一个基座、支架、背板和承托，让这些部件成为展品特性的放大器（图4-3）。在斯卡帕的展馆中，画作与雕塑常常位于人水平视线的高度，仿佛它们与参观者并肩站立，参观转变成人与展品之间的亲密对话（图4-4）。

不难理解为何斯卡帕的这种做法几乎无人追随。因为它要求设计师能够感受每一件作品的力量，并且完成相应的设计。真正困难的倒不是工作量，而是敏锐的感知力。在这一点上，含蓄的斯卡帕显露出少有的自我肯定：“你知道，我对艺术品有极大的热忱。我总是不厌其烦地去学习、去知晓、去理解，而且，对于我来说是去拥有真正关键的觉察。我无法写作，创作一篇批评文章；但我有对关键价值的活的体验，它们打动了我。”[②]这段话从另一个侧面解释了斯卡帕留下的文字为何如此稀缺，但更为重要的是它解释了斯卡帕对艺术品的特殊感知力。任何在阿巴特里斯宫（Palazzo Abatellis）博物馆中阿拉贡的埃莉奥诺拉（Eleonora of Aragon）像前驻足的人都会明白斯卡帕的话并无一点夸张（图4-5）。而赛维记录的一个故事甚至会让人神化斯卡帕的这种能力：1968年威尼斯双年展上，斯卡帕负责一位16世纪画家的展陈设计，临近开幕，仍然有两幅画作躺在地上没有安放，在催促之下，斯卡帕回答道：“我不知道将它们放在哪儿。我会将它们留在那儿。”后来这两幅画被发现都是赝品。[③]

① 转引自ROBERT MCCARTER. Carlo Scarpa[M]. London: Phaidon Press, 2013: 48.
② 同上。
③ 参见BRUNO ZEVI. Beneath or beyond architecture[M]//CO & MAZZARIOL. Carlo Scarpa: the complete works. Electa/Rizzoli, 1984: 271.

3

图4-3

西侧展馆中的展陈布置

（唐其桢摄）

图4-4

图4-5

图4-4

东侧展馆中的展陈布置

(Paolo Monti, CC BY-SA 4.0 <https://creativecomm
org/licenses/by-sa/4.0>, via Wikimedia Commons)

图4-5

阿巴特里斯宫博物馆中阿拉贡的埃莉奥诺拉像

(Paolo Monti, trimed by QING Feng, CC BY-SA
<https://creativecommons.org/licenses/by-sa/4.0>,
Wikimedia Commons)

在古堡博物馆，斯卡帕在展陈设计上的独树一帜得到了充分体现。城墙西、东两侧的画廊与雕塑展馆都经由他精心设计，其一些最典型的设计手段都得到了使用，如脱离墙体的自由布置；还有随作品变化的支撑结构，有时只是墙体上突出的一条石块，有时是精细的三脚画架，有时是混凝土与钢结构共同搭建的厚重构筑物；以及由此创造出的很多独特观赏视角。这些特色在东侧的雕塑馆体现得格外鲜明。一方面，很多近人尺度的雕像散布在展厅内部，仿佛与参观者一样在博物馆中游历，人与雕像偶尔互相碰面并相互致意；另一方面，看似偶然的布置实际上结合了光线、视线与空间关系的深入考虑，让每一次的相遇都变得极为特殊。斯卡帕将数尊立像放置在覆盖有光滑灰泥抹面的长方形混凝土台上，这种谦逊而厚重的基座完美地衬托出雕像的沧桑与活力，也同时提醒我们站立在对面的或许是一个圣徒。较为特殊的是“十字架刑与圣徒”（Crucifixion and saints）三座雕像的布置（图4-6）。前方的两位圣徒站立在金属基座之上，而耶稣像则被一面高大的T形抹灰混凝土墙体所衬托。这是对十字架的一种独特诠释，墙体的宽大与光泽削弱了宗教色彩，给予整个组像一种平和的气息。斯卡帕特意将这组像放置在一面南向的高窗之下，光线会从上方在混凝土墙面与雕像上投射出鲜明的明暗对比，仿佛某种来自远方的召唤。“光线必须受到控制，”[①]斯卡帕对光线的驾驭同样留下很多故事，在古堡博物馆中他会用白色薄纱覆盖整扇窗户以过滤光线，这是他经常使用的控制光线的手段。在此前的一次展览中，他在整个威尼斯寻找合适的布料，最终在一间杂货铺售卖的尼龙内衣上获得到了满意的结果。

实际上，描述斯卡帕的展陈设计是徒劳的，他的处理是如此的细腻和敏锐，完全超越了词句所能表达的范畴。这或许是他说自己能够感知但无法书写的原因。我们只能进行简要的概括，他的展陈设计让展品得到独一无二的诠释，这是真正的尊重与理解。曼弗雷多·塔夫里对此有着精辟的总结：“以某种方式，那些被斯卡帕在特定地点所布置的作品似乎获得了自由：从传统的束缚中解放出来，开放地面对新的诠释，它们被解

① CARLO SCARPA. Interview with Carlo Scarpa[M]//CO & MAZZARIOL. Carlo Scarpa: the complete works. Electa/Rizzoli, 1984: 298.

图4-6

图4-6

“十字架刑与圣徒”的展陈布置

（Paolo Monti, CC BY-SA 4.0 <https://creativecommons.org/licenses/by-sa/4.0>, via Wikimedia Commons）

放为带有疑问的图像，激发我们去思索它们的意义。”[①]相比于传统的布陈模式，斯卡帕的方式当然是自由的，不仅是展览模式上的自由，也是对展品诠释的自由。在古堡博物馆，最能够展现塔夫里所描述的“自由”效果的，是斯卡帕对坎格兰德二世骑马像的处理。从某种角度上说，我们甚至可以认为整个古堡博物馆被斯卡帕转变成这尊塑像的展陈背景，建筑师与展陈设计师的双重身份在这里完全融为一体，以至于这两个概念的区分都失去了意义。

建筑改造

坎格兰德二世骑马像的最终方案是在1958～1964年大规模改造的末期才最终确定的。只有了解了整个改造的历程才能理解这个最终结局（图4-7）。

在参与了最初的布展工作之后，斯卡帕受托继续进行博物馆整体的改造，尤其是1920年代改造过的东院。“在古堡博物馆一切都是假的……如果有什么原初的部分，它们应该被保留。其他干涉元素应该被设计处理，并且以新的方式考虑它们。”[②]斯卡帕在这里所指的是20世纪20年代改造所塑造的哥特或文艺复兴风格的假象，它们也是斯卡帕重新处理的重点。整个项目中最原初的是12世纪的城墙，它靠近河岸的末端被斯卡利杰桥的桥头与拿破仑的军营楼梯所覆盖和挤压。斯卡帕最早的决定就是让这段墙体重获“自由”。他拆除了法军营房与城墙接触的最西侧的开间与大楼梯，让整个城墙的东侧展现出来。去除了填塞的建筑，城墙东侧14世纪壕沟的末端也被重新挖掘开来，这时才发现在1354年就被封闭的莫比奥城门。700年后，这座门洞被再次打开，成为沟通古堡东、西两侧的地面通道。不仅如此，在这里的挖掘还展现出罗马时代构筑物的遗存，以及坎格兰德二世不为人知的秘密通道。在改造之初没人知道这些遗迹的存在，但是斯卡帕的决定让古堡不同历史时期的遗存在这个节点同时展

① MANFREDO TAFURI. Carlo Scarpa and Italian architecture[M]//CO & MAZZARIOL. Carlo Scarpa: the complete works. Electa/Rizzoli, 1984: 78.
② CARLO SCARPA. A thousand cypresses[M]//CO & MAZZARIOL. Carlo Scarpa: the complete works. New York: Electa/Rizzoli, 1984: 287.

图4-7

图4-7

城墙与展馆之间的坎格兰德二世骑马

（唐其桢摄）

现了出来，获得“自由”的不仅仅是城墙，还有整个维罗纳城的岁月积淀。

新开辟的城门通道使得斯卡帕可以重新组织博物馆的参观流线。在20世纪20年代的改造中，入口在东院虚假哥特立面的对称轴上。因为东、西两侧只有一条上层通道联系，参观回路只能原路折返回到东院。底层通道的开掘避免了流线的重复，参观者可以从东院雕塑馆一层向西行进，穿过城门通道进入西院，经由存守塔内部的楼梯上到宫殿下层的画廊，这里有楼梯通向上层。参观完毕后，从宫殿东侧的一条廊道再次进入存守塔上部，这里有一道楼梯再次横穿城墙，让人们回到东院。一道倾斜的廊桥引导人们进入雕塑馆二层。穿过展馆，可以通过东端的楼梯回到一层入口（图4-8）。整条流线最复杂的地方在于穿过城墙的地方，也是斯卡帕拆除兵营和楼梯的地方。在上、下两层通道之间，是城墙西侧南北向的通向斯卡利杰桥的街道。两条通道的设置形成了一个立体交错的交通节点，既维持了博物馆内外的隔离，又满足了不同高差之间的连通。

斯卡帕对20世纪20年代哥特立面的不满并不在于其对历史元素的搬用，而是过于仪式化的对称性。“我决定要引入一些竖向元素，来打破不自然的对称；哥特需要它，哥特，尤其是威尼斯的哥特，并不怎么对称。”①这段话体现出威尼斯建筑传统对斯卡帕的深刻影响。哥特元素大量存在于威尼斯运河沿岸的府邸之中。仪式性与庄重感在这些住宅建筑中并不那么重要，长久的历史变迁与业主、功能的转换，让这些建筑呈现出多元的混杂性，对称性并不占据主导地位。斯卡帕采用了多重手段削弱1920年代立面的对称性。西侧开间的拆除有着明显的效果，一个并不齐整的空洞与东侧的连续性形成强烈反差。另一个主要变化是，斯卡帕把主入口从南立面中心移到了东北侧转角处的哥特拱券之中。一道平面转折的混凝土墙体从拱券中心向外伸出，区分开两侧的入口与出口，这是非对称性的再次强调。

对于南立面其余哥特拱券和窗洞“不自然”的对称，斯卡帕使用了他另

① CARLO SCARPA. A thousand cypresses[M]//CO & MAZZARIOL. Carlo Scarpa: the complete works. New York: Electa/Rizzoli, 1984: 287.

图4-8

图4-8

从西侧看莫比奥城门及通道

（唐其桢摄）

外一个标志性手段——双层立面。处理新和旧的关系是斯卡帕作品中频繁出现的主题，他既不认同旧的东西一定要一成不变，也不认同将新的东西与旧的完全混淆。为此，他常常采用的手段是将新与旧的元素结合在一起，但要保持明显的差异与距离。最直观的手法是，在新、旧元素之间脱开一定距离。在斯卡帕作品中，随处可以看到大量这样的“缝隙”，它既是缓冲层也是黏结剂（图4-9）。双层立面也是这一思路的结果，早在1935年福斯卡里宫（Ca' Foscari）的改造项目中，斯卡帕就采用了这个特殊手段。为了封闭窗洞，他没有直接在哥特窗洞中填塞玻璃，而是将一整面玻璃窗框树立在窗洞后部。原来的石质立面与当代的玻璃立面通过一段缝隙的连接组成了双层立面，同时保持了新、旧之间的差异。这一方法在此后被斯卡帕大量使用，甚至扩展到没有历史元素的全新建筑中。例如，维罗纳大众银行（Banca Popolare di Verona）的实体立面与背后的玻璃窗都是新的，但仍然以双层立面的方式呈现。

古堡博物馆的双层立面更为特殊一些。为了打破哥特立面的对称，斯卡帕特意强化了新立面的特异性。窗框的分割不规则分布，与窗洞的韵律脱离开来。在一层的几个哥特拱券中，变化更为剧烈。一个外部镶嵌着精美石材的方形体块从最靠近入口的拱券里突出出来，形成一个独立的展览空间，仿佛教堂侧翼的小礼拜堂。中间三个拱券之后的新立面有着复杂的处理，上半部是大面积的玻璃，下半部则是不规则的外凸与凹进。一扇玻璃门仍然提示了20世纪20年代的入口设置，但是几乎消隐在复杂的虚实转换之中（图4-10）。最西侧的拱券也被分成了上、下两部分，上部为展厅深处提供光线，而底部则被填实以控制过量的光线。这种上、下分层的窗户处理也出现在路易·康同时期的作品中，这或许可以部分解释两位大师相互的倾慕。

展馆室内是另一个需要重新设计的地方。1923年的改造为东、西两侧的建筑添加了装饰性的木梁顶棚、虚假的壁炉以及墙面装饰等元素，将古堡修饰为文艺复兴府邸的样子。斯卡帕并没有一概拒绝这些改动，而是对它们进行重新诠释。在西侧，去除了装饰性元素，宫殿部分回到了中世纪一般的质朴。但是在东侧，斯卡帕的处理截然不同。就像对待虚假

图4-9

图4-9

哥特立面的内部采用了全新的处理

（Paolo Monti, CC BY-SA 4.0 <https://creativecomm
org/licenses/by-sa/4.0>, via Wikimedia Commons）

图4-10

雕塑馆南侧立面的改造

（唐其桢摄）

10

的哥特立面，他以自己特有的方式维持了1923年改造留下的某些特质。那些装饰性的木梁没有结构作用，但是“它们定义了空间的几何结构，并且在视觉上将屋顶联系了起来”，[①]斯卡帕用新的元素延续了这两种效果。为了增大空间高度，二层的楼面是全新构筑的，由两道很浅的十字交叉混凝土梁支撑，藉此强化方形房间的几何特质。这种结构需要在房间中心、梁的交叉处配备竖向支撑。立柱会造成太大的阻碍，因此斯卡帕选择了大尺度的东西向钢梁跨越房间中部，一个倒置的T形金属构件支撑住梁的交叉点，也同时在混凝土梁与钢梁之间留出了足以让光线穿透的缝隙。斯卡帕可以选择现成的工字钢，但是他说：“那只是一种工程解决方案，缺乏任何视觉的强调。我想更有趣的是保持轮廓，但是用一个组合构件来替代。新的节点展现了元素的结构以及新的功能。”[②]在这里可以看到，“表现”对于斯卡帕的重要性，这并不是为了什么夸张或虚假的效果，而是为了呈现清晰的结构关系，而最终的目的是观赏者的理解与阐释。斯卡帕对待建筑要素与对待艺术品有着同样的态度与耐心。由此得到的由两片钢梁合成、中心还保留了通透缝隙的组合梁，由东至西贯穿了雕塑馆一层的整个顶面。钢梁与竖向墙体交界处的黑色空洞进一步提示了这种连续性（图4-11）。

文艺复兴细木梁的几何韵律没有在屋顶上保留，但是被映射到了地面上。斯卡帕在环绕古堡的河流与壕沟中获得启发，他将房间地面抬高，与原有墙体脱离开来，留出一道十几厘米宽的“壕沟”。这样的处理让地面的独立性强化，仿佛是一整块平台漂浮在原有的地面之上。虽然主要使用了深色混凝土材质，但斯卡帕用浅色石材围绕整个平台的边缘，并且在地面上划分出南北向的长条，呼应1923年改造时屋顶细梁创造的节奏韵律（图4-12）。用石材来包裹混凝土不是常规的做法，毕竟前者被认为更为高贵和典雅，而后者被很多人认为是粗鲁和廉价的，缺乏内涵。但是在斯卡帕眼中，这种区分不再成立，材料获得了平等的地位，如何使用不依赖于世俗习惯，而在于建筑师如何阐释。

① CARLO SCARPA. Interview with Carlo Scarpa[M]//CO & MAZZARIOL. Carlo Scarpa: the complete works. Electa/Rizzoli, 1984: 298.

② 同上。

整个改造项目最富有挑战性的地方是放置坎格兰德二世骑马像的地方，也就是前面提到的拆除了兵营开间与楼梯后留下的空隙处。“找到解决的办法并不容易。”[①]斯卡帕习惯性的轻描淡写无法掩盖问题的难度。这里不仅是主要交通流线的交叉节点，也是古堡或者维罗纳历史断层的汇聚之处。有设计经验的人会认同，单纯要理顺这些线索已经非常困难，而斯卡帕不仅要同时处理两方面关系，还将古堡建造者的骑马像也牵涉进来。如果说常规逻辑是让复杂的问题简化，那么斯卡帕可以说是反其道而行之，“真正参与性的进程意味着接受冲突，不去掩盖它们，而是相反，去阐发（elaborate）它们。”[②]阿尔瓦罗·西扎（Alvaro Siza）对自己设计思想的阐述也适用于斯卡帕。古堡博物馆这一节点毫无疑问是这一原则最极致的体现。作为教科书般的经典案例，很多人甚至赋予它一个单独的名称“坎格兰德空间”（图4-13）。

几乎每一篇讨论古堡博物馆的文献都会着重分析“坎格兰德空间”，但几乎没有任何文字是充分的，再详尽的描述与分析都不足以呈现这些复杂元素造就的异常丰厚的感官体验。对于本书也是这样，我们将把感受留给读者自己的拜访，而只能简要讨论一下设计策略。在本书作者看来，斯卡帕处理这个复杂节点的核心策略与他处理其他相对简单的新旧冲突的策略是一致的，那就是对“缝隙”的精湛驾驭。在此前的讨论中，我们已经在双层立面、屋顶钢梁、地面铺装等多个地方看到斯卡帕如何利用不同模式的“缝隙”来处理各种并置关系。在这背后是对距离的微妙挖掘。就像人与人之间的复杂关系也常常呈现在相互距离的变化，从疏远到亲密再到如柏拉图所说的恢复为一个整体。距离虽然可以进行物理度量，但是在数据背后隐含着无穷无尽的复杂关系。斯卡帕所常用的“缝隙”就是距离的承载物。恰当的距离可以维持个体独立与积极互动，而不恰当的距离则会造成冷漠、冲突或者含混。“要实现什么东西，我们必须创造关系”，斯卡帕说[③]，“缝隙”就是关系的容器。当然，这个原则本身并不那

① CARLO SCARPA. Interview with Carlo Scarpa[M]//CO & MAZZARIOL. Carlo Scarpa: the complete works. Electa/Rizzoli, 1984: 298.
② 引自KENNETH FRAMPTON. Alvaro Siza: complete works[M]. Phaidon Press, 2000: 25.
③ CARLO SCARPA. Furnishings[M]//CO & MAZZARIOL. Carlo Scarpa: the complete works. New York: Electa/Rizzoli, 1984: 282.

图4-11

图4-12

13

图4-11

雕塑馆屋顶的钢梁与墙壁交界处

（杨恒源摄）

图4-12

雕塑馆地面的铺装

（Paolo Monti, CC BY-SA 4.0 <https://creativecommons.org/licenses/by-sa/4.0>, via Wikimedia Commons）

图4-13

“坎格兰德空间”

（杨澍摄）

么关键，真正重要的是建筑师如何去利用和控制它，而这正是斯卡帕无可替代的地方。

“坎格兰德空间”集萃了斯卡帕所惯用的各种距离，或者说是“缝隙”。从大往小看，西侧开间与楼梯的拆除创造了兵营与城墙之间的空间裂缝；延伸屋顶的几何边缘与城墙墙体的粗糙外缘之间的缝隙，避免了直接的冲突，又引入了光线的层次；城门通道的开掘让三条交错流线相互分离，尤其是中、下两层流线在城墙西侧有完全的视线上的沟通；引向斯卡利杰桥的混凝土廊道也与中世纪墙体脱开一道侧缝，将素混凝土与中世纪砖石的质朴同时展现出来；穿过城门的通道以混凝土板铺成，采用了与雕塑馆同样的壕沟处理方式，只是没有使用石材贴边，显然更适合城墙的古朴与粗粝；上层流线连接城墙出口与雕塑馆二层的斜向廊桥主动地退向角落，一方面让出前部的主体空间，也给上至沿河城墙顶部的混凝土楼梯留出地方。这些只是能够简要描述的“缝隙”，在“坎格兰德空间”中还有各种各样的，尺度、形态、关系都各不相同的“缝隙”，如骑马像混凝土基座与石质地面之间的缝隙、基座本身中心线上的缝隙、廊桥钢梁与两端墙体之间的缝隙，以及屋顶两道木梁、木梁与城墙及屋顶之间的缝隙（图4-14）。更难以穷尽的是各种细部，如扶手、踏步、混凝土或石材铺地之间的缝隙。我们可以说，是这个极其复杂的“缝隙”体系帮助斯卡帕绝妙地化解了各种元素之间的潜在冲突。在“坎格兰德空间”中，你能够感受到从古罗马到20世纪60年代各种历史片段的共存、交错交通流线的灵活穿插，以及各种材料与结构体系的共同作用。在建筑史上，很难找到另一个案例拥有如此丰富的层次。如果不是斯卡帕，我们不会认为这样的复杂性是可控的。但就像康德所说，天才的伟大在于为其他人设定范例，“坎格兰德空间”就是这样一个证明“阐发冲突”可以塑造何种卓越建筑效果的案例。

“坎格兰德空间”中最核心的要素当然是坎格兰德二世骑马像。古堡的建造仍然没有避免这位被称为“狂狗”的统治者被谋杀的命运。他的石棺被安置在斯卡利杰里家族教堂古圣母马利亚堂（Santa Maria Antica）侧面入口的上部，而戎装骑马像就矗立在石棺上方金字塔形屋顶的顶部。

在1923年的首次改造中，这尊雕像被阿韦纳安置到西侧院落里靠近存守塔的一处凹陷中。斯卡帕显然在这尊14世纪的雕像中敏锐地“觉察”到了什么，或许是因为骑马人神秘的微笑，他将这尊雕像亲切地称为坎格兰德。从今天保留的草图中可以看到，斯卡帕尝试过不少于五种布局方案。对于一个会反复琢磨展品支架应该离开墙1cm还是1.5cm的设计师来说，这并不令人惊讶。斯卡帕试图为这尊雕像找到最理想的、能够引发丰富阐释的展陈之地。从这个角度来看，斯卡帕的选择几乎是完全“理性”的，这位古堡的创建者最终回到了历史“纠缠”的中心。他不仅是历史进程的枢纽，也成为整个古堡博物馆空间与实体、路径与节奏、建筑与展陈的枢纽。斯卡帕为坎格兰德设置了独立的混凝土悬挑基座，使雕像与城墙、兵营、地面以及屋顶都脱离开来，仿佛半悬浮在空间中心。就像对待其他展品一样，斯卡帕对混凝土基座也进行了深入刻画，强调了基座本身也是一个有着内部机构的复合物，如同雕塑馆中的屋顶钢梁一般。“即使放置在那里，在半空中，雕像也与人的行进有关，并且影响着它，雕像强调了城堡不同部分之间重要的历史联系。“我决定将它略微地扭转一下，来突出它独立于支撑的结构：它是整体的一部分，但它也拥有自己独立的生命。”[①]这个轻微的扭转再次呈现了斯卡帕的敏锐与自由，基座与雕像在方向上的差异，或者说“缝隙”再次塑造了一个微妙的相互关系（图4-15）。

坎格兰德毫无疑问是古堡博物馆所有展陈设计的巅峰，甚至在整个博物馆发展历史上都堪称是无可替代的经典。不同于通常博物馆单一的观赏模式，斯卡帕创造出多重的体验这座雕像的方式：刚进入博物馆东院，看到的是在“坎格兰德空间”暗黑色的背景中凸显出来的白色塑像，独特的场景立刻会激发人们的好奇心，但是远眺只能保留悬念；穿过一层雕塑馆，参观者第一次进入“坎格兰德空间”，这时人们可以从地面上仰视雕像，就好像站在古圣母马利亚堂的门前仰视石棺，但是悬挑的基座仍然阻挡了很多信息，只能在不断移动中去拼凑各个角度的图像；参观完西侧院落，会再次回到“坎格兰德空间”，在很短的距离内，面向

① CARLO SCARPA. Interview with Carlo Scarpa[M]//CO & MAZZARIOL. Carlo Scarpa: the complete works. Electa/Rizzoli, 1984: 298.

图4-14

图4-15

图4-14

屋顶与城墙之间的缝隙

（唐其桢摄）

图4-15

露出微笑的坎格兰德二世骑马

（杨澍摄）

骑马人的视线从俯视转变为平视，并且沿着廊桥越来越近；在尽端，有专门设置的混凝土梯步与悬挑平台，让人能环绕雕像半圈观赏，只有在这时你才能看到坎格兰德这位专制者那令人费解的微笑；最后当你离开“坎格兰德空间”，进入雕塑馆二层，或许是在偶然的条件下回头看去，透过整面的落地窗会发现坎格兰德的头像处于与视线齐平的高度，他正微笑着目送你的背影远去。或许这时，你能感受到为何斯卡帕会对这尊在艺术史上并不那么知名的塑像如此着迷。对于一个真正的发现者来说，世俗的观念与评价并无太大价值，“你需要敏锐（sharp），对所有发生或可能发生的事情保持警醒”，[①]斯卡帕用“坎格兰德空间”告诉我们“敏锐”可以意味着什么。

同样在1958～1964年改造阶段末期完成的，还有东侧院落的花园。对应于南侧立面中心的入口，1923年的改造用树篱简单地划定出3块草坪，一条宽阔的中心通道连接博物馆入口与古堡入口，引导人们直接走向入口。就像对待其他“1923年元素”，斯卡帕保留了部分树篱，但它们不再是穿过院落中心，而是形成一条狭路，成为引导人们进入院落东侧靠近侧翼建筑的路径。在这里，顺着一条由大块石材铺砌的道路，走过一片浅水池才会到达博物馆位于东北角上的入口。斯卡帕的花园设计就像他的展陈与建筑设计一样独特而出色，这同样源于他对花园的特殊情感。在他的图书馆里有好几本关于中国与日本园林的书，这可能是他对东方特殊情感的来源。古堡博物馆院落的迂回辗转，对视线与借景的控制明显有东方园林的意味。[②]斯卡帕在1961～1963年完成的奎里尼·斯坦帕利亚基金会花园更强烈地体现了日本园林的气质。在古堡博物馆，因为尺度更为巨大，马加尼亚多认为中心的草坪更像是一个古代城市广场，人与物都在广场周边的柱廊中汇集而不是在广场中心。[③]这个最后完成的部分，填补了古堡博物馆参观流线的最后一张拼图。总揽整个路线的回转

① 转引自FRANCESCO DAI CO. The architecture of Carlo Scarpa[M]//CO & MAZZARIOL. Carlo Scarpa: the complete works. Electa/Rizzoli, 1984: 53.
② 关于斯卡帕的景观设计与东方园林的关系，参见GEORGE DODDS. Directing vision in the landscapes and gardens of Carlo Scarpa[J]. Journal of Architectural Education, 2004, 57 (2).
③ LICISCO MAGAGNATO. The Castelvecchio museum[M]//CO & MAZZARIOL. Carlo Scarpa: the complete works. Electa/Rizzoli, 1984: 159.

反侧，我们会意识到东方园林的复杂路径与意大利的古堡之间并不存在所谓的文化鸿沟。

威尼斯传统

古堡博物馆是斯卡帕最为复杂的改造项目，也最鲜明地体现了斯卡帕建筑思想的一些重要特征。虽然上面的分析与描述只能展现这座建筑的一些局部内涵，我们仍然要尝试着从这些观察中提取出斯卡帕设计哲学中一些核心要素。

在对斯卡帕作品的评论中，最常见的是“断裂”“片段”“碎片”等词语。的确，在像“坎格兰德空间”这样的地点，近两千年历史中不同时期的要素被同时呈现在一个有限的场所里，常规的建筑学概念完全无法吸收和描述这种复杂的并置关系，因此只能反向地称之为历史“碎片”的集成。然而，概念本身也是一种诠释的工具，一个概念背后一定有相应的假设与前提，如“碎片”显然只有相对于“整体”才具有准确的意义。因此，在评论者将斯卡帕的作品描述成“断裂”与“片段”时，他们实际上是在以某种“整体”为参照，以此为基点来反向定义斯卡帕的作品特征。塔夫里敏锐地指出了这种评价的价值前提：“一个片段，在严格的意义上，始终指向一个无法弥补的不复存在的整体…… 换句话说，它自身是一种‘哀悼事件’。它存在，但是拒绝自己的独立自主；它展现自己，但是也持续透露出对一种失效的、无法反抗的整体性的怀旧。”[①]在日常建筑语境中，片段往往指向一种非正常的状态，是统一整体中出现的特例。在这种意义上，斯卡帕就属于非正常的特例，他的特征就是对正常的“整体性”的背离。继续追问，是什么样的“整体”让人们如此热衷，甚至被作为评论的理念基础？最简单的答案是风格——一整套具有辨识性的建筑语汇。今天绝大多数的建筑史就是基于风格概念来建立历史架构的，这也深入影响了我们理解建筑的方式。风格的纯粹性被绝

① MANFREDO TAFURI. Carlo Scarpa and Italian architecture[M]//CO & MAZZARIOL. Carlo Scarpa: the complete works. Electa/Rizzoli, 1984: 77.

大多数人视为一种理所当然的现象。与此相关的是另外两个整体性的概念——时代与地域。时代不断更替，新的时代被认为是不同于旧的时代，因此新时代的事物也必定要不同于旧时代的事物。大卫·瓦特金（David Watkin）尖锐地剖析了这种“时代精神”（*Zeitgeist*）的观念如何植根于整个现代主义运动的理论基础之中。[①]在它的影响下，人们拒绝过去，不断拥抱新的事物，时间的单向性论证了只有新的才是正当的。地域的概念也类似，很多人认为不同的地域有不同的文化，对应不同的认知与习俗，因此不同地域的建筑元素也不应当混为一谈。他们认为地域文化之间的差异性要远远大于相似性。

以这三个整体性概念为参照，斯卡帕的建筑的确是“碎片”化的。古堡博物馆不仅汇集了不同的风格（罗马、中世纪、古典、哥特、现代），不同时代的材料与结构（砖、石、混凝土、钢、玻璃），不同地域的气质与影响（维罗纳、威尼斯、中国与日本），而且这些要素的混杂是如此紧密，以至于无法用风格、时代与地域的概念进行清晰准确的元素划分。如果我们继续坚持“整体性”的优越性，这样的混杂体就将是难以理解的。笔者记得，在17年前，第一次看到“坎格兰德空间”时就是这样的感受。但是，如果我们认同斯卡帕建筑的力量，就会打开另外一个选项，“片段”是否真的逊于“整体”？或者更进一步，“整体”是否是一个合理的概念？如果并不存在那些理想的“整体”，那么是否还有所谓的“片段”？我们可以质疑，作为常规建筑学基础的“风格”“时代”以及“地域”的概念是否真的具有不可质疑的合理性？实际上，在当代建筑研究中，这种挑战已经屡见不鲜，而最有力的仍然是康德在《纯粹理性批判》中作出的提醒，我们不应将事物本身与用来描述和概括事物的范畴概念等同起来。风格、时代、地域就属于后者，在某些情况下它们是有效的，但是这并不意味着它们在任何情况下都适用，更不意味着它们应该被视作设计的规范。

斯卡帕就是一个拒绝接受这些范畴限制的人。他并没有刻意反抗这些整

① 参见DAVID WATKIN. Morality and architecture revisited[M]. Chicago: University of Chicago Press, 2001: 114-129.

体性概念，而是对这些概念毫不在意。无须反抗，也就不会受这些概念的制约。如果没有“整体性”概念的反衬，或许“自由”是比“片段”更恰当的词汇。在这一点上，斯卡帕展现出威尼斯这座城市对他的深入影响。虽然出生在维琴察，斯卡帕一生绝大部分时间在威尼斯及其周边度过。在古堡博物馆中，我们已经看到威尼斯哥特的不对称性如何影响了他对雕塑馆立面的改造。但是更深刻的影响，在于基本的原则与立场。

“当我第一次拜访佛罗伦萨，我立刻意识到两座城市的差异。我不能否认我对托斯卡纳建筑印象深刻，但那种精确性、那种确定性不属于我，我是我的地区真正的儿子，我对自己的根有着浓厚的感情。”[①]在这段话中，斯卡帕将佛罗伦萨与威尼斯对比起来。虽然赞赏佛罗伦萨的明确性，斯卡帕更认同的还是威尼斯“残酷的混乱”（cruel chaos）。仍然是曼弗雷多·塔夫里，他在威尼斯建筑大学的同事，对此给出了精辟的描述：“从威尼斯，斯卡帕发展出一种非常规的对话，这是一种在形式的推崇以及部分的散乱之间，在表现的欲望以及被表现之物的短暂即逝，在对确定性的追寻与对确定性的相对性的认知之间的辩证对话。”[②]威尼斯的这种特点当然来自于它特定的地理与文化属性。从公元9世纪开始，这座城市就发展成为东西方商业交往的中心。威尼斯商人们驾驶着船只在地中海沿岸的不同国家之间穿行，建立起了西欧、拜占庭、北非、近东伊斯兰世界，甚至是波斯与远东之间的贸易纽带。伴随货物流转的，是文化影响的渗入。对跨境贸易的依赖，让威尼斯人比其他地区的人更愿意接受各种异类的元素。威尼斯的建筑与城市明确记载了这种开放性。除了意大利本土的古典传统以及来自西欧的哥特元素，拜占庭与伊斯兰的影响也在圣马可教堂与总督府这样的重要建筑中明晰可见。“作为一种自然源泉，威尼斯绝对是拜占庭式的，在它的建筑中，在它所获取的各种部件中。”[③]斯卡帕的这句话阐明了威尼斯与拜占庭的密切关系。

正是这样的条件造就了威尼斯的“非对称性”与“残酷的混乱”。不过，

① 转引自ROBERT MCCARTER. Carlo Scarpa[M]. London: Phaidon Press, 2013: 11.
② 转引自GIUSEPPE ZAMBONINI. Process and theme in the work of Carlo Scarpa[J]. Perspecta, 1983, 20: 23.
③ 引自FRANCESCO DAL CO. A lecture on Carlo Scarpa. 2018.

就像前面所谈到的，我们需要放弃“对称性”与“整体系、统一性”等概念的优越性，以威尼斯人的立场看待这些现象。对于他们，“风格”“时代”“地域”都不是障碍，因为他们的日常工作就是跨越边界。从更宽泛的角度上看，甚至整个地中海沿岸的南欧地区都具有类似的混杂性。西班牙哲学家何塞·奥尔特加·伊·加塞（José Ortega y Gasset）认为这典型地体现在詹巴蒂斯塔·维科的身上：“我们发现，拉丁思想家有着典型性的形式优雅，在其背后隐藏的，如果说不是概念的古怪组合，也是一种极端的不精确，理智优雅的缺乏……你不能否认维科思想上的天赋，但是任何熟读他作品的人，都会通过体验得知，混乱到底意味着什么。”[①]如果将奥尔特加自己的写作与海德格尔相比较，就会认同他的概括是准确的。而斯卡帕的私人藏书中就包括10本奥尔特加的著作。

“我是经由希腊来到威尼斯的拜占庭人。” 现在我们可以对斯卡帕这段谜语般的自我定义做更深入的解读。它强调的并不一定是斯卡帕对拜占庭文化及其建筑元素的特殊爱好，他的作品中并没有大幅度地直接使用拜占庭建筑元素。这段话中更为重要的是，跨越各种边界限制将不同源流的文化内涵汇聚在一起的立场。相比于西欧，拜占庭本身就是一个跨文化的混杂体。在其一千多年的历史中，希腊、罗马、基督教、叙利亚神秘主义、波斯、土耳其乃至于远方的印度与中国都在这个古老帝国的疆域内留下了印记。拜占庭所指代的不仅仅是一个确定的国度与历史时期，也是一种持续的、超越地域限制的交汇。在这简短的语句中，斯卡帕肯定了自己的威尼斯身份， 也同时强调了以希腊为代表的欧洲文化根基， 更重要的则是对拜占庭式融合的认同。 在最简单的划分上， 这是一种东西方的融合，因此，斯卡帕说他在维也纳建筑师霍夫曼（Josef Hoffmann）身上也看到了与自己类似的拜占庭特色，一种“东方特质——欧洲人看向东方的气质。”[②]斯卡帕对日本园林以及中国文字的运用当然是这种“东方特质”最直接的说明。

① JOSE ORTEGA Y GASSET. Meditations on Quixote[M]. New York: Norton, 1963, 1961: 81.
② CARLO SCARPA. Can architecture be poetry?[M]//CO & MAZZARIOL. Carlo Scarpa: the complete works. New York: Electa/Rizzoli, 1984: 283.

在这个意义上，斯卡帕延续了奥尔特加所描述的地中海文化传统，从拜占庭到威尼斯，再到威尼斯“真正的儿子”。“我想做一个坦白：我希望一些评论者在我的作品中发现某种意图，即归属于传统内部，但是没有柱头与圆柱，因为你不再能创造它们。今天，甚至是上帝也不能设计一个阿提卡柱础。”[①]斯卡帕在这里所提到的传统，显然不是指风格或者是具体的建筑元素，而是前面所讨论的南欧习俗——没有受到整体性与统一性所牵绊的灵活和宽容。必须再次强调，是否接受这种传统不是简单的个人喜好，它意味着根本性的思想差异。是以整体性还是个体性为基础来建构理解世界的体系，奥尔特加对此有明确的分析：“一些思想会展现出根本性的弱点，它们无法对一个事物感兴趣，除非他们欺骗自己说这是一个整体，或者是世界上最好的事物。这种黏性的女性式的理想主义必须被从我们的意识中去除出去。只有局部才真实地存在；整体只是局部的抽象，并且完全依赖于它们。”[②]这似乎是亚里士多德与柏拉图理念（Idea, Form）争论的再一次呈现，但斯卡帕用他的作品告诉我们，这个哲学问题仍然可以创造多么迷人的建筑效果。

斯卡帕特意强调的在传统“内部”别有深意。这意味着传统不是异类，更不是古董，而是仍然存活的，仍然在包容中延续的进程。对这样一个活的传统，用时代的概念去给予划分，或者用历史的概念去进行固化都是不恰当的，因为解剖会导致死亡。传统可以跨越地域边界，吸纳不同区域的文化影响，也可以跨越时间边界，将不同时期的要素汇集在一起。一个真正的传统，意味着最古老的部分也与最新的事物相关联，时间的流逝变得不那么重要，至少不会成为一种催促更新换代的“绝对律令”。或许我们已经被“时代”和“风格”的概念，尤其是现代主义所带来的保守与革命的争论引领得过远，才会对坎格兰德空间这样的案例感到惊讶。而对于斯卡帕来说，这只不过是他所属的那个传统的延伸。他的独立于主流之外，并不是刻意地自我孤立，而是坚持自己的道路——由拜占庭出发，经由希腊来到威尼斯的道路。而今天，我们已经日益强烈地

① CARLO SCARPA. A thousand cypresses[M]//CO & MAZZARIOL. Carlo Scarpa: the complete works. New York: Electa/Rizzoli, 1984: 287.
② JOSE ORTEGA Y GASSET. Meditations on Quixote[M]. New York: Norton, 1963, 1961: 44.

感受到，曾经被视为无法抗拒的“主流”已经暴露出越来越多的“根本性弱点”，以至于在21世纪的今天，是否还存在“主流”也已经成为一个疑问。

“在斯卡帕那里没有任何这样的东西：他的作品中既没有时间崇拜，也没有时间恐惧，而是一种完全‘自然的’与多样性的历史时间的关系。”[①]塔夫里与很多学者都注意到了斯卡帕这种超越时代划分之上的连续性。从这一点看来，斯卡帕与恩内斯托·罗杰斯在20世纪50～60年代所强调的历史“连续性”具有相似性。差别在于后者将更多的精力用于与正统现代主义的对抗，而前者只是专注于传统的再次实现。在当时，罗杰斯因为与CIAM的紧密关联而成为欧洲理论界的焦点。但是在今天看来，浪潮退去，斯卡帕恰恰因为缺乏这种关联而避免了被下一波浪潮所掩盖和淘汰。斯卡帕作品的持久价值，与这一传统的厚度密不可分。

材料与诗意

威尼斯对斯卡帕设计语汇的影响还呈现在另一方面——对材料的了解与驾驭。

从威尼斯皇家美术学院毕业之后，斯卡帕自1927年开始就在威尼斯城北部1.5km的穆拉诺（Murano）岛上从事玻璃器皿设计（图4-16）。先是在卡培林（Cappelling）公司，此后的1931～1947年都在维尼尼（Venini）公司。自13世纪开始，穆拉诺岛就成为重要的玻璃制品出产地，数百年的历史在这个小岛上留下极其丰厚的玻璃工艺传统。在一段时间内，这个岛上特有的掐丝玻璃工艺甚至秘不外传，以维护其玻璃制品的独特性。在20年间，斯卡帕深入了解了穆拉诺玻璃制品的各种传统做法，还自己完善和发展出*bollicine*、*sommersi*、*spirale*等新的玻璃工艺。[②]虽然不是

① MANFREDO TAFURI. Carlo Scarpa and Italian architecture[M]//CO & MAZZARIOL. Carlo Scarpa: the complete works. Electa/Rizzoli, 1984: 79.
② ROBERT MCCARTER. Carlo Scarpa[M]. London: Phaidon Press, 2013: 18-25.

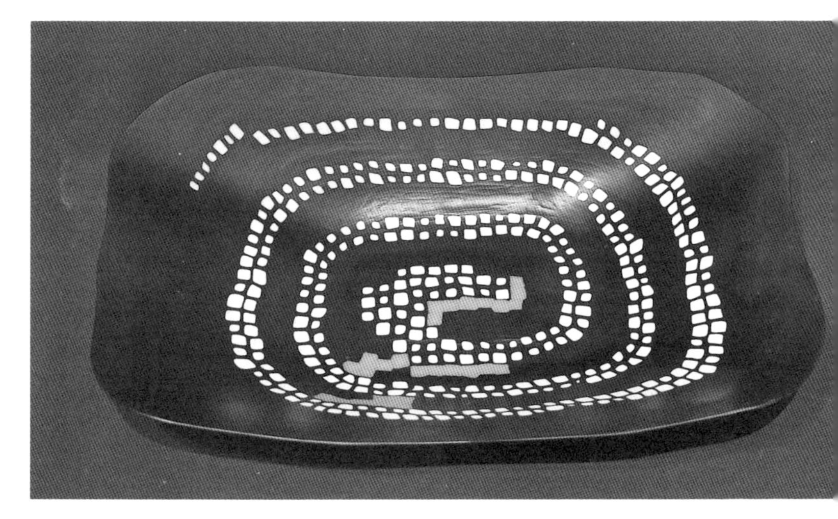

图4-16

图4-16

斯卡帕为维尼尼公司设计的玻璃制

自己动手，但斯卡帕无数次在熔炉边与匠人们仔细探讨材料配比、温度控制、操作程序等诸多细节，这让他对各种玻璃的特性与控制效果有了匠人般的熟稔。“我了解玻璃，而且我知道能用玻璃干什么。”①只有当我们将斯卡帕这平淡的语句与他数百件精美绝伦、多数是唯一孤品的玻璃作品并置在一起时，才能理解他所说的“知道”是指多么深入的理解与掌控。斯卡帕的玻璃制品尺寸都不大，多数是杯子、盘子或者小的瓶子，但是对玻璃工艺有所了解的人会明白，这些有着精美细节的小器物往往需要多么复杂的流程才能完成。这里面凝聚了知识、耐心、操控，以及对“关键价值”的敏锐“觉察”。

虽然在1947年后斯卡帕放弃了这个副业，专注于建筑设计，但是建筑与工艺品之间的界限在斯卡帕的工作中是模糊的。他将对待玻璃的专注也延伸到其他材料之中。木头、石头、金属、混凝土，还有水，将这些材料替代前面那句话中的“玻璃”相信不会有很多人提出异议。建筑比玻璃器皿的尺度要大得多，似乎不可能像后者一样进行精细的控制。但这不适用于斯卡帕的作品。他对细节的执着，在现代建筑史上几乎无人企及。斯卡帕甚至将这与拜占庭建筑传统关联起来，他曾经说道：“在我的身体里可能有一种拜占庭主义，一种对细节的毫无保留的追索。”②在古堡博物馆，对细节的深入刻画侵入到每一块石头的铺砌，每一根扶手支柱的构成，以及每一个活动节点的设计。一个广为流传的故事是，斯卡帕非常喜欢在夜间拿着手电筒去工地检查，因为有限的光线能让他更专注于局部细节的考虑。其实，根本不需要这样的故事，仅仅从他每个项目中数以百计甚至千计的草图中就可以得知他的坚持。就像在穆拉诺的玻璃作坊里那样，斯卡帕总是在工地里与匠人们仔细讨论具体的做法，在他的合作者中有威尼斯地区最杰出的一系列工匠，如金属匠人保罗（Paolo）与弗朗西斯科·扎农（Francesco Zanon）、木匠萨维里奥·安弗迪诺（Saverio Anfodillo）以及负责灰泥墙面的欧金尼奥·德·路易吉（Eugenio De Luigi），而他自己，则成为名副其实的“首领匠人”（master

① CARLO SCARPA. Interview with Carlo Scarpa[M]//CO & MAZZARIOL. Carlo Scarpa: the complete works. Electa/Rizzoli, 1984: 297.
② 引自MAURIZIO CASCAVILLA. Un'ora con Carlo Scarpa. Youtube, 1972.

builder，也就是architect一词的原意）。勒·柯布西耶1946年参观刚刚完成的威尼斯奎里尼·斯坦帕利亚基金会时并不知道它是斯卡帕的作品，"谁是那个杰出的匠人？"①他的问话可以被视为对斯卡帕杰出的评价。

将斯卡帕对材料和细节的重视与他的玻璃制品生涯关联起来看起来是合理的。现代建筑史上另一位注重细节的大师密斯·凡·德·罗也曾经有一段作为砌砖工的经历，而斯卡帕更是持续20年沉浸在玻璃制作的匠人传统之中。就像上一节所谈到的，这个传统不应被理解为具体的技法与形式范例，而是一种匠人般的立场与态度：在不断的尝试与探索中，挖掘一种材料还未被发掘的可能性与文化潜质。任何材料都被视为一种无尽的源泉，不能被规范所限制，而是需要持续地去发现和赞颂。斯卡帕显然是这种匠人的典范。他的玻璃制品从来不是保守与怀旧的，在某种醇厚的传统气质之下，他的作品总是透露出特殊的质感、色彩、纹理与情绪。在古堡博物馆，我们可以看到斯卡帕在其他材料中也继续这种挖掘。前面已经谈到过他用石材环绕混凝土的做法，在其他地方，他常常使用金属条包围混凝土边缘，这种反常的处理让混凝土获得了一种特别的尊重，让我们重新审视这种被视为廉价工业原料的普通材质。斯卡帕对雕塑馆钢梁的处理也达到了类似的效果。他刻意避免一种工业化的成见，而是以复杂的建构关系展现出钢梁的结构组织。铆钉、缝隙与圆槽，斯卡帕的钢梁比一条单纯工字钢更全面地展现了金属的材料特质。在斯卡帕的细节处理之下，这些钢梁变成了与支撑雕像的金属支架同样精细的构件。而对于像斯卡帕这样的建筑师来说，建筑构件，如混凝土梁，与14世纪的雕像之间也并没有那么大的差异。

斯卡帕这种不断挖掘材料还未呈现的可能性的匠人态度，非常接近于海德格尔所强调的*poiēsis*概念。在《关于技术的疑问》（The Question Concerning Technology）一文中，海德格尔指出，*poiēsis*这个古希腊概念不应该被理解为简单的制作，而是让某种东西呈现出来的意思。②任何

① 转引自ROBERT MCCARTER. Carlo Scarpa[M]. London: Phaidon Press, 2013: 178.
② 参见MARTIN HEIDEGGER. The question concerning technology[M]. Harper & Row 1977: 9.

一个事物，在我们日常理解之外，还可以有其他理念体系让它在其他意义背景之下呈现为不同的东西。例如，前面谈到的，在“风格”“时代”与“地域”的规范概念下，我们会以整体性优先的立场去看待斯卡帕，那么他的作品就是“断裂”和“碎片”化的。但如果从拜占庭—威尼斯传统出发，整体性的概念让位于多元汇集，那么斯卡帕的作品就是连续的和正常的。同样，对于任何事物、任何材料，都可以进行这样的操作。只是在有的条件下，需要外界的介入才能让事物其他没有被发掘的方面呈现出来。这就是*technē*的作用。在古希腊，*technē*不仅包括了“手工艺，也包括了思想的艺术，以及美术。”[①]从这个意义上看，斯卡帕的匠人态度属于*technē*，通过建筑师的处理让材料还未被觉察的特质展现出来。与此同时，它更是属于*poiēsis*，让事物获得根本的呈现。只有这样，才能理解诗意（poetry）的词源为何是制作（*poiēsis*）。准确地说，诗意的词源是“让某种东西呈现，”而这么做的前提是承认还有未能呈现的东西。真正的诗意是一种哲学性的理解，是认识到任何事物背后还隐藏着无穷的可以被挖掘和呈现出的其他方面。这将有助于我们摆脱个人意志与目的的狭隘限制，认识到存在之物的丰饶和无限。“真理就是被造就的东西”，斯卡帕镌刻在威尼斯建筑大学校门上的这三个词，可以在*poiēsis*的概念中得到完美的解释。

从这个意义上，诗意不是来自于个人化的抒情，而是来自于对存在之物的理解与认识，来自于事物本身。斯卡帕对此有深刻的见解：“建筑可以是诗吗？当然，弗兰克·劳埃德·赖特在伦敦的一次讲座上这样说的。但并不总是这样：只是在有些时候建筑是诗……你不应该想，我将制造一个诗意的建筑。诗意诞生于事物本身。如果从事的人具有这个品质，那就是自然而然的……我的意思是：有时建筑是诗，在古代是，在今天也是。”[②]斯卡帕显然是具有这种诗意品质的人，他才能在手工艺传统中，在建筑材料与细节的打磨中，在建构与光线的控制中，让历史、传统、艺术品、建筑构件、空间与情绪呈现出新的内涵。

① 参见MARTIN HEIDEGGER. The question concerning technology[M]. Harper & Row, 1977: 11.
② 转引自PHILIPPE DUBOY. Scarpa/Matisse: crosswords[M]//CO & MAZZARIOL. Carlo Scarpa: the complete works. Electa/Rizzoli, 1984: 170.

今天的建筑界很多人在谈匠人精神，而在斯卡帕的作品中，我们可以看到匠人精神的真正本质并不是传统的操作，而是这种内在的诗意，以及与之相关的态度。它是一种对存在之物根本性的尊重与谦虚，此后才是利用既存的工艺与工具，去让事物的其他层面呈现出来。至于是使用传统的技艺还是现代技术，其实并不是那么重要的事情。就好像斯卡帕的钢梁，没有人会否认那是一位“杰出匠人”的手笔。

旅行者

一些批评者，如塔夫里与马可·弗拉斯卡里（Marco Frascari）乐于将斯卡帕与超现实主义关联起来讨论，这当然是出于斯卡帕作品的“片段”化与超现实绘画将怪异题材并置一处的做法之间的相似性。另外一个艺术家也遭遇过这种评价，那就是我们在前面多次提及的乔治·德·基里科。德·基里科曾经被视为超现实主义的先驱，此后又被一些超现实主义者认为背叛了他帮助开启的潮流。但是德·基里科对这种评价不屑一顾，他对自己是否与这个著名的先锋流派有所关联并不在意。虽然他最初采用的一些手法被超现实主义者们所吸收，但是他的画作所探讨的一直是深刻的形而上学问题，而不是所谓的先锋性革命。同样的情况也适合于斯卡帕，将他与超现实主义相联系似乎与20世纪60年代在西方正时兴的先锋建筑运动相呼应。然而，从这位意大利建筑师自己的言论中看不到任何超现实主义的成分，他的朴实与平和甚至与超现实主义完全背道而驰。我们必须注意到，与德·基里科一样，斯卡帕所关注的主题，无论是拜占庭-威尼斯传统，还是对材料的诗意呈现，都不会因为时代变迁而遭受削弱，反而会因为时间的累积而变得更为深厚。先锋派的潮起潮落与转瞬即逝，无法与这些主题持久的生命力以及日益雄厚的内涵相提并论。在德·基里科与卡洛·斯卡帕身上，我们都可以看到一种超越时间的深刻性。 这两人之间也曾经发生过交集，1948年的威尼斯双年展上，斯卡帕为德·基里科参与的一个画展“三位形而上学画家，1910—1920：卡拉、德·基里科、莫兰蒂”作了展陈设计。

斯卡帕称自己是“经由希腊来到威尼斯的拜占庭人”，这当然是一个比喻，他并没有这样的迁徙经历。但是，德·基里科有。他出生在希腊中部的沃洛斯城，这里曾经是拜占庭帝国的传统领地，他的父亲埃瓦里斯托·德·基里科（Evaristo de Chirico）就出生在伊斯坦布尔——曾经的拜占庭帝国首都君士坦丁堡，母亲也有一部分希腊与土耳其血统。所以在一定程度上，德·基里科的确与拜占庭有所关联。在出生后不久，德·基里科一家就迁往了希腊首都雅典，他也是在那里成长。1906年德·基里科与家人一同离开希腊，前往德国慕尼黑求学，并且在1909年从德国前往意大利米兰。正是在意大利，德·基里科经历了在佛罗伦萨圣十字广场上的“揭示”，从而开启了他的“形而上学绘画”。他此后的一生，也基本上在意大利——他父亲家族的故乡——度过。

从经历上看，德·基里科显然比斯卡帕更为接近于“经由希腊来到威尼斯的拜占庭人”。保罗·巴达西也告诉我们，童年与青年时代的迁徙历程，对德·基里科的成长以及“形而上学绘画”思想的形成产生了多方面的影响。希腊的神话、山脉与河流、大地上的阴影、童年的回忆、家乡的不确定性、东方的神秘，都能在“形而上学绘画”中找到相应的表达。而最典型的元素仍然是奥德修斯，这个希腊人前往小亚细亚的特洛伊征战，但是并没有能够回到家乡，而是出现在“形而上学绘画”里布满阴影的意大利广场之上。从这个角度来看，奥德修斯就是德·基里科自己的化身，他们身上都沉积了从小亚细亚（拜占庭）到希腊，再到意大利的风尘。

这种关联有助于我们进一步理解“经由希腊来到威尼斯的拜占庭人”这句话。除了希腊、拜占庭等西方经典传统以外，这段话里最核心的概念是“旅行者”，一个穿行在不同地域、传统、文化之中的旅行者。我们已经提到过，威尼斯就是一个盛产旅行者的地方。这个城邦之所以能够兴盛一时，就是凭借着威尼斯商人们在不同国家与地域之间的旅行与交易，这些活动造就了威尼斯独特的混杂性与丰富性。在威尼斯旅行者中最有名的一位，很可能是马可·波罗（Marco Polo）。这位13世纪的威尼斯商人甚至来到了遥远的中国，他在元帝国的传奇经历被记载在《马可·波罗游记》(*Il milione*)中，让西方世界看到一个庞大而新奇的东方世界。意大利作家卡尔维诺(Italo Calvino)1972年出版的《看不见的城市》(*Le città invisibili*)更为生动地渲染了旅行的奇妙。在书中，马可·波罗向年迈的忽必烈汗讲述他在旅途中看到过的各种各样的城市。“忽必烈汗并不一定相信马可·波罗所描述的所有东西以及他在旅途中访问过的各种城市，但是这位鞑靼人的帝王仍然持续地听着这个年轻的威尼斯人讲述，比听他其余的信使或者探险者更为专注和充满好奇。”[①]卡尔维诺用这样的语句开启了这本几乎与罗西圣卡塔尔多公墓设计方案同时面世的小说。从马可·波罗的讲述中，忽必烈听到了千井之城、蛛网之城、绳索之城、远方之城、地下之城、兴衰之城，也听到了这些城市独特的历史与风俗，赶羊的牧人、守着网罟的捕鸟人、采药的隐者，以及跳过围墙的偷情者。对于我们来说，可能最有趣的是一个叫作劳多米亚(Laudomia)的城市。这个城市的墓地与城市本身有着同样的组成，“墓地的街道肌理和墓室排布重复了活的劳多米亚，在这个城市中，家庭们越来越拥挤地居住在一起，塞进了一层叠着一层的公寓之中。”[②]马可·波罗口中的劳多米亚几乎就是圣卡塔尔多公墓的翻版，一座与活人的城市并没有什么不同的死者的城市。

忽必烈汗之所以会出奇地“专注和充满好奇”，是因为旅行者马可·波罗穿越地域边界，将各种独特的见闻带到了他的面前。而这正是斯卡帕建筑作品的核心特征之一。我们此前已经谈到过，作为威尼斯地区“真正的儿子”，斯卡帕继承了威尼斯的“非对称性”与“残酷的混乱”传统，他的古堡博物馆没有像拿破仑的军营或者是20世纪初期的博物馆改造那样追寻风格的统一性，而是将维罗纳复杂的历史片段同时汇集在新的改建中。斯卡帕没有像马可·波罗那样远航，他是在维罗纳的历史时间中旅行，发现那些奇异的时刻，并且以他独特的方式，如“坎格兰德空间”的营造，为我们讲述这些有趣的故事。就像旅行者不会被一个地域的边界所束缚，斯卡帕也不会被某种特定的风格、习俗或者是地域文化所限定。他的建筑语汇的“片段”或者“破碎”特征，就来自于旅行者的勇

① ITALO CALVINO. Invisible Cities[M]. San Diego: Harcourt Brace & Company, 1974: 5.
② 同上，140.

气与好奇心。在材料处理上，斯卡帕也是超越边界的人。他对玻璃、混凝土、石头、钢铁、黄铜等材料的驾驭，往往打破了我们对这些材料的常规认知。在他的设计中，混凝土可以比石头更为尊贵、钢铁可以像丝织品一样精细，而不同材料的组合与协作制造出无数有趣的对话。在斯卡帕的作品中游历，你会有阅读《看不见的城市》类似的感受。作为旅行者，斯卡帕带领我们穿越了主流建筑学的边界，让我们意识到建筑可以不只是哥特式、巴洛克式、国际式风格，或者是后现代主义。相比于这些有限的“地域”，还有其他无以计数的国度，那里会有古罗马时期的石基、中世纪的壕沟、18世纪的厚墙、20世纪的钢桥，以及坎格兰德二世的神秘微笑。只有时刻期待体验新奇与不同的旅行者才能看到这些在边界之外的事物。与马可·波罗一样，斯卡帕是真正的威尼斯人，而体验他的建筑的人则被转化成年迈的忽必烈。

也正是看到了旅行者勇于离开熟知的家乡，前往异域探索的品质，德·基里科才会将艺术品的作用描述为“前往一个危险的世界航行”。他所指的“世界”，不仅仅是地域，而是更大层面的整个现象世界。伟大的艺术家不会被现实世界的假象所迷惑，已经准备好去探索那个未知的形而上学世界。这次航行之所以是“危险”的，有两个方面的原因，一是因为“形而上学世界是一个非人的世界，是我们之外的世界，一个远离我们的感觉和欲望的世界；对这个世界的沉思不会给予我们艺术所唤起的欢愉与快乐。”[①]所以未来的旅行并不一定让人愉悦。二是因为获得“揭示”的人们，会意识到我们所熟悉的现实世界并不一定是我们原以为“真实”的家乡，所以他们成为了更绝对的“旅行者”——甚至是没有家乡的旅行者。即使是在他们所熟悉的意大利街道与广场中，旅行者们都是“鬼魅”般的异域之人。

汉斯·约纳斯告诉我们，类似的形而上学思想使得“旅行”成为诺斯替文献中频繁出现的隐喻。灵魂“旅行”（has travelled here）到了这个世界，他们是“外来的”（come from outside）。对于他们来说，目前所处

① GIORGIO DE CHIRICO. A discourse on the material substance of paint[J]. METAPHYSICAL ART, 2016 (14/16): 108.

的世界只是一个“旅店”，虽然他们似乎成为了旅店的长期主人（a son of the house），但是必须提醒的是，“他们并不是来自这里，他们的根并不在这个世界。”[①]不仅对于世界来说只是一个过客，人们与其他人的关系也是陌生的，“因为我始终是自己，所以对于在旅店中的其他客人来说，我只是一个陌生人。”[②]在诺斯替信仰中，人的灵魂并不属于这个现实世界，而是属于超验的神的世界，他们在这个世界的停留，只是旅行者的短暂旅程，最终他们将要离开，异域之人不会定居在陌生的“旅店”之中。

在罗西的经历中，也可以看到旅行者的身影。他之所以有南斯拉夫医院中的独特体验，就来自于旅程中的事故。他不得不将斯拉沃尼亚布罗德的小医院作为临时逗留之处，但是这段偶然的驻足，让他得到了圣卡塔尔多公墓的设计。罗西告诉我们，在伤愈之后，他得以完成前往伊斯坦布尔的旅程，在布尔萨清真寺中，他获得了类似于德·基里科所记录的形而上学式的体验：“我重新体验到了我从童年之后就没有再体会到的东西：我变得无形，从某种程度上变到了整个奇观的另一面。”[③]在另一层面，那些在波河谷地中游荡的人，也只能是旅行者，他们并不是这些被遗弃房屋的主人，所以他们难以与房屋中仍然残留的生活印记发生关联。所有的“标记、符号与片段”都在提醒，这些房屋的真正主人已经离去。同样，站在圣卡塔尔多公墓中的人，也都是旅行者，这是“死者的城市”，并不是“活人的城市”，人们从外面来，也应当离开回到外部的世界中。

将所有这些“旅行者”的联想串联起来的，是“异乡人”的概念。旅行就是前往一个不同于家乡的地域，让自己成为“异乡人”。旅行最重要的感受就来自于对异乡的体验，感受到异乡与家乡的不同。无论是诺斯替信仰中的旅客、马可·波罗、德·基里科心目中的伟大艺术家，还是罗西建筑的游历者，都很清楚他们所前往的世界与自己所应当归属的世界的不同。正是有了这个意识，旅行者才不会认为只存在一种世界，不会认为日常所熟悉的家乡就应该是所有的一切，是所有的事物、所有的

① 引自HANS JONAS. The Gnostic religion: the message of the alien God and the beginnings of Christianity[M]. 2nd ed. , rev. ed. Routledge, 1992: 55.
② 引自《珍珠之歌》(Hymn of the Pearl)，同上，56.
③ ALDO ROSSI. A scientific autobiography[M]. Cambridge, Mass.: MIT Press, 1981: 12.

事件、所有的世界都应该遵循的唯一模式。能够跳出日常世界的“摩耶之幕”，旅行者们获得了形而上学的认知，即使不一定确切地知道那个形而上学世界本身是什么样的。但与此同时，离开“家乡”也就意味着“危险的航行”已经开启，在重新回到安居之所之前，每个旅行者都成为了“异乡人”。

尽管有这样的相似性，我们也应该注意到，旅行者与旅行者之间也会有显著的差异。诺斯替信仰、德·基里科与罗西塑造的旅行者，明显不同于马可·波罗与卡洛·斯卡帕这样的旅行者。巨大的差异不在于他们去了什么地方，而是旅行者自己所抱有的情绪。前一类旅行者是阴郁与伤感的，而后一类旅行者是活跃和兴奋的。有很多方面可以呈现这种差异，在德·基里科与罗西的建筑画作中，人们都变成了无表情的黑影，而在卡洛·斯卡帕的古堡博物馆，让人深受感染的则是坎格兰德二世的微笑。这两类旅行者不同的心境来自于不同的期待，前一类可能已经厌倦了旅行，所以渴望回到家乡，回到安居之所；后一类并没有这种思乡的情绪，所以仍然渴望冒险和新的体验。在前面的章节中，我们已经分析了这种思乡之情背后的哲学内涵，它所指代的是在虚无主义的危机之下，重新为人的存在奠定价值基础的渴望。这是每一个人都要面对的挑战，无论它是在家之人还是异乡人。因为这个任务难以完成，所以才会阴郁和伤感。要消除这种情绪，需要的是一种形而上学的解答，是为存在的意义提供论证。如此重大与复杂的问题，似乎很难以旅行的新奇感给予作答。比如，德·基里科与阿尔多·罗西可以继续追问马可·波罗与卡洛·斯卡帕，即使旅行能够带来新奇的体验，但人可以永远旅行下去，永远居无定所，永远做一个异乡人吗？难道马可·波罗没有回到威尼斯，难道卡洛·斯卡帕没有坚持作为威尼斯地区“真正的儿子”吗？在他们看来，旅行当然有其积极的意义，离开家乡可以让人看到其他世界，但最终，人们还是需要回到安居之所，而现在的问题是，到哪里去寻找安居之所的稳固基础，这个深刻的哲学问题当然需要哲学解答。那么斯卡帕的建筑如何提示这种哲学解答呢？在他离开熟悉的世界，前往那个“异域”的旅行中到底看到了什么，才让他感受到新奇和快乐，这种新奇与快乐又与安居有什么样的关系？

就像前面所提到的，我们不可能在斯卡帕的个人写作中找到直接而全面的哲学论述，并且将其作为对罗西提出的谜题的解答。但这些并不意味着斯卡帕的作品完全与这个问题无关。我们想要论证的是，通过对斯卡帕作品的解析，可以从中提取一些线索，帮助回应罗西的谜题。旅行者当然是线索之一，但是就像上面所提及的，仅仅是旅行者的概念并不能全面应对这一问题，我们还需要挖掘其他线索。而斯卡帕的作品中，也的确存在这样的线索，如他对“视觉逻辑”的强调。下面，我们将借由斯卡帕的威尼斯奎里尼·斯坦帕利亚基金会改造项目，分析“视觉逻辑”概念的内涵。

5

视觉逻辑的呈现

Representation of visual logic

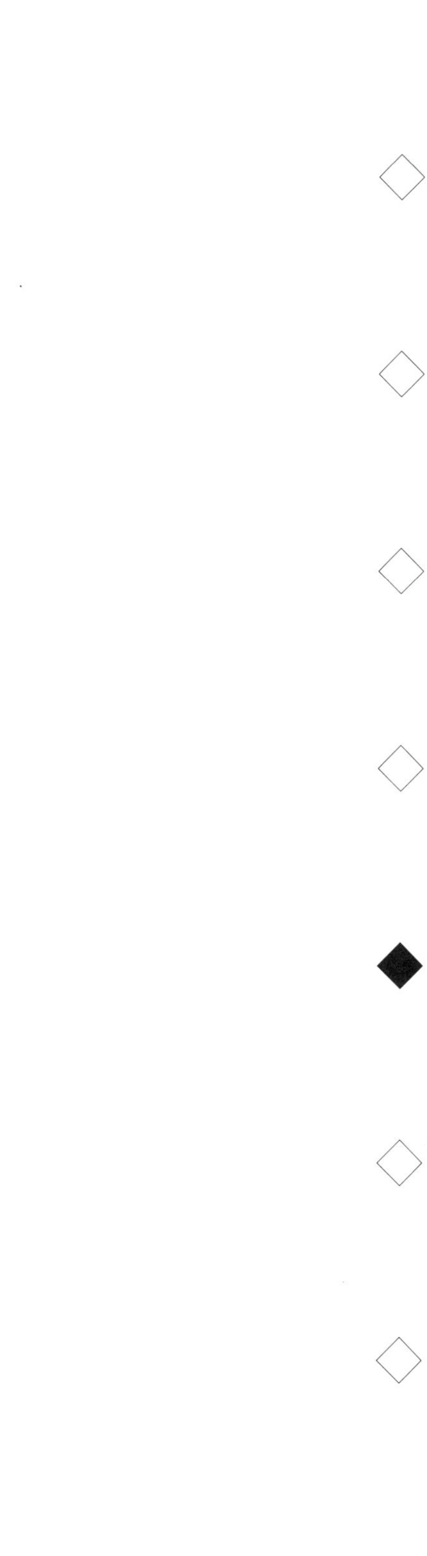

“经由希腊来到威尼斯的拜占庭人”可能总结了卡洛·斯卡帕建筑设计的某种整体趋势，但并不足以展现他作品的全部魅力。威尼斯旅行者们善于穿越边界，将世界各地的新奇事物带回城市。不过，仅仅是收集并不能直接带来杰出的建筑，这就好像一个堆放各地货物的仓库与一间陈列各地展品的博物馆之间的区别一样。而斯卡帕就是最出色的博物馆专家之一，他不光是对各种展品都有敏锐的感知力，能够发掘它们的“关键性价值”，更超乎寻常的是，他能够分别针对各展品为其设计独属的展陈方式。如果说旅行者带来了采自各地的原料，那么还需要一个出色的匠人将这些原料合理地利用起来，而作品是否成功，很大程度上仍然依赖于匠人的手艺与境界。我们前面已经提到斯卡帕与匠人直接密切的关系。虽然并不是自己动手参与建造，但毫无疑问斯卡帕是在按照匠人的方式工作。阿尔多·罗西曾经回忆到，他大学里的老师斯克斯比恩（Sxobion）教授曾经劝告罗西放弃成为建筑师，因为他的绘图方式就像是石匠或者是乡下人，他们通过扔一块石头来大致指示在哪里开一扇窗户。[①]这很可能是指罗西的绘图缺乏当代建筑制图的精确性。这样的评语似乎也适合斯卡帕，他最为典型的绘图是一种介于工程制图与草图之间的图样，它会准确地描绘不同的材料及其节点，很多时候采用1：10的比例，但是也会用各种色彩、随手的涂抹，以及散乱的透视、轴测、平面、剖面填满图纸。虽然缺乏工程图纸的精确性与整洁性，但这种图非常有利于建筑师在现场向匠人们直接解释局部的做法。斯卡帕的很多作品就是在这样的工作方式下完成的，这也才能保证他的作品超乎寻常的细节品质。在某种程度上，斯卡帕也是一位匠人，只是他的直接工具与原料是纸张和绘图笔。

对于这样的匠人作品，我们需要仔细端倪，而不是简单地贴上分类标签。所以，在讨论了总体策略之后，我们需要更深入地分析斯卡帕的细部设计，在这一方面，威尼斯奎里尼·斯坦帕利亚基金会改造项目的入口小桥，就是一个极富启发性的案例。

① ALBERTO FERLENGA. Aldo Rossi: the life and works of an architect[M]. Collogne: Könemann, 1999.

桥

1959年，卡洛·斯卡帕在他威尼斯建筑大学的同事，同时也是奎里尼·斯坦帕利亚基金会（Fondazione Querini Stampalia）主任朱塞佩·马扎伊奥尔（Giuseppe Mazzaiol）的邀请下，开始主持基金会所在地奎里尼·斯坦帕利亚宫（Palazzo Querini Stampalia）的改建工作。几乎在同一时期，斯卡帕也在主持维罗纳古堡博物馆的修复改建工程。这段密集的工作留下来两个历史建筑再利用的经典范例。斯卡帕展现了他在厚重的历史文脉中阅读肌理、发掘关键价值并且给予其新生的独特能力。一方面他对历史元素抱有深刻的敬意，总是试图展现出它们最重要的品质；另一方面，他也不会在古物面前过于谨小慎微，而是敢于采取一些大胆的举措，引入一些激进的变化。在古堡博物馆对坎格兰德二世骑马像区域的大幅度改造就是这样一个例子。

虽然规模远小于古堡博物馆，斯卡帕在奎里尼·斯坦帕利亚宫项目中也提出了一个大胆的改造提议。他认为该建筑原有的位于小巷中的入口过于闭塞，因此他建议建造一座新桥，跨过运河直接将北面的小广场与府邸正立面的一扇窗户连接起来。通过将窗扇替换成门扇，建筑的主入口就被转换到面向广场的主立面上（图5-1）。这个提议遭到了古迹保护部门的拒绝，他们认为这样的改动破坏了建筑的历史风貌，也同时违背了窗户的作用与形态。[①]斯卡帕对于这种僵化的固步自封极为反感，在他一贯平和的言辞中唯有论及威尼斯这个政府机构时使用了贬斥的语汇。我们可以设想，这座新桥的波折只是他数个威尼斯项目中所遭受挫折的缩影，“你无法想象我与这些愚蠢的官僚进行了多艰苦的斗争，”[②]斯卡帕曾经在一个访谈中这样抱怨。

好在仍然有更为明智的官员，古迹保护部门的决定最终被威尼斯市长推翻，斯卡帕的小桥得以建成。它不仅是威尼斯老城中少有的几座现代新

① 参见ROBERT MCCARTER. Carlo Scarpa[M]. London: Phaidon Press, 2013: 170.
② FRANCESCO DAL CO, GIUSEPPE MAZZARIOL, CARLO SCARPA. Carlo Scarpa: the complete works[M]. New York: Electa/Rizzoli, 1984: 297.

桥之一，也是斯卡帕作品中一个被不断提及的经典案例。在总体形态上，新桥与威尼斯遍布全城的传统小桥类似，桥底是拱券，便于小船通过，桥面两端是连接陆地的踏步，在最顶部是一段相对平坦的平台。在新桥一旁就有这样一座传统桥梁，相距不过两三米。将两座桥一同观赏，就是一个经典的斯卡帕场景——不同时代的建筑传统奇妙地并置在一起，既保持着自身鲜明的个性也并无冲突之感（图5-2）。在斯卡帕的作品序列中，古堡博物馆与奎里尼·斯坦帕利亚基金会都是斯卡帕这种出众能力的最佳体现。

新桥与旧桥最大的区别在于材料。威尼斯传统桥梁主要使用石材、砖砌筑，桥的栏板要么是用砖石与桥身整体建造，要么使用铸铁焊接而成。斯卡帕的新桥在两个端头采用了传统石材，尤其是连接广场的一头，他用石头砌成了两级踏步，这显然是对威尼斯桥梁与石质建筑传统的回应。不同于传统的石质拱券，斯卡帕使用了两道双层钢板来形成三铰拱。这极大地削弱了桥梁的厚重感，钢的轻盈与齐整明确塑造出新桥不同于旧桥的身份特征。桥面使用厚重的橡木板铺砌，木材与下部钢结构的连接螺栓清晰可见（图5-3）。

被掩盖在朴素的橡木板之下的桥身往往被人们所忽视，只有那些对斯卡帕有所了解的人才会俯下身去仔细观察他对桥身节点的细心处理，比如桥身中心以及两个端头的铰接点。具备建筑专业知识的人会意识到，这里隐藏着多么深入的对结构与细节的思考。而对于绝大多数普通人，当他们走过这座桥时，首先注意到的是它的扶手。这也是这座桥最为人称道的地方，它的照片几乎会出现在任何一本讨论斯卡帕作品的书籍中。

扶手

在主流建筑讨论中，扶手并不是一个特别重要的建筑要素。如果与柱、墙、门、窗等元素相比较，就可以看到，在经典建筑理论中，扶手被提及的时候很少。至少维特鲁威在《建筑十书》中几乎没有提及扶手的设

图5-1

图5-1

奎里尼·斯坦帕利亚基金会正立面
右下方即为入口与小桥

(Didier Descouens, CC BY-SA
<https://creativecommons.org/licens
by-sa/4.0>, via Wikimedia Commons)

图5-2

新、旧两座小桥

(Didier Descouens, CC BY-SA
<https://creativecommons.org/licens
by-sa/4.0>, via Wikimedia Commons)

图5-3

桥头与桥面

(Paolo Monti, CC BY-SA 4.0 <http
creativecommons.org/licenses/
sa/4.0>, via Wikimedia Commons)

图5-2

图5-3

计。阿尔伯蒂有所不同，他在《论建筑十书》的第八书中讨论桥梁设计的时候，专门论述了栏板的尺度与加固措施。这有着特定的历史原因，1450年12月19日，罗马朝圣人群走过台伯河上的哈德良桥时挤垮了桥的栏板，导致超过两百人溺亡。学者们认为正是阿尔伯蒂受到尼古拉五世（Nicholas V）委托，负责了桥的修复工作，书中的这段论述很可能描述的就是阿尔伯蒂自己的设计。[①]在这种条件下，可以理解阿尔伯蒂为何要专门论述桥梁栏板的设计。

在现代主义早期，扶手也没有受到特别的重视。在勒·柯布西耶的“新建筑五点”中，同样没有论及这一元素。在那一时期，扶手最常见的处理方式有两种，都被勒·柯布西耶广泛采用。一种是作为矮墙，与墙体有着同样的质感与色彩，只是形态不同，同样作为抽象元素参与整个空间的抽象构成，典型的案例是拉·罗什-让纳雷别墅画廊中斜坡道的扶手。另一种是采用钢管焊接，这显然是受到轮船等工业设施的启发，采用最简单耐用的手段来实现扶手的功能。采用这种扶手获得的不仅仅是经济效用，还可以帮助建立新建筑与工业体系之间的联系。与此同时，铁管的连续线性本身也可以成为几何构成中独特的线性要素。在萨伏伊别墅中勒·柯布西耶将这两种形态的扶手混合使用，塑造了这一要素的典型现代主义案例。甚至是在今天，许多建筑师仍然倾向于使用这两种标准化的扶手处理模式。

斯卡帕的小桥扶手不属于这两种模式中的任何一种。虽然他告诉我们，阅读《走向一种建筑》如何深刻地影响了他，但这种影响并不是设计理论或者语汇上的，而是启发了他去摆脱学院束缚，探寻自己的道路。除了早期与赖特作品的关联，斯卡帕与整个现代主义主流的关系都是疏离的，小桥扶手是这种疏离关系的另一个体现。观察斯卡帕的扶手设计，会让人想起他在众多布展作品里为艺术品所设计的基座与支架。两者的相同之处在于，很少有人像斯卡帕那样给予这些辅助性设施以如此精心的考虑。但斯卡帕让我们意识到，即使在这些地方，仍然可能会有杰出的设计。

① 参见LEON BATTISTA ALBERTI. On the art of building in ten books[M]. 1st MIT Press pbk. ed. Cambridge, Mass.: MIT Press, 1991: 402.

这段小桥扶手的特点在于，斯卡帕对这个简单的建筑要素进行了深入的分解与阐释，从而呈现出简单背后的复杂性（图5-4）。在通常建筑中，扶手的必要性主要来自于两点，一是边缘维护，防止人跌落；二是提供辅助支撑，比如在楼梯旁让人可以扶握借力或者倚靠。为了实现这些功能，需要相应的支撑结构来保证扶手的强度。在现代主义的两种主流处理方式中，第一种的矮墙以单一的实体容纳了所有这些需求，获得一种高度的简单与纯粹，不会破坏现代主义几何构成的简洁。第二种的轮船式钢管扶手也同样简单明确，竖管起到支撑作用，横管起到阻拦与扶握作用，同时也强化了结构的整体性。在连接方式上，钢管扶手普遍采用焊接，也避免了节点对几何纯粹性的干扰。如果说简洁性是这两种模式的核心原则，那么斯卡帕的设计策略则与之相反，他让扶手各部分的结构与功能要素独立出来，并且将各要素之间的连接关系清晰地呈现在人们眼前。

一个典型的细节是扶手的立柱。在轮船式扶手中，立柱上下大多是焊接的，一根钢管完成了连接上下、提供竖向承重，以及抵御侧向推力等不同的受力作用。斯卡帕的意图是，要让这些不同的作用分别得到阐释。他实际上是按照希腊柱式的方式来设计立柱。虽然有不同的细节，但大部分古典柱式都由柱础、柱身、柱头以及檐部等几部分组成。今天的学者大多认同，这种模式起源于一定的结构原型，如柱础与柱头通过放大截面来优化受力关系。只是在后来柱式被经典化之后，其象征性的仪式化作用让人忽视了其结构特征。斯卡帕的立柱仿佛回到了柱式最初诞生的时候，它也由“柱础、柱身、柱头以及檐部”四部分组成。柱础是固定在石台阶或钢制拱券上的方形金属块。在连接广场的石台阶上，金属块直接嵌入石块中，两种厚实材料的直接碰撞让人联想起粗壮的多立克圆柱直接矗立在基座上，质朴而强硬。这个金属的柱础为整个立柱提供了水平面与竖向的基础性强度，这或许是斯卡帕给予它近似于立方体形状的原因——暗示了它在三个轴向上都承担支撑作用。

“柱身”主要是由两片厚钢板组成。在下方，钢板宽度与“柱础”相同，两个螺栓明确展现了柱身与柱础是如何连接在一起的。斯卡帕非常喜欢

图5-4

图5-4

小桥全景

（Abxbay, CC BY-SA 4.0 <https://creativecommons.org/licenses/by-sa/4.0>, via Wikimedia Commons）

采用螺栓来连接不同的金属构件。在古堡博物馆中，虽然有现成的工字钢可以选用，他仍然使用螺栓连接不同部件来自行建造一道工字形钢梁（图5-5）。这样做的优点当然是展现出各种部件的独立性，以及相互之间的关系，螺栓仅仅是建立联系，它不会像焊接那样改变部件本身。再往上，“柱身”像其他柱式一样有了收分，钢板的宽度缩减，同时也通过内折减小了钢板之间的距离，以便与更上面的部件连接（图5-6）。使用两个平行的支撑构件是斯卡帕另一个典型的手法。不仅仅是在众多的扶手支撑立柱中，在威尼斯双年展委内瑞拉馆的双圆柱、卡诺瓦（Canova）博物馆的展品支架、古堡博物馆的钢梁等无以计数的其他地方都得到使用。虽然一个单体构件足以满足承重要求，但斯卡帕仍然采用了两个部件的组合来形成一个支撑组件。马克·弗拉斯卡里将这些现象称为“11”主题，并且将它们追溯到斯卡帕童年时在帕拉第奥的维琴察基里卡蒂宫门廊中所看到的咬合双柱。[①]我们只能推测，斯卡帕这种偏好或许与他崇尚威尼斯式的多元交汇多于佛罗伦萨的统一与精确有关。

在传统柱式中，柱头的作用是竖向构件（柱身）与横向构件（檐部）之间的过渡，因此相对于柱身，柱头的水平截面均有放大。在小桥扶手中，柱头联系的是两道钢板组合而成的“柱身”与作为“檐部”的金属横杆。与下方一样，它与“柱身”也是通过螺栓连接的。经过收分之后，“柱身”在顶部已经变得较为纤细，但六个整齐排布的螺栓显然抵消了对强度衰减的忧虑，它们将“柱头”钢板牢牢固定在两道“柱身”钢板之间。虽然没有传统柱头的复杂装饰，斯卡帕的“柱头”仍然有其细节。他使用了L形的钢构件，在最上端向桥内侧伸出了一小段悬臂，在末端与横向钢管焊接在一起。这种悬挑的连接方式明显突出了“柱头”的独特作用，我们可以将伸出的悬臂等同为爱奥尼柱头的涡卷，在承受了结构压力的同时，也给予“柱头”乃至整个“柱式”以特定的内涵（图5-7）。

檐部是柱式体系中非常重要的组成部分，在多立克柱式中，檐部的复杂性远远超越了柱子本身。在奎里尼·斯坦帕利亚小桥扶手设计中，斯卡

① 参见MARCO FRASCARI. Architectural traces of an admirable cipher: eleven in the opus of Carlo Scarpa[J]. Nexus Network Journal, 1999, 1 (1): 16.

图5-5

图5-6

图5-7

图5-5

维罗纳古堡博物馆的钢梁

（Paolo Monti, CC BY-SA 4.0 <https://creativecommons.org/licenses/by-sa/4.0>, via Wikimedia Commons）

图5-6

正面视图清晰展现了“柱身”部分

（冯囡摄）

图5-7

“柱头”部分

（Abxbay, modified by QING Feng, CC BY-SA 4.0 <https://creativecommons.org/licenses/by-sa/4.0>, via Wikimedia Commons）

帕同样设计了一个复杂的“檐部”。在现代主义的轮船式扶手中，一道横杆承担了提供强化结构强度、阻拦人跌落以及提供扶握支撑等多项任务。斯卡帕又一次将这个要素拆分成两个主要部件的组合：一道钢管与一道木扶手。钢管与柱头的悬臂焊接在一起，同样的材质强调了它在整个体系中所起的结构作用。木质扶手的作用相对单一，为了便于人们扶握，截面采用了椭圆形，在靠近内侧的部分做了切削，有利于手掌与扶手更大面积的接触（图5-8）。为了将钢管与木扶手各自的作用区别开来，斯卡帕在钢管上焊接了一些斜向的金属撑来托举木扶手。这些纤细的元素明确告诉人们，是钢管为木扶手提供了支撑，它才起到了主要的结构作用，而木扶手仅仅是为扶握而存在的。它光滑的木质表面，体贴的截面设计，以及与铜质构件的密切结合都让人信服，斯卡帕为这种简单的功能提供了多么精心的打磨。他将这两种功能区分开来，让我们意识到扶手的横向构件背后所隐藏的多重作用，这同样是一种“文脉”，为优秀的建筑师提供了设计的依托之处。

这些简单的描述无法穷尽斯卡帕对小桥扶手的深入雕琢。这个案例之所以闻名于世，是因为它是斯卡帕作品中卓越细节品质的最佳代表之一。斯卡帕不仅为扶手设计细节，他也为门闩、为窗框、为水龙头、为升降玻璃门的机械装置设计细节。他对待这些部件就像对待他在20世纪20～50年代所设计的每一件玻璃制品一样，从不因为尺度或者地位的差异而忽视任何一个。斯卡帕作品的独特性很大一部分就来自于这些充沛的细节，而不是某种同一风格的不断再现。

节点

在现代建筑史上，斯卡帕并不是唯一一个关注扶手细节的人。在20世纪初，以维克多·奥太（Victor Horta）、埃克托尔·吉马尔（Hector Guimard）为代表的新艺术运动建筑师们曾经创造过极为复杂的铁质扶手。在塔瑟尔住宅（Hôtel Tassel）中，扶手与立柱、壁纸、地面有着同样的流线型植物纹样，一套装饰体系融汇了建筑内部的各种要素（图5-9）。

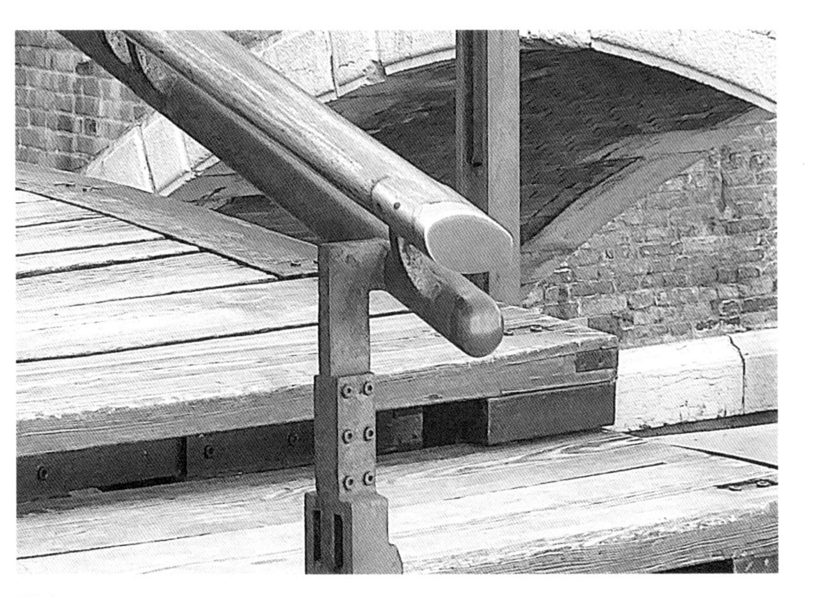

图5-8

图5-8

木扶手端头细节

（Abxbay, modified by QING Feng, CC BY-SA 4.0 <https://creativecommons.org/licenses/by-sa/4.0>, via Wikimedia Commons）

图5-9

图5-9

塔瑟尔住宅的铁质楼梯扶手

(Henry Townsend, Public domain, via Wikimedia Commons)

从这个意义上来说，奥太设计的植物纹样扶手与勒·柯布西耶设计的矮墙式扶手具有同样的作用机制，它们都从属于一个既定的风格体系，在视觉效果上与其他建筑元素只是在位置与尺度上有所不同，并无性质上的差异。扶手自身的结构与功能特性都让位于风格的统一性。在那个急切渴望创造新风格的时代，现代主义先驱们不会放弃任何展现新风格的机会。

斯卡帕的细节不是来自于外部的风格体系，而是产生于对扶手自身结构与功能特点的深入阐释。我们已经讨论过，他如何将扶手分解为不同的结构与功能部件，再以清晰的关系将它们结合起来。在这一过程中，不同部件的连接成为一个重要的环节。就像斯卡帕处理不同时代历史元素的并置所采取的策略一样，他希望在联系的同时保留各组成部分的独立个性。这往往是通过材料差异、在不同元素之间留出空隙，以及采用螺栓而非焊接等手段来实现的。“我非常重视对节点的阐释，以此来解释不同部位相互联系的视觉逻辑。”①斯卡帕的这句话解释了他最重要的节点设计原则，小桥扶手显然是其最典型的印证之一。另一个绝佳的例子是上面已经提及的古堡博物馆组合钢梁，斯卡帕对其有详细的解释，“这道梁的建造方式同样展现出来视觉逻辑，但只是在细节中……这些新的节点揭示了各元素的结构以及新的功能。”②除此之外，我们还可以在卡福斯卡里宫的木框玻璃墙、阿巴特里斯宫中阿拉贡的埃莉奥诺拉雕像的木质基座、加维那展示室（Gavina Showroom）的格栅小门、奥利维蒂展示室（Olivetti Showroom）的商品展架、维罗纳大众银行的外露钢结构等无数地方看到斯卡帕这一原则的绝妙运用。

作为斯卡帕的好友，路易·康敏锐地指出节点在斯卡帕建筑创作中极其重要的意义，他写道：“在各个元素中，节点启发了装饰，它的欢庆。细节是对自然的崇敬。”③我们可以理解为何斯卡帕与路易·康会建立深厚的友情，因为在后者的作品中，同样可以看到清晰的结构、凸显的节点以

① FRANCESCO DAL CO, GIUSEPPE MAZZARIOL, CARLO SCARPA. Carlo Scarpa: the complete works[M]. New York: Electa/Rizzoli, 1984: 298.
② 同上。
③ ALESSANDRA LATOUR. Louis I. Kahn: writings, lectures, interviews[M]. New York: Rizzoli International Publications, 1991.

及对功能与关系的明确阐释（图5-10）。这种呼应并不像看起来那么偶然。按照斯卡帕的观点，这应该是所有优秀建筑所共有的，“这些节点是每一个建造者都感兴趣的，而且一直都是，但是在不同的时代解决方案是不同的。”[①]如果认同这一观点，那么对节点的关注就是对整个建筑传统的延续。

斯卡帕显然不是一个历史主义者，他所关注的是建筑传统的内涵而非表象，“过去的重要性并不是在于最终结果，而是那些你需要在建筑中去处理的主题。”[②]节点显然就属于这样的主题，而斯卡帕通过对节点的阐释，让自己归属于传统内部。我们对小桥扶手立柱的分析，可以帮助说明他怎样通过节点的精细刻画，在20世纪中期创作出一个没有柱头与圆柱的金属柱式。斯卡帕对柱式的这种全新阐释，或许只有路易·康在印度管理学院用混凝土梁与砖共同塑造的现代拱券能够与之相提并论（图5-11）。

以上分析，都建立在斯卡帕关于要展现节点“视觉逻辑”这一论断的基础之上。我们还必须回答这里的“逻辑”是指什么，为何一定要有相应的视觉呈现？只有对这一问题给予合理的解释，才能为斯卡帕在节点细节中展现的力量给予论证。这并不是一个简单的任务。在主流建筑理论中，我们有“建构”与“功能主义”两个理论工具来描述斯卡帕的节点。建构理论强调了结构交接点既要承担力学效用，又要有特定的表现性。肯尼斯·弗兰普顿（Kenneth Frampton）用“本体性”（ontological）与“表现性”（representational）来指代这两个方面，[③]这可以看作是德国建构理论中“核心形式”（core-form）与“艺术形式”（art-form）区分的变体。以路易斯·沙利文的“形式追随功能”为代表的功能主义强调功能要素要有明确的形式表现，就像生命的功能要在不同的器官中得到不同的形式表现一样。很显然，斯卡帕的扶手设计符合这两种理论倾向的总体原则。但是，我们必须注意到，无论是建构理论还是功能主义理论本身也

① FRANCESCO DAL CO, GIUSEPPE MAZZARIOL, CARLO SCARPA. Carlo Scarpa: the complete works[M]. New York: Electa/Rizzoli, 1984: 297.
② 同上。
③ 参见KENNETH FRAMPTON, JOHN CAVA, GRAHAM FOUNDATION FOR ADVANCED STUDIES IN THE FINE ARTS. Studies in tectonic culture: the poetics of construction in nineteenth and twentieth century architecture[M]. Cambridge, Mass.: MIT Press, 1995: 16.

图5-10

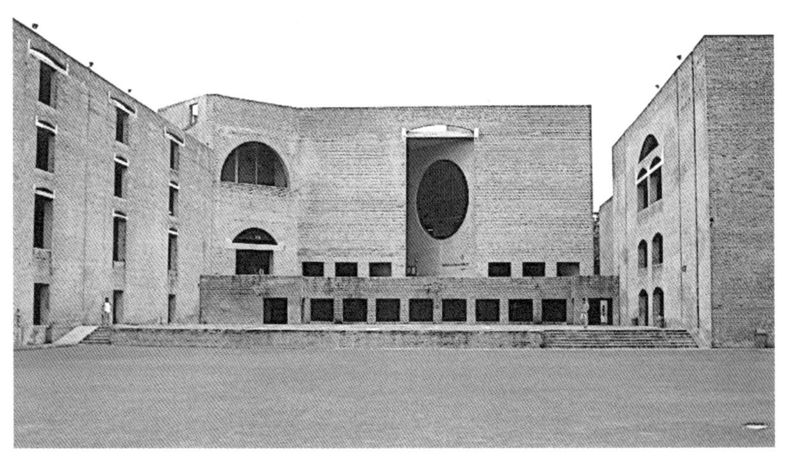

图5-11

图5-10

斯卡帕与路易·康

(Francalb89, CC BY-SA 4.0 <https://creativecommons.org/licenses/by-sa/4.0>, via Wikimedia Commons)

图5-11

路易·康设计的印度管理学院

(Students of IIMA, CC BY 3.0 <https://creativecommons.org/licenses/by/3.0>, via Wikimedia Commons)

并不是完备的，两者都强调了表现，但是如果不能阐明为何要表现，表现到底有何价值，那么也就都不具备完整的论证逻辑。因此，它们对于我们当下的讨论并无太大助益，我们不如专注于斯卡帕所说的“视觉逻辑”。

视觉逻辑

在这个概念中，“视觉”很容易解释。虽然在现代科学的发展之下，我们已经不再认为视觉感知能够传递最真实的信息，但是在日常生活中，我们仍然在最大程度上依赖视觉信息。在常识里，我们基本上认为视觉是真实的，能让我们看到真相，进而去理解。斯卡帕所指的也就是这样的观察与理解。那么，应该去理解什么呢？这里所说的是“逻辑”，但它到底是指什么？

我们不应该把逻辑理解为某种必然性的运算推导关系。很显然斯卡帕的扶手设计无论在经济性上，还是结构强度上都不一定是最理想的选择，它们并不是我们所熟知的利益计算的结果。如果这种机械性的逻辑观念并不适用，我们需要其他源泉来给予辅助。海德格尔在《形而上学导论》（*Introduction to Metaphysics*）中对*logos*的讨论或许能够提供这样的帮助。在这本书的第四章第三小节“存在与思考”（Being and Thinking）中他追溯了现代“逻辑”一词的词源*logos*在古希腊的含义。海德格尔指出，“逻辑”一词的现代含义来自于亚里士多德对*logos*的定义，意指一种理性的论断。但是在更早之前，*logos*有着更原初的内涵：汇聚（gathering gatheredness）。[①]这种汇聚不是简单的堆积，而是将不同的因素紧密联系在一起，塑造成为一个整体。海德格尔曾经用手工艺品的例子来说明一位古希腊银匠是如何通过汇聚打造出一条银项链的，这在很大程度上不同于当代关于银项链是如何诞生的看法。在今天的常规看法中，一般会认为艺术家完成了银项链的设计，然后由工匠或者机器按照设计加工出来一条银项链成品。在这个过程中，最为重要的是艺术家的

① 参见MARTIN HEIDEGGER. Introduction to metaphysics[M]. Yale University Press, 2000: 135.

设计，它被认为是艺术家个人创造性的成果，越是原创、越是超越常规，越体现了艺术家的杰出成就。但是，如果仔细观察古希腊银匠的工作方式，就会意识到这种独创设计者的观点是非常片面的。这是因为除了设计者之外，还有其他因素为银项链的诞生承担责任。首先，是银这种原料，没有原料自然不可能有项链。其次，是项链这种事物类型，项链的概念是既有的，它的大致形态与组成如大致是环形、围绕脖子、可以摘取等特征也是既有的，匠人在这种类型限制之中进行工作，而不是自己全新发明一种叫作项链的东西。还有，匠人将这条项链打造成什么样，并不是完全取决于他的个人独创，实际上也受到一系列因素制约。例如，这条项链的用途，是用于日常交际还是用于特殊的祭祀仪式，在用途概念背后是一系列的关系与要求。因为从属于一个特定的祭祀仪式，才需要特定的项链，而仪式的内容则会影响项链的细节及其内涵，如用于祭祀谷神的项链需要包含体现风调雨顺的元素。这些因素都不是手工艺人自己独创的，但是在设计制作的过程中，他将这些因素一同汇聚起来，最终完成了一条银项链。我们通常会认为手工艺人的作品与艺术家的作品相比缺少原创性，它们似乎更为传统，在很大程度上就在于手工艺人的汇聚让这些因素，如材料、类型、用途产生了作用，而不是对它们不屑一顾，仅仅关注自己个人的独创性想法。

在小桥扶手的例子中，斯卡帕的角色更接近于古希腊银匠，而不是当代的艺术家。毫无疑问，是斯卡帕提供了设计，这是我们所理解的当代艺术家的角色。但艺术家与古希腊银匠的区别，不在于是否提供设计，而是在于设计从何而来。当代理解中会强调设计的独创性，而古希腊银匠的设计则主要来自于汇聚。与古希腊银匠类似，斯卡帕展现了对那些被汇聚起来的因素的尊重。首先，他的扶手使用了钢、木头、铜等原料，更为重要的是，他的设计凸显了这些原料自身的特质。例如，特殊的节点设计展现了钢这种材料的坚韧以及可塑性，木质扶手展现了木头的弹性与温暖，而黄铜构件则展现了这种金属材料在长期触摸下所特有的细腻与光泽。从这个意义上来说，小桥扶手的确是建构设计的典范，它呈现了极为丰富的“表现性”内容。建构理论并没有说明这些“表现性”内容是什么，但在这个案例中，可以认为斯卡帕表现的是材料的独特个性，以及基于这种个性的结构可能性，毕竟，只有钢而不是木头才能制造出坚固而细腻的持久性支撑立柱，而木质扶手的片段也的确需要金属构件连接才能成为结实而耐久的一体。

在类型上我们已经提到斯卡帕的扶手立柱实际上是一个“柱式”体系，由“柱础、柱身、柱头以及檐部”四部分构成，只是斯卡帕使用的是金属、木头与黄铜来构造“柱式”，而不是常见的石头。将桥梁，或者是阳台的栏杆设计成“柱式”的做法，实际上是威尼斯早已有之的传统。这座城市那些规模最为巨大、地位最为重要的桥梁往往采用了“柱式”处理，如典型的里亚托桥（Rialto Bridge）、斯卡尔兹桥（Scalzi Bridge）、古列桥（Ponte delle Guglie）。最有趣的例子可能是帕尼亚桥（Ponte della Paglia），这座桥也采用了“柱式”栏板，但不同于其他几座桥的“竖瓶柱式”，帕尼亚桥因为靠近使用了阿拉伯建筑元素的总督宫（Palazzo Ducale），也使用了与总督宫类似的阿拉伯风格立柱与拱券。这个例子生动地展现了栏板与建筑柱式之间的关系，以及威尼斯特有的混杂与多元。在小桥扶手中，虽然材料的变化带来全新的形象，斯卡帕仍然延续了在栏板中使用“柱式”的类型传统。如果无法理解斯卡帕的设计与传统的关联，想当然地认为这是他的个人独创，显然是对斯卡帕设计内涵的误解。

在用途上，斯卡帕对各构件的拆解清晰表现了各种构件的结构作用，这也是建构“表现性”的重要内容。但在更大的层面，斯卡帕之所以要对小桥及其扶手做这么深入的处理，实际上体现了桥对于威尼斯这座城市的特殊意义。可能没有哪座城市比威尼斯更为依赖桥梁。运河与桥一同构建了这座城市的命脉，使得人与物可以在城市中流转。那些著名的桥梁不仅满足了城市的效用需求，它们自身的特色也成为定义威尼斯的重要元素。例如，在阿尔多·罗西钟爱的卡纳莱托的《帕拉第奥建筑随想》中，画面中心部位就是帕拉第奥所设计的里亚托桥方案。在横跨大运河的老里亚托木桥于1524年彻底崩塌之后，威尼斯城邀请了当时最有名望的建筑师与艺术家为这座重要的桥梁提供设计，其中包括桑索维诺（Jacopo Sansovino）、维尼奥拉（Giacomo Barozzi da Vignola）、米开朗基罗（Michelangelo di Lodovico Buonarroti Simoni），以及帕拉第奥。卡纳莱托绘制的就是帕拉第奥的方案，他在后者的《建筑四书》中看到了完整的设计方案。最终，桥的设计任务被威尼斯建筑师安东尼奥·达·庞特（Antonio da Ponte）赢得。不同于帕拉第奥的崭新设计，庞特的石桥保留了老木桥的典型特征，如单跨大拱、两头斜坡，以及在桥上设置店铺。今天，人们在威尼斯看到的就是庞特的石桥，它已经成为威尼斯的标志物之一，成为典型的“城市人造物”。而庞特能够战胜帕拉第奥、米开朗基罗等伟大建筑师的原因之一，很可能就在于他更为完整地保留了老里亚托的特征，从而为威尼斯保留了一段重要的城市回忆。斯卡帕的小桥在规模与效用上肯定不能与里亚托桥相比，但是抛开尺度差异，斯卡帕小桥的特色丝毫不逊于里亚托桥。斯卡帕对这座小桥的精心处理，展现了威尼斯人对桥梁的特殊情感，它们已经是威尼斯城市不可缺少的一部分，是威尼斯人生活方式中的定义性成分。

基于以上几点，我们可以认为，斯卡帕就像古希腊银匠一样，用汇聚的方式完成了小桥扶手的设计。而且，他的作品不仅是汇聚的产物，其重要性在于它们还让我们格外鲜明地感受到这是一个汇聚的产物。斯卡帕让我们关注到了材料的特性，与威尼斯桥梁栏板的类型传统建立了联系，还体验到桥梁在威尼斯人生活方式中的关键性作用。如果我们认同海德格尔的观点，即“逻辑”（*logos*）一词最原初的内涵就应该是“汇聚”的话，那么斯卡帕所说的“视觉逻辑”，就是要让人们通过视觉观察，明白“逻辑”，或者说是明白“汇聚”。斯卡帕希望让我们看到，一座小桥如何典型性地体现了材料、类型、目的、匠人与传统等因素共同参与构建了作品，“视觉逻辑”是对这个作品的源泉更完备的理解。

世界

顺着这个思路前行，下一个问题是，体验和理解“汇聚”到底有什么样的价值？如果它只是斯卡帕的个人爱好，对其他人并没有特殊意义，那么并不足以说明斯卡帕这一作品的重要性。我们需要回答“汇聚”的特殊意义。在这一点上，海德格尔给予了充分的论述。在《艺术品的起源》

（The Origin of the Work of Art）中，海德格尔提出，杰出的艺术品就应该是这样的汇聚物，他用希腊神庙为例对此给予说明。在一段可能是最为著名的由哲学家直接撰写的关于建筑的文字中，海德格尔写道：

"一个建筑，一座希腊神庙，没有描绘任何东西。它只是简单地站立在岩石裂开形成的山谷中。这座建筑中容纳着神的形象，并且在这种隐藏之中让"神"穿过开放的门廊，在圣域中站立出来。通过神庙，神在庙宇中实在地出现。神的实在这一事件自身，是圣域作为神圣之地的延展与限定。然而，神庙与它的圣域，并没有消散到不确定性之中。是这个神庙建筑首先聚合在一起，同时在它自身周边汇聚起一个整体，这个整体中包括了由生与死、灾难与祝福、胜利与屈辱、坚韧与衰落构成的路径和关系，在这些路径与关系之中，形成了人类命运的形态。这种由开放的关联性背景（relational context）组成的包含一切的宽广领域，就是一个历史时期人们的世界。只有从此起源，而且在此之中，一个国家第一次成为自己，去实现自己的天命（vocation）。

站立在那里，建筑停息在布满岩石的地面之中。它的停息，从岩石中提取出由岩石的庞大以及自发的支撑所构成的含混。站在那里，建筑坚定地对抗在上方肆虐的风暴，并且第一次让风暴展现出它的暴力。石头的光泽与微弱的反射光线，虽然明显只是由于太阳的恩赐才会有闪耀，第一次带来白日里阳光的光辉，天空的辽阔，夜晚的黑暗。神庙坚定的耸立展现了空气不可见的空间。建筑的稳固与海浪的汹涌形成了反差，它自身的平静反衬出大海的狂怒。树木与小草，雄鹰与公牛，蛇与蟋蟀第一次进入它们特殊的形态，并且表现为它们所是的样子（图5-12）。"①

这段文字是海德格尔后期哲学文本中非常有代表性的一段。虽然是出自哲学论文，但它的行文更为接近荷尔德林的诗歌，而后者本身就是海德格尔后期很多哲学讨论的主题。虽然有不少含混与模糊的地方，但这段文字的总体内涵还是比较清晰的。海德格尔想表达的核心观点为：希腊

① MARTIN HEIDEGGER. The origin of the work of art[M]//KRELL. Basic Wrtings. San Francisco Harper Collins, 1993: 167-168.

2

图5-12

希腊德尔菲阿波罗神庙遗址

（Jebulon, CC0, via Wikimedia Commons）

神庙汇聚了希腊人的整个世界。我们需要对此稍作解释，从最简单的方式来看，神庙只是一个放置神像的容器，但是更全面和深入的分析会让人们看到神庙中所牵涉的因素远不是这么简单。神是希腊城邦的保护者，所以希腊人用石质的柱廊环绕神庙，以体现对神的尊重。建筑的纪念性来自于神的崇高，但反过来说，也是建筑的纪念性帮助定义了神的崇高，让它变得具体，成为人们都能够理解的神。这也就是海德格尔所说的，“通过神庙，神在庙宇中实在地出现。”类似地，一整片领域被划定为圣域（precinct），扩展了神的影响，但同时也是更进一步定义和呈现了神的作用。在圣域中，希腊人会举行各种各样的仪式，如战争、疫病、灾害的祈祷、日常的宗教节日，或者是个人的祈愿与祝福。这些仪式塑造了城邦中神与人的关系。它们让神成为希腊人生活的参与者，也在很大程度上限定了希腊人的生活方式。所以海德格尔会认为“生与死、灾难与祝福、胜利与屈辱、坚韧与衰落”都被汇聚在神庙之中。

一种生活方式所包含的不仅仅是人的行为，作为基础的还有人对自己、对事物、对环境、对他者的理解。例如，一种理解将树木仅仅视为木材的来源，另一种理解将树看作与人同等的生灵，两者会导致完全不同的生活方式。前者会随意砍伐，毫无顾忌地破坏自然环境；而后者则会珍惜每一棵树木，探寻人与树的和谐共存。也就是在这个意义上，海德格尔说希腊神庙第一次让天空、海洋、太阳、石头、树木、小草、雄鹰、公牛、蛇与蟋蟀成为它们自己。这当然不是说是希腊神庙创造了它们，而是说希腊神庙参与汇聚形成的希腊人的生活方式，包含了对天空、海洋、太阳等事物的理解，如天空不仅仅是大气与云朵，也是阿波罗驰骋之地，海洋也不仅仅是无尽的咸水，也是波塞冬的领域，以及女神卡吕普索陷阱的隐藏地。对于石头与动物也是一样，因为神庙，白色大理石成为一种神圣的材料，而动物变成了图腾或者是神的使徒。

这样看来，神庙建筑所汇聚的不仅仅是石头与神像，或者说典型希腊神庙的形态，如圣堂与柱廊，还包括去建造这座神庙的目的与意图。而目的与意图则包含了神与人的关系。这种关系通过圣域、通过仪式、通过日常生活扩展到了对天空、海洋、石头、树木与公牛的认知，进而涵盖了希腊人整个的生活世界。对于希腊人来说，理解人、神、环境、其他生命之间的关系，就是理解整个世界。也只有理解了这些关系，人才能在诸多的可能性中选择自己的生活路径，如是成为一个伐木者还是成为一个守林人。而一个个体的生活方式背后，则是整个城邦、国家或者文化组群的整体性生活方式。所以海德格尔会强调："是这个神庙建筑首先聚合在一起，同时在它自身周边汇聚起一个整体，这个整体中包括了由生与死、灾难与祝福、胜利与屈辱、坚韧与衰落构成的路径与关系，在这些路径与关系之中，形成了人类命运的形态。这种由开放的关联性背景（relational context）组成的包含一切的宽广领域，就是一个历史时期人们的世界。"[①]"世界"是海德格尔后期哲学中频繁出现的一个核心概念，它与我们的日常理解有所不同。虽然都是指其他一切构成的整体，但是日常理解往往更偏向实体性的层面，如强调不同的国家、地域、自然环境。但是海德格尔的"世界"观念，更为强调的是将这些实体编织在一起的关系网络。这是因为在日常生活中，没有任何实体是绝对独立的，它们总是以这样那样的方式相互产生联系，从而形成一个网络。例如，亚马逊丛林中的一棵藤蔓植物，虽然远在天边，不为人知，但也被认为是"绿色之肺"的组成部分，作为我们世界的一份子，需要得到珍视与保护。另一方面，也正是在这种关联关系中，事物才呈现为特定的事物。例如，是在对植物与环境的理解中我们将亚马逊雨林中的这棵植物看作藤蔓，但如果是以粒子物理的角度来看，这只是一堆粒子及其相互作用的组团，藤蔓的概念不再具有意义。类似地，雨林、亚马逊甚至地球、宇宙这些概念都不是只来自于它们所对应的物，它们也来自于特定的关系网络，只有在这个网络中雨林才成为雨林，而不是木材场或者是粒子组团。

这也是海德格尔用"世界"（world）这个概念所要表达的。在《艺术品的起源》中，他将"世界"定义为"由开放的关联性背景组成的包含一切的宽广领域"，在其他一些地方他也使用"现成之物的框架"（frameworkd for preset-at-hand）或者是"本体结构"（ontological structure）等概念

① MARTIN HEIDEGGER. The origin of the work of art[M]//KRELL. Basic Wrtings. San Francisco Harper Collins, 1993: 167.

来描述。朱利安·杨解释道："总的来说，'世界'是一个背景，一种通常不被注意的理解，对于一种历史文化中的成员，它决定了在根本上会有什么存在。它构成了准入条件，基础规划……任何东西必须要满足它们才能被呈现为所讨论的世界中的一部分。"[①]在海德格尔看来，希腊神庙所汇聚的就是这个作为"关联性背景"的"世界"。一方面，因为有了这个背景，才会有建造神庙的需求，有神庙所需要的形态，有与之相关的材料选择与建造施工，以及建造过程之中及完成之后的各种各样的仪式活动。这些因素的共同作用造就了神庙。另一方面，神庙大理石的光泽、神庙内的神像、门廊、圣域，以及神庙与环境、与城邦、与海洋的并存，也让这个"关联性背景"变得更为具体和鲜明。神庙也可以被认为是主动地将这些因素汇聚起来，并且给予它们宏大的渲染，让"世界"更为强烈地呈现在人们的生活中，让这个"世界"中的各种成分"表现为他们所是的样子"。

也正是在这个意义上，希腊神庙汇聚了希腊人的世界。这个汇聚既是被动的，因为"关联性背景"先于希腊神庙已经存在；也是主动的，因为它让"世界"的一些重要组成元素，以及它们之间的关系突显出来，让人们更为准确地感受和理解这个"关联性背景"，进而能够在其中更有依据地选择自己的"路径"。严格地说，因为所有事物都在"世界"之中，都受到"关联性背景"的影响，而且这个"关联性背景"将所有的事物都联系在一个整体之中，那么任何一个事物，无论其大小还是性质，都可以成为一个窗口，让我们看到整个"世界"。例如，圣域中的一块石头，经过充分的了解，也可能成为展现希腊人"世界"的途径。从这个意义上来说，任何事物都可以成为海德格尔所描述的艺术品，只要你以正确的方式去理解它。而某些事物之所以成为伟大的艺术品，并不是因为它们在性质上与普通事物有什么绝对的差异，而是因为它们以特定的方式更为鲜明、更为强烈、更为深刻、更为全面地汇聚和呈现了"世界"，所以只是一个程度与方式的差异。一个给予佐证的例子是自20世纪初期的先锋艺术运动以来，现成之物，通常是日常物品已经成为艺术创作的

① JULIAN YOUNG. Heidegger's philosophy of art[M]. Cambridge: Cambridge University Press, 2001: 23.

重要素材之一。当它们被以特定的方式呈现，就可以启发人们不同的理解，甚至是关于“世界”的总体认识。我们知道，兴起于20世纪60年代的由史密森夫妇所倡导的新粗野主义建筑，实际上就起源于这种对现成之物的不同认识。所以，任何日常物品都可以成为打开“世界”的艺术品，而那些伟大艺术品只是在这一方面更为成功。“在它们自身之中高高站立起来，艺术品打开了一个世界，并且让它的力量持久地存在。”[①]海德格尔如此总结艺术品的作用。

这一思路，是我们理解斯卡帕小桥扶手“汇聚”价值的基础。我们在前面已经分析了斯卡帕的设计如何将材料、类型、目的、威尼斯传统与威尼斯人的生活方式汇聚在一起。这里也有被动与主动的成分。可能威尼斯的任何一座桥都被动地汇聚了威尼斯人的“世界”，但是斯卡帕的桥格外突出和深刻地展现了这些元素的汇聚，从而帮我们更深入地理解威尼斯人的“世界”。当然，它也进一步强化了这一“世界”的价值与魅力。斯卡帕的扶手从石头之中耸立起来，就像海德格尔所说的，它“打开了一个世界，并且让它的力量持久地存在。”

对“汇聚”价值的理解，有助于我们解析一些关键性的建筑理论问题。理解“汇聚”，就是理解“关联性背景”，理解事物之间的关联关系。这实际上也是建构理论与功能表现主义的理论基础。这两个理论所强调的都是对关系的展示，前者突出结构与受力，后者突出目的与效用，而这些关系自身并不是孤立的，它们实际上是相互纠缠在一起的，并且共同汇聚在一个整体性的意义网络之中。因此，对局部关系的展示，在理想的情况下可以将观赏者引向对整个“世界”的审视。无论是在斯卡帕还是路易·康的作品中，我们都能够看到超越同时代其他建筑师（甚至包括今天的建筑师）的对构造与功能关系的清晰呈现。也正是在这两人的作品中，我们总是能感受到某种深刻性。斯卡帕自己对此沉默不语，但路易·康往往以“秩序”（order）的概念来给予解释。就像斯卡帕所使用的“逻辑”一样，路易·康的“秩序”也不应该被理解为机械性的规

① MARTIN HEIDEGGER. The origin of the work of art[M]//KRELL. Basic Wrtings. San Francisco Harper Collins, 1993: 169.

则，而是将所有事物串联起来的体系，实际上，也就是前面所说的“关联性背景”。因为指向了这个根本性的哲学维度，他们两人的作品具备了超乎常人的哲学深度。同样，哲学不应当被理解为一个学院式的学科，而应该回归到最初的理念——对智慧的爱，一种对理解身边的事物，理解整个世界，也包括我们自己的渴望。

这一概念也可以加深我们对“经由希腊来到威尼斯的拜占庭人”这句话的理解。我们已经谈到，这句话的内涵是指不同文化传统的汇聚，造就了威尼斯的丰富与含混。被动地看，任何具有历史的构筑物，如维罗纳的古堡博物馆都是时代、文化、传统、外来影响汇聚的产物。但是在主动的层面，只有那些伟大的艺术品，才有能力对这种“汇聚”的实质与价值给予直接和强烈的呈现。最为杰出的例子，仍然是“坎格兰德空间。”斯卡帕在这里用戏剧性的方式表现了从古罗马到20世纪60年代，不同的类型、材料、形态、技术与用途如何汇聚在一个地方。它不仅是维罗纳城市的一角，也象征性地指代了维罗纳自身，指代了这个城市的历史以及人们生活的变迁。所以，无论从哪个角度看，斯卡帕将坎格兰德二世骑马像放置在汇聚的中心都是令人难以置信的绝妙设计。因为正是他的古堡，为这样特殊的汇聚制造了机会，而斯卡帕通过拆除墙体与楼梯打开了这个“世界”，让维罗纳的历史“持久地存在”。

基于这个讨论，我们还可以回应一下斯卡帕作品的古典气质。通过汇聚，通过对关系的阐释，斯卡帕制造了一个艺术品。在艺术品背后，他让人们看到关系，启示“关联性背景”，并打开那个定义了人们的“世界”。从这个意义上来说，斯卡帕是极为古典的。他的确从属于一个传统，只是这个传统不是通过风格和语汇来定义，而是通过斯卡帕所说的“主题”的延续来定义的。在这个传统中，斯卡帕仍然像希腊神庙的建造者，像希腊银匠一样，专注于汇聚的“逻辑”，专注于整体性的“关联性背景”的揭示。这个“主题”曾经以大理石砌筑在奥林匹斯山上，也可以用钢与木构建在威尼斯小桥的扶手中。尽管在尺度与社会地位上差异悬殊，就像前面所提到的，任何微小的事物都可以成为“打开世界”的艺术品，所以我们不应忽视日常物品的“揭示”价值。斯卡帕曾经写道：“作为这个时代的人，我们挽回了许多事物，既是在道德层面也是在社会层面。但是作为建筑师，我们还没有挽回卑微的、日常事物的形式。”[①]小桥扶手当然不应受到这样的指责，它提供了一个机会，让斯卡帕通过“视觉逻辑”的呈现，来“打开”威尼斯人的世界。在现代主义已经盛行的20世纪60年代，斯卡帕仍然在回应一种古老的关注，就像他所说的：“檐口、窗户、基座、踏步：过去的建造者们总是关注这些同样的地方。这里所牵涉的问题总是一样的，只是答案在变化。”[②]很多人忙于追寻答案，但是，只有知道了问题是什么，才可能获得真正有价值的答案。斯卡帕在1978年留下的这段话，是他在自己生命的最后一年中想要传递给我们的智慧。

问题与回应

我们已经在斯卡帕的作品中停留了一段时间，这当然是为了了解它们独特的品质，进而讨论斯卡帕的设计策略。借由古堡博物馆与奎里尼·斯坦帕利亚基金会改造项目的小桥扶手，我们讨论了“经由希腊来到威尼斯的拜占庭人”与“视觉逻辑”两个线索。最终这两个线索都指向了“汇聚”的理念。斯卡帕与现代主义主流的距离、他的“断裂”与“碎片”、他与传统的关系、他作品的细节处理、建构节点等都可以基于“汇聚”的理念给予解析。更为重要的是，“汇聚”不仅是塑造作品的方式，也可以主动地“打开”作品所属的“世界”，强化“世界”所对应的“关联性背景”，从而让人们理解一种特定的生活方式，理解作品在这种生活方式中扮演的角色。

在讨论这些之前，我们已经明确提到，希望在卡洛·斯卡帕的建筑中找到启示，来回应阿尔多·罗西所提出的难题：如何面对虚无主义所带来的危机，重新为生活价值找到稳固根基。那么，我们上面对斯卡帕的讨

① FRANCESCO DAL CO, GIUSEPPE MAZZARIOL, CARLO SCARPA. Carlo Scarpa: the complete works[M]. New York: Electa/Rizzoli, 1984: 282.
② 同上，299.

论是否已经提供了足够的内容来帮助形成解答呢，或者说上面讨论的斯卡帕是否已经回答了罗西的问题呢？

答案是否定的。这是因为，根据上面的讨论，斯卡帕作品最重要的特色之一是帮助“打开”了“世界”，我们说，就是帮助人们理解一种特定的生活方式，尤其是其中所包含的各种元素及其相互之间的关系。从某种角度上说，罗西的作品也可以被认为是呈现了一个世界。他所使用的类型，本身就是类似于古希腊神庙这样的元素，其中蕴含的历史厚度有助于人们理解这些类型所支撑的传统以及人们的日常生活。所以，就“打开世界”这一层面，罗西与斯卡帕之间没有绝对的隔阂，虽然两人采用的手段与方式有很大不同。

罗西的真正问题不是在于建筑是否要呈现“世界”，恰恰相反，圣卡塔尔多公墓的独特魅力就在于它呈现出一个独特的“世界”。罗西的疑问是这个“世界”有什么样的价值基础，如果以前所信赖的基础都被虚无主义所侵蚀，那么整个“世界”，无论它有多么复杂的“关联性背景”，都只是一团乱麻而已。虽然看似繁盛，实际上毫无根基，可以轻易地被撕裂和吹散。正是因为无法在迷宫中找到这一基础，罗西的“世界”才失去了生命与活力，变成“无言而冰冷”的“死者的城市。”那么，同样是呈现“世界”，斯卡帕填补了这一空虚的根基吗？至少在目前看来，还没有，我们谈的仍然是“世界”本身，而没有进展到“世界”的根基。缺乏对这一根本问题的讨论，就无法真地回应罗西最重要的疑问。所以，我们必须要继续前进，要扩展到对“世界”的根基，或者说是“世界”的基础的讨论，而这是典型的形而上学问题。

那么，斯卡帕的作品中是否还有其他线索来启示这种形而上学探索呢？我们认为是有的，它就蕴藏在布里昂墓园，这个被认为是最具斯卡帕特色的作品之中。所以，在下面，我们要走入布里昂墓园之中，去探寻斯卡帕对罗西的根本性回应。

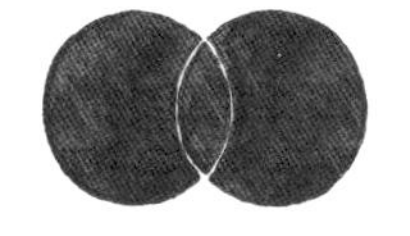

6

布里昂墓园

Tomba Brion

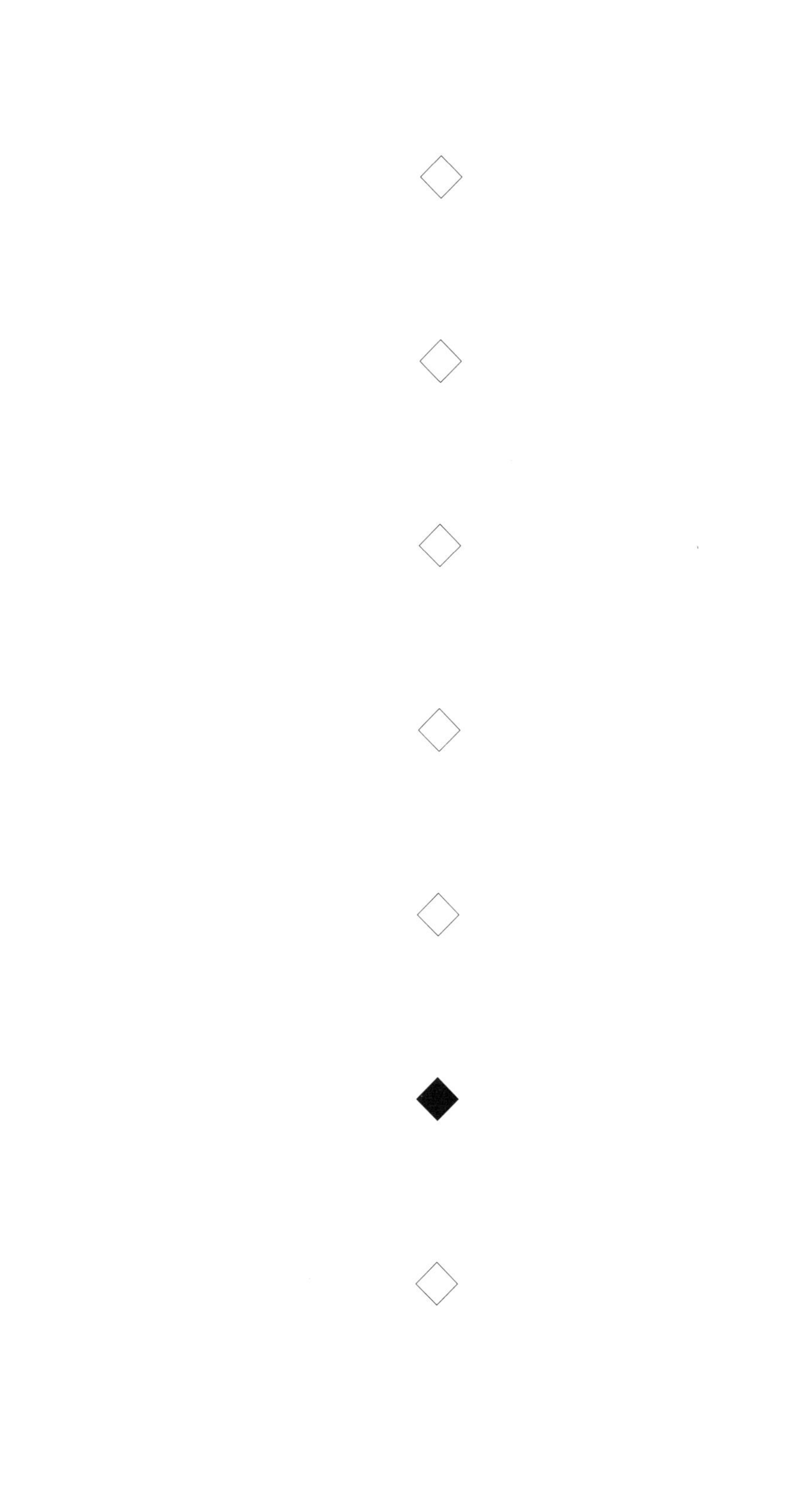

布里昂墓园可以被认为是卡洛·斯卡帕最后的建筑作品，因为他去世之前的将近10年时间一直在从事布里昂墓园的设计与建造。直到他去世之时，墓园基本完成，但仍然不能说彻底落成。这座墓园位于意大利东北部，威尼斯西北方向约45km的小镇圣维托达尔蒂沃勒，靠近被称为“有一百条地平线的城市”的阿索洛（Asolo）城。这里是意大利企业家约瑟夫·布里昂（Giuseppe Brion）的出生地。约瑟夫·布里昂从一个普通的小镇少年，逐步成长，后来创立了著名的Brionvega电器公司，生产和销售具有高质量工业设计水准的收音机、电视机以及唱片机。尤其是该公司在20世纪60年代出品的Doney电视机、TS502收音机以及PR126唱片机已经被视为电子产品设计中的经典。1968年约瑟夫·布里昂去世，他的妻子奥诺里娜（Onorina Brion）决定在丈夫的家乡建造一座墓园安葬他。奥诺里娜想在去世之后，也长眠在约瑟夫·布里昂的身旁。

斯卡帕在1969接受了这一委托。1970年，墓园开始建造，一直持续到他去世之后才完工。1978年，斯卡帕因为在日本遭遇意外而不幸离世。他的遗体被运回意大利，并且按照他生前的意愿，就安葬在布里昂墓园一旁的角落里。圣维托达尔蒂沃勒并不是斯卡帕的家乡，布里昂墓园也只是一个家族墓园，建筑师希望被安葬在这里，唯一的理由只能是他对这个项目的喜爱。“我发现这个建筑完成得很不错，如果我能够这么说的话。”[①]斯卡帕曾经如此评论布里昂墓园。我们已经谈到，这样自我肯定的话语在斯卡帕那里是非常罕见的。能够选择这里成为自己的安息之地，斯卡帕加入了安东尼·高迪（Antonio Gaudí）与冈纳·阿斯普朗德（Gunnar Asplund）的行列，永远停留在自己最出色的作品之中。

也正是因为这个原因，布里昂墓园成为斯卡帕最受关注、最多人拜访的建筑作品之一。不同于斯卡帕其他绝大多数作品，这是一个全新的建筑，就建造在小镇原有公墓旁边的空地上。项目周围也是空旷的农田，因此几乎没有受到历史建筑或者城市环境的影响。斯卡帕写道：“在我们的社

① PHILIPPE DUBOY. Scarpa/Matisse: crosswords[M]//CO & MAZZARIOL. Carlo Scarpa: the complete works. Electa/Rizzoli, 1984: 170.

会中，很少有机会能完全自由地处理一个不受限制的项目，在这里甚至是思考的理性（rationality of reason）都不存在，而且也不需要存在。”①这种自由的条件，让很多人认为布里昂墓园呈现了斯卡帕最为个人化的建筑语汇，因此是他当之无愧的代表作。

的确，布里昂墓园的设计在整个现当代建筑史上是绝无仅有的案例。一个两千多平方米的墓园，绝大部分地方是草坪和水池，竟然需要超过8年时间才完成，这一点本身就凸显了这个项目的特殊性。虽然规模不大，但从语汇来说，布里昂墓园也是斯卡帕最为复杂的设计作品之一，所以的确需要进行深入解析。不过，我们讨论这个项目的目的，不仅仅是理解这个设计，更为主要的是希望在布里昂墓园中发现线索，来回答阿尔多·罗西留下的难题。想要在斯卡帕的文字里找到直接的回答肯定是不可能了，这位建筑师更倾向于通过“造就”来阐述。但是关于布里昂墓园，他留下的文字已经极为慷慨了。在其中一段中，他写道：“我想在墓园所处的当地的、社会的、城市的环境中呈现它，向人们展现死亡、永恒以及转瞬即逝所可能拥有的意义。”②“死亡”“永恒”与“转瞬即逝”也是罗西所留下的难题中重要的元素，所以，如果相信斯卡帕的话，我们的确可以在这里发掘出它们“可能拥有的意义”，并且有助于最终回应罗西的疑问。斯卡帕自己并没有进一步解释他到底是如何展现“死亡”“永恒”与“转瞬即逝”的内涵的。所以，我们不仅需要分析斯卡帕的作品，还需要像之前讨论德·基里科那样，借用其他人的作品与论述来协助解析布里昂墓园的哲学内涵。在这一节中，我们所要依托的是海德格尔的后期哲学，尤其是他关于“安居”的讨论。但在此之前，我们需要了解一下这个容纳了斯卡帕自己身体与灵魂的墓园是一个什么样的场所。

① PHILIPPE DUBOY. Scarpa/Matisse: crosswords[M]//CO & MAZZARIOL. Carlo Scarpa: the complete works. Electa/Rizzoli, 1984: 170.
② 同上，171.

格局

在一些方面，斯卡帕的布里昂墓园与罗西的圣卡塔尔多公墓有相似之处。摩德纳与圣维托达尔蒂沃勒都位于意大利北部以波河谷地为中心的富饶的平原地带；两个墓地都是在既有公墓一旁加建的，也与老公墓有密切的联系；两者都位于城镇边缘，周围被农田环绕；两者的设计时间也相近，都是在20世纪60年代末、70年代初这一段时间。当然，两者的差异也是鲜明的：摩德纳是传统的工业、农业重镇，人口达到16万～17万，所以才会需要扩建老公墓，而圣维托达尔蒂沃勒只是阿尔卑斯山南麓山脚下的小村庄；圣卡塔尔多是大型公墓，面向城市民众，布里昂墓园则是家族墓地，主要安葬布里昂夫妻与亲属；在摩德纳，公墓外是繁忙的车行道，大量车辆路过，而在布里昂，两条安静的小道将墓园与村子的两条街道联系起来；前者的公路两旁几乎没有什么树木，后者的两条路旁都栽种了意大利墓地常见的柏树，仿佛两排立柱平行排列着。

圣维托达尔蒂沃勒村的老公墓位于村庄南部，是一个长方形场地，长边基本上是南北向。公墓周边是一个个房间似的家族墓室，中间则是规整的独立墓址，南北和东西向的三条道路从中穿过墓园，将公墓分隔成6个长方形场地。布里昂家族原来就拥有公墓东北侧外围的一块土地，在决定要建造墓园之后，奥诺里娜夫人又增购了一些土地，加上原有的土地合计超过了2400m^2，连成了一块L形的场地，环绕在公墓北侧以及东侧（图6-1）。

两千多平方米的土地对于布里昂夫妇的墓地来说显然是太大了，“我只需要不超过20m^2，但是实际上那里有2200m^2，”[①]斯卡帕曾经写道。他的应对策略是将墓园处理成一个花园，“死者的领地有一种花园的感觉——19世纪美国的大型墓地就像是巨大的公园。”[②]大片的草地与水池占据了场地的绝大部分面积，而且，除了夫妇墓与亲属墓以外，斯卡帕还为墓园添

① PHILIPPE DUBOY. Scarpa/Matisse: crosswords[M]//CO & MAZZARIOL. Carlo Scarpa: the complete works. Electa/Rizzoli, 1984: 170.
② 同上。

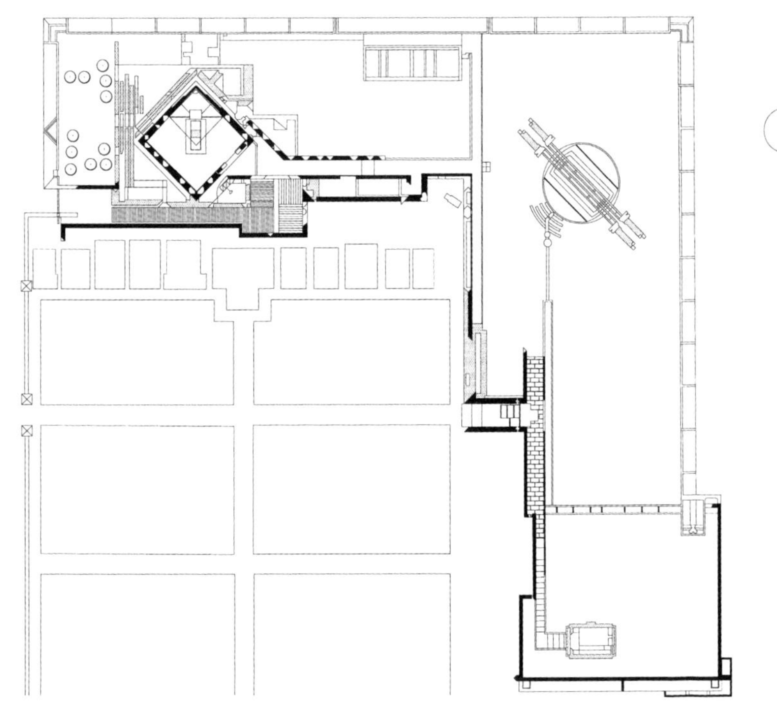

图6-1

图6-1

布里昂墓园平

（本书自绘）

加了门廊、水上亭阁、供整个村庄使用的小教堂以及一个栽种了柏树的院子——这被设想为村里牧师的墓地。斯卡帕对花园有浓厚的兴趣，在1934年搬到威尼斯居住之后，斯卡帕专门在自己的住宅旁边租了一个小花园。几乎每天下午，他都会在花园的树下读一会儿书。他的花园设计，几乎可以与他的建筑设计并驾齐驱。最为著名的可能要属1961～1963年完成的威尼斯奎里尼·斯坦帕利亚基金会的后花园（图6-2）。我们之前只讨论了这个项目的小桥扶手，而它的后花园也同样被视为现当代建筑史上的经典案例。在随后我们会看到，在奎里尼·斯坦帕利亚基金会花园中使用的很多语汇也被移植到布里昂墓园的设计中。而很多学者提到，这些语汇在很多方面受到日本园林的启发。

我们可以认为，布里昂墓园是斯卡帕的另一个花园杰作。虽然用于安葬布里昂夫妇的石棺占据了花园中心的位置，但是其余的场所，草坪、水池、廊道、小教堂都是面向大众开放的，人们可以自由地在墓园中游走，就像在一个精心布置的花园中一样。这也是斯卡帕会说“所有人都喜欢去那里——孩子们在玩耍，狗在周围奔跑——所有的墓地都应该这样”的原因。这样的话语不是修辞，而基本上是对现实场景的真实描述。如果不了解斯卡帕对石棺的特殊设计，一个普通来访者甚至不会意识到这片“花园”与墓葬的直接联系。

布里昂墓园的总体格局并不复杂。L形的平面由东西向的北翼与南北向的南翼组成，紧贴着老公墓的北边与东边。墓园入口设置在南翼中段的西侧，处于横穿老公墓北部道路的东端，这条道路的西端是公墓的两个主要入口之一，在入口之外正对着的是连接公墓与村庄的一条东西向小路，道路两旁都种植了高大的柏树（图6-3）。很明显，斯卡帕刻意将墓园入口放置在这条从村庄到墓园的东西向路线的尽端。他解释道：“在通向墓地的道路两旁种植松柏是意大利的传统。它是一条路径，建筑师总是在铺砌路径。这条路径被称为*propylaeum*，在希腊语里是‘门’的意思，入口。”[①]在古希腊建筑中，*propylaeum*主要是指神庙圣地入口的门房，因

① PHILIPPE DUBOY. Scarpa/Matisse: crosswords[M]//CO & MAZZARIOL. Carlo Scarpa: the complete works. Electa/Rizzoli, 1984: 170.

图6-2

图6-2

奎里尼·斯坦帕利亚基金会后花园

（Sailko, CC BY 3.0 <https://creativecomm org/licenses/by/3.0>, via Wikime Commons）

图6-3

通往墓园的道路

（施鸿锚摄）

图6-3

为地处要地，这些门房也往往采用柱式等语汇，显得隆重和庄严。最为著名的*propylaeum*是雅典卫城建造于公元前5世纪的山门，它居高临下地“站立”在前往卫城的曲折山道的尽端，采用了与帕提侬神庙一样的多立克柱式，极为古朴威严。斯卡帕对路径的敏感在古堡博物馆的讨论中已经提及，在布里昂墓园，虽然建筑尺度不大，但对入口的特意选择展现了斯卡帕对希腊传统以及与之相关的纪念性和仪式感的关注，所以在后面我们也将其称为“山门”（图6-4）。之前已经谈到，无论是科斯塔的摩德纳老公墓还是罗西的新公墓都有一条明显的轴线路径，三位建筑师都对古典传统表示了尊重。

不过，不同于摩德纳新老公墓都采纳的轴线对称布局，来自于威尼斯地区的斯卡帕显然无法接受严格的对称性。墓园“山门”的设计就是非对称的，走进入口，几步上行的台阶也没有放置在轴线上，而是偏向了左侧。走上台阶，就进入了一条南北向的廊道，在侧墙上直面入口的是两个巨大的双环洞口，这是斯卡帕经常使用的一种图案，在布里昂墓园中也随处可见。如果顺着廊道向南部走，穿过一道玻璃门之后走出廊道就会走入最南端的方形水池中。这时原来南北向的混凝土窄道会向东转，将人们引入水池中的长方形亭子里。斯卡帕将这个亭子称为“沉思亭”（meditation pavilion）（图6-5）。

沉思亭水池的北侧是一大片草坪，一条水道从水池向北方延伸。在水道尽端就是位于草坪北部的，同时也是南北两翼直角交汇点上的布里昂夫妇墓。斯卡帕实际上抬高了这片草坪的地坪，但布里昂夫妇墓的圆形底面并没有抬高，而是保留在原有地坪的高度，所以看起来像是陷在草地里。“死去的男人想要贴近大地，因为他就出生在这个村庄，”[①]斯卡帕这样解释。布里昂夫妇的两个石棺并排放置，斯卡帕设计了一个特殊的拱券，覆盖在石棺之上。这个墓穴组团的圆心与沉思亭的中心轴线对齐，但斯卡帕将整个组团的朝向绕圆心旋转了45°，这样它既是面向南翼的，也是面向北翼的。旋转也避免了轴线对齐所带来的过于强烈的对称性（图6-6）。

① PHILIPPE DUBOY. Scarpa/Matisse: crosswords[M]//CO & MAZZARIOL. Carlo Scarpa: the complete works. Electa/Rizzoli, 1984: 170.

图6-4

图6-5

图6-6

图6-4
位于老公墓中的“山门”
（张钰淳摄）

图6-5
水池中的沉思亭
（黄也桐摄）

图6-6
布里昂夫妻的石棺
（黄也桐摄）

如果在入口的门廊向北转，人们可以进入这片抬高的草坪。通过一段有交错梯步的混凝土台阶，人们从草坪下到正常的地面标高，同时也进入了墓园的北翼。这一部分建筑内容更为紧凑和丰富。嵌在墓园北墙上的是另一个亭子，由巨大的混凝土梁支撑着厚重的倾斜屋顶，这里被斯卡帕称为“关系的圣祠”（relation's shirine）。被悬浮屋顶覆盖的地面上放置着刻有布里昂家族去世成员名字的石块。他们并不是真的被埋葬在这里，建筑师的意图是通过石块展现家族成员之间的“关系”（图6-7）。

整个北翼的核心，实际上是同样旋转了45°的方形小教堂，也被放置在一片方形水池之中。它与布里昂夫妻墓的距离，和沉思亭距布里昂夫妻墓的距离基本相似。“这片土地是如此巨大，使其变成了一片草坪……为了让空间的夸大变得合理，我们想，添加一个用于葬礼的小庙宇（temple）应该是有用的。”[①]在这段话中，斯卡帕使用的是“庙宇”，而不是更为常见的“小教堂”或者“小礼拜堂”。就像他要将墓园入口称为“山门”一样，这位“经由希腊来到威尼斯的拜占庭人”总是试图与更为深远和丰富的传统建立关联。这座“庙宇”的平面很简单，就是一个完整的方形，但细节处理极为丰富。四周的混凝土墙上开了很多竖条窗，边缘都采用阶梯形的折角（图6-8）。

从“庙宇”西侧的小门出来，走过“漂浮”在水面上的几个踏步，会进入一片栽种了11棵柏树的小院子。斯卡帕告诉我们，“工程刚刚开始，我就栽下了这些柏树。”[②]这是因为村庄牧师在看过斯卡帕最初提交的方案后询问他：“我们这些可怜的牧师怎么办？”，斯卡帕回忆道：“我说我从没想过这个问题。我以为在乡村，在意大利，牧师都被安葬在教堂里……于是我划出了一块地……让地面降低了10cm，并且立即种植了11棵9.5m高的柏树……这就是我们如何为牧师的死亡所设计的空间。”[③]

在这片最西端的牧师树林南侧，是“庙宇”的独立入口。因为是由布里

① 引自ROBERT MCCARTER. Carlo Scarpa[M]. London: Phaidon Press, 2013: 240.
② CARLO SCARPA. A thousand cypresses[M]//CO & MAZZARIOL. Carlo Scarpa: the complete works. New York: Electa/Rizzoli, 1984: 286.
③ 引自ROBERT MCCARTER. Carlo Scarpa[M]. London: Phaidon Press, 2013: 240.

图6-7

图6-8

图6-7
“关系的圣祠”
（黄也桐摄）

图6-8
小教堂
（黄也桐摄）

昂家族捐赠给村庄的，这座小教堂设置了直接面向外部道路的入口。这样来参加葬礼的人就可以从外面直接进入教堂参与仪式，而不需要从公墓内部穿行折返。如果将布里昂墓园看作一片花园，那么这里也是花园的独立入口。人们推开一扇厚重的混凝土门，穿过走道，再经过一个入口院落就可以进入礼拜堂的前厅，如果是继续向东走，就会由此进入北翼与南翼的草坪区。绝大多数带着孩子与狗来墓园游玩的人都会从这个入口，而不是由公墓内部的“山门”进入。树木、水池、矮墙与草地的并存，让这个花园入口迥异于老公墓庄重但单调的铁门与石子小路。它极为典型地体现出布里昂墓园与老公墓，以及摩德纳两个墓地之间的显著差异。

虽然我们试图在这里为读者介绍布里昂墓园的总体格局，但必须承认，在某种程度上，想要用文字来呈现这座墓园是徒劳的。原因并不复杂，斯卡帕的布里昂墓园设计资料完整地保留了下来，据学者们统计，斯卡帕为这个项目留下来超过3000张平面、草图和笔记。我们之前也提到过，一张典型的斯卡帕图纸往往被各种各样的细部方案所填充，所以这3000多张图纸和笔记中可能包含了数千个细部设计的方案。当然不可能所有的设计方案都获得实施，但是为一个这样尺度的建筑项目绘制如此多的图纸，几乎是不可想象的。这恰恰是斯卡帕的独特性所在。虽然在20世纪40年代末期斯卡帕停止了玻璃器皿的设计，转而专注于建筑创作，但他设计建筑的方式在某种角度看来与他设计玻璃制品的方式是一样的，其最大特点就是对细节的关注，他是在用设计和制作工艺品的标准来设计建筑。布里昂墓园作为斯卡帕最具特色的作品，将他设计中的细节密度展现得淋漓尽致。用最为粗略的说法来概括，在这个占地2400m^2的建筑中，除去大面积的草坪和水面不谈（实际上，水面之上与之下都还有很多设计要素），在真正的构筑部分，几乎在每10cm的距离上就会出现细节的变化，它们可能是混凝土的折角、是马赛克镶嵌、是不同尺度的缝隙或者是金属的精细节点。在前面的论述中，我们实际上刻意避免了去谈论这些细部，不是因为它们不重要，而是我们根本无力去呈现它们难以穷尽的丰富性。在另一方面，即使我们用大量的文笔描述了这些细节的形态特征（因为这可能是最容易描述的），也无法真正呈现它们的品质。不同材质、光线、色泽、关系以及各种变化构成了细部的丰富魅力，但这些都难以用文字给予准确呈现。斯卡帕的作品可能比其他任何建筑师的作品都更让人体会到文字的限度。要完整地体验这个建筑，唯一的办法仍然是身临其境，就像那些带着孩子与狗来到这里的居民一样。“如果建筑是好的，一个观察和聆听的人会感受到它的良好效果，甚至他自己都不会注意到这件事。”①斯卡帕的话让我们对建筑超越语言的感染力抱有信心。或许斯卡帕对文字的抗拒，与他对语言的限度的感受有关。在语言之外，我们仍然有感知建筑的特定方式，尤其是对于斯卡帕的作品。

细节

虽然文字无法完整地呈现布里昂墓园，但这并不意味着我们只能就此停止。本书的目的并不是要全面展现斯卡帕作品的品质，可能没有任何单独的书籍足以完成这个任务，而是只想就一个问题进行讨论，那就是罗西所提示的难题。这样，我们的范畴缩小了很多，也可以在斯卡帕作品中选择一些相关的元素来进行分析。在这种限定之下，文字仍然是有效的。在这一节中，我们将聚焦在布里昂墓园几个重要的细节上，分析它们的材料、形态、建构以及内涵，并试图从中提炼出能够帮助回应罗西疑问的启示。这种分析当然不是随意和偶然的，好像碰到什么就发现什么，而是要在前两章的基础上再前进一步。

那么，具体采用什么样的分析策略，如何再前进一步呢？在前两章中，我们对斯卡帕作品的讨论已经逐步聚焦在“汇聚”的理念上。在古堡博物馆中，汇聚主要是指不同历史传统的汇集与交融，而在威尼斯小桥扶手中，汇聚的主要是建构元素以及各种细节。汇聚的特殊价值在于它帮助展现了“关联性背景”，而这个“关联性背景”就是作品所指代的“世界”。这一结论也将是我们下面讨论的出发点。我们仍然会以“汇聚”为导引来分析斯卡帕布里昂墓园中的诸多细节，这当然不是想重复前两章的

① CARLO SCARPA. A thousand cypresses[M]//CO & MAZZARIOL. Carlo Scarpa: the complete works. New York: Electa/Rizzoli, 1984: 286.

分析，而是希望在这一特定视角下看到斯卡帕在布里昂墓园设计中汇聚了哪些特殊的东西，而这种汇聚又能给我们带来什么样的启示。

山门

我们还是按照上一节的行进序列展开分析。首先是作为入口的“山门”。虽然形态与格局很简单，就是一个有几步台阶的门廊，但这里已经有极为充沛的细节，如天光、梯步、铜钉、植被、灰泥墙体的特殊设计。我们想要讨论的就只集中在一点上，即“山门”的混凝土材质及其叠涩形态。实际上，整个布里昂墓园的主体构筑物都是混凝土材质的，阶梯状的叠涩主题也频繁出现在墓园的各个角落。所以这两点属于墓园的总体特征，只是因为它们在“山门”已经鲜明地呈现出来，所以我们先行分析。斯卡帕对混凝土材质的挖掘在前面已经提及。在这位“匠人”手中，混凝土与钢铁这些现代工业化材料，被从日常观念的材料等级里“解放”了出来。混凝土的肌理、光泽、色彩也可以像大理石一样高贵，一样得到建筑师的尊重。在布里昂墓园中，混凝土的材料特质得到了充分的挖掘。我们之前提到的，这个项目难以穷尽的细节，其中有很大一部分就集中在混凝土浇筑构件中。它们可以是像一般混凝土建筑那样常见的平整墙壁，也可以是被金属条精确限定的如同石头一样的铺地，还可以是被大量缝隙、孔洞、缺口穿透的实体，就好像是一块被精细雕琢过的玉石。而在所有这些混凝土处理的细节中，布里昂墓园中最为引人注目的仍然是随处可见的叠涩主题（图6-9）。

在某种程度上，正是因为这些叠涩的普遍性存在，使得我们难以准确地描述布里昂墓园的形态特征。它们几乎随处可见，在墙头、在窗边、在花坛、在水中。它们的形态也极为丰富，有竖向的、有横向的，还有横竖结合的L形或者U字形。叠涩的退台方向也涵盖了上下左右、前后内外。尽管形态各异，这些混凝土叠涩都采用了5.5cm的尺寸，也就是说，每一层叠涩的高是5.5cm，也比上一层后退或者是前伸5.5cm。为何使用这个特殊的数值？斯卡帕的解释是：“我在5.5cm的格网上设计所有的东

图6-9

图6-9

随处可见的叠涩

（黄也桐摄）

西，这个主题，看起来好像没有什么特殊的，实际上有丰富的表现和运动幅度……我用11与5.5度量所有的东西。”[1]斯卡帕并没有解释清楚为何5.5与11比5.0和10更具有“表现和运动幅度”，一种可能性是相比于5.0和10，5.5和11可能显得更为灵活，因为它们不是十进制的整位数。“我的是一个允许运动的简单格网——厘米是枯燥的，在我的方式中，你获得了关系。”[2]斯卡帕的话可能是对这种理解的一种佐证。

我们关心的当然不是具体的尺寸，而是为什么要使用这种独特的主题。在《一千棵柏树》中，斯卡帕只提到了一句，“我需要某种光，并且我在5.5cm的格网上设计所有的东西。”[3]这句话应当如何理解？毕竟混凝土叠涩自己并不会发光。实际上，5.5cm的叠涩在斯卡帕之前的作品中并不鲜明，如早一些完成的古堡博物馆与奎里尼·斯坦帕利亚基金会项目中都没有使用这种主题。它最早的大规模使用，可能是在1968年第34届威尼斯双年展意大利馆的设计中。同样是在入口处，斯卡帕用白色石头砌筑起布满了竖向叠涩的形体。在阳光下，这些密集的竖向叠涩带来的阶梯状投影变化，都让人想起古希腊多立克柱式上的凹槽。虽然不同于叠涩的阶梯退台，这些凹槽同样有明确的序列感，在白色大理石的石柱上留下极为丰富的光影变化。可能这就是斯卡帕所说的“我需要某种光”，叠涩能够带来鲜明的光影效果，让混凝土一改传统的僵硬形象，呈现出如同希腊白色大理石一般的细腻。

叠涩的可能性来源，还不只这一处。在盛期哥特风格中，束柱是由从屋顶落下的拱肋聚合而成，大量的竖向元素按照阶梯状的方式排列，就形成垂直方向的叠涩。除了束柱以外，这种手法还出现在哥特教堂入口的设计中。斯卡帕是否在威尼斯丰厚的哥特建筑传统中提取出了叠涩主题？因为没有文献证据支持，这只能停留在一种猜测中。而另一种更为大胆的猜测是，叠涩有可能来自于中国古代的密檐砖塔。例如，建造于6世纪的嵩岳寺塔，就有在尺度上与斯卡帕最为相近的密集叠涩。那么是否有可能斯卡

① CARLO SCARPA. A thousand cypresses[M]//CO & MAZZARIOL. Carlo Scarpa: the complete works. New York: Electa/Rizzoli, 1984: 286.
② 同上。
③ 同上。

帕吸收中国古塔的元素，运用在了20世纪60年代末的设计中？这种猜想也不是完全缺乏依据，我们后面会提到，斯卡帕实际上对中国元素非常感兴趣，在布里昂墓园中也直接使用了相关元素。所以他借由某个机会看到了中国古塔，也完全有可能。作为建筑界的马可·波罗，地域和文化并不是不可穿越的藩篱。

不管来源如何，一个明确的事实是，从1968年开始，叠涩就成为斯卡帕建筑语汇中最重要的主题。布里昂墓园在1969年开始设计，是使用叠涩最多的项目。在稍晚一些的威尼斯建筑大学校门（1972年）以及维罗纳大众银行中，斯卡帕也明白无误地使用了这一主题，它是斯卡帕建筑语汇中最有代表性的元素之一。

像其他很多斯卡帕建筑元素一样，叠涩主题给人的感受是复杂的。一方面，它有明确的秩序感，所以具有简明的确定性；但另一方面，它不断出现在各种地方，时大时小、时长时短，就像是某种神秘的符号被留在各处，但是我们并不知道这个符号所指代的内涵是什么。研究者们对这一主题的论述不太多，因为除了“我需要某种光”以外，几乎找不到什么直接的线索。达尔·科认为，叠涩凸显了体量的边界，所以“阐释了构成体系中的划分，强调了体量的轮廓，以及并置材料的本质，”它“更为抽象地渲染了实体与体量的片段组合所带来的交互作用。”①这也就是说，通过强调边界，尤其是着重渲染交接部位，叠涩主题展现了斯卡帕如何将不同的“实体与体量片段”组合在一起。但是这种解释有一定的缺陷，因为在布里昂墓园中，叠涩主要是出现在混凝土浇筑体中，仍然是属于一个整体，并不能那么强烈地展现不同“实体与体量片段”的组合。

在本书作者看来，叠涩主题的感染力在两方面，一是展现了混凝土的可能性，二是象征了某种进程。第一点并不难解释。在希腊柱式、哥特束柱，乃至于中国密檐砖塔中，采用叠涩主题都是为了获得更为隆重的视觉效果，为此匠人们耗费心力，对大理石、石头和砖进行了精细处理。

① FRANCESCO DAI CO. The architecture of Carlo Scarpa[M]//CO & MAZZARIOL. Carlo Scarpa: the complete works. Electa/Rizzoli, 1984: 59.

但是对浇筑混凝土也进行叠涩处理，而且还是如此密集和复杂地使用，在整个建筑史上都可能是绝无仅有的。要知道，混凝土是浇筑而成，要获得这种密集的叠涩，需要极为细致的模板搭建，越是细微和密集，施工的难度就越大。所以，像“山门”这样的建筑片段给人的第一感受是一种惊奇，原来混凝土还可以这样处理。这种笨拙的材料也可以产生如此精细的变化（图6-10）。在这一点上，达尔·科的分析很有道理，他说叠涩在本质上是一种“边缘条件”（edge condition），可以理解为斯卡帕的叠涩渲染了混凝土实体的边缘，只是这种渲染打破了常规的将混凝土看作一个简单实体的理解，让我们看到混凝土也可以不仅仅是常见的方块。突破常规的边界，混凝土也可以有丰富的层次、有序的退进，斯卡帕进一步改变了我们对混凝土这种材料的认识，让我们意识到在混凝土的厚度中所蕴含的远远超乎想象的可能性。

不过，达尔·科的解释也有不足之处。可以有很多方式强调“边缘条件”，为何一定要采用叠涩这种特定方式呢？叠涩的特点是鲜明的序列感，而且不同于简单的行列，叠涩的相邻构件之间有一种明显的递进关系，这使得小尺度的构件一同构成一个进程，一个具有递进关系的进程。在中国的密檐砖塔上，叠涩就是起到这样的作用。通过层层递进，塔身檐口可以实现更大的出挑，而在古希腊早期的建筑穹顶，如迈锡尼的圆顶石墓中，也是采用叠涩来实现更大的跨度。所以，在我们看来，叠涩的特殊内涵在于它体现出一个特定的历程，从某个起点出发，逐步递进，最终达到某个终点。在布里昂墓园中，这些浇筑的混凝土叠涩并没有直接的结构作用，但是它们可以具有象征性内涵。墓园中大小、方向、形态各异的叠涩，仿佛嵌入到建筑实体中的符号，每一个符号代表了一个特殊的历程，它们一同汇聚在墓园建筑整体中。这很容易让我们联想起人的一生，因为生活就是由各种各样的历程所组成的，如求学、婚姻、职业发展、养育孩子、栽种一棵植物或者战胜一段疾病。只有死亡来临，这些历程才最终结束，人才能被这些全部的历程所刻画。而我们对死去的人的回忆，也往往只是这些历程中的一个片段。在这个意义上，墓园建筑是对人的一生的隐喻。叠涩所指代的就是一生中各种各样的历程，它们有的漫长、有的短促、有的顺利、有的曲折。如果不将死亡看成简

图6-10

图6-10
精细的叠涩处理
（施鸿锚摄）

单的终点，而是对人的一生进行概括和限定的时刻，就像亚里士多德所说的，只有在死亡之时才能对人的一生进行评判，去评价一个人是幸福还是不幸福，那么布里昂墓园这些被混凝土凝固下来的叠涩，让我们看到生命旅程的复杂与曲折，去重新回味那些已经被淡忘的历程与片段。可以这样认为，通过叠涩，布里昂墓园将人生的曲折宛转汇聚在死亡这个决定性的时刻。

双环

走进“山门”之后，行人马上就会被对面墙上巨大的开洞所吸引。两个一人高的双环部分重叠地并排站立，除了环的边缘外，双环中的部分都被挖成了洞口。透过双环，可以看到墙外被阳光覆盖的草坪与倾斜的墓园东墙。外部的明亮反衬出“山门”内的暗淡，人的注意力自然而然地被聚焦在双环之上（图6-11）。

与叠涩主题一样， 双环元素大量出现在布里昂墓园以及其后的一些项目中， 如维罗纳大众银行之中。 但是， 这一元素在斯卡帕作品中的源起比叠涩要模糊得多。 在1961～1963年完成的博洛尼亚加维那商店（Gavina Shop）中，双环交叠形成的巨大洞口已经出现在商店外立面上（图6-12）。只是这里双环的重叠部分更多，也没有保留交叠部分的双环边缘，所以在一定程度上削弱了双环的主题。但是，罗伯特·麦卡特认为，双环主题还可以上溯到斯卡帕1950年设计的威尼斯双年展售票亭。这个项目的叶片状顶棚，也可以被认为是源自双环交叠的中心部位。不过，斯卡帕对顶棚两端的切口处理，也同样削弱了对双环交错的联想。由此看来，即使双环主题早已存在于斯卡帕的脑海中，但是最早以完整的双环重叠形象出现仍然是在布里昂墓园的设计之中（图6-13）。

斯卡帕曾经谈到这一主题的来源。他说自己受到巴洛克建筑大师波洛米尼（Francesco Borromini）启发。在建筑史上，椭圆形的建筑平面是波洛米尼最具特色的建筑元素之一，而他其中一个未建成的教堂方案，就

图6-11

图6-11

“山门”内看到的双环

（黄也桐摄）

图6-12

图6-13

图6-12

斯卡帕设计的博洛尼亚加维那商店

（Paolo Monti, CC BY-SA 4.0 <https://creativecommons.org/licenses/by-sa/4.0>, via Wikimedia Commons）

图6-13

斯卡帕设计的威尼斯双年展售票亭

（Jean-Pierre Dalbéra from Paris, France, CC BY 2.0 <https://creativecommons.org/licenses/by/2.0>, via Wikimedia Commons）

是通过两个圆的交叠来形成椭圆形的教堂中心平面。除此之外，麦卡特还将双环主题与基督教传统中大量使用的“鱼鳔”（*vesica piscis*）符号相关联。一个典型的“鱼鳔”也是由两个等大的环叠加而成，而且其中一个环的边缘要穿过另外一个环的圆心，由此形成稳定的几何关系。因为与鱼鳔的形状类似，所以人们以鱼鳔的拉丁语名词*vesica piscis*称呼它。虽然“鱼鳔”符号的确凿起源并不清晰，但是在基督教以前的古代宗教中已经开始使用。在那时，“鱼鳔”图案象征着富饶、生育以及新生。这很可能来自于双环交错所象征的男女交配，以及交叠部分与女性生殖器之间的相似性。在基督教传统中，源于古代的性别内容被去除，双环被指向天堂与尘世、生与死，而耶稣则是将天堂与尘世联系在一起的人，他也通过死去和复活穿越了生死。所以“鱼鳔”符号中心的“杏仁”（*mandorla*）部位被视为耶稣的象征，在大量的基督教圣像中，耶稣、圣母以及其他圣徒都被描绘在两段圆弧所组成的“杏仁”之中。麦卡特的分析非常有道理，就像他所指出的，双环主题最早就是以“杏仁”窗的形式出现在威尼斯双年展的书店中。[①]考虑到意大利丰厚的宗教建筑遗产，斯卡帕从中提取了特定元素并不奇怪。

有趣的是，肯尼斯·弗姆兰普顿还提出另外一个观点。在《建构文化研究》（*Studies in Tectonic Culture*）一书中他提到，有一种说法认为斯卡帕最早在一盒产自中国的香烟盒子上看到了双环图案，然后使用在了布里昂墓园中。[②]弗兰姆普顿只是将其作为一则趣闻记录了这个传说，他并没有告诉我们具体是什么中国香烟。通过调查，我们发现，中国广西贵港市平南县的平南烟厂曾经生产过一款名为“双环”的雪茄烟，在雪茄烟盒的正反两面都印着完整的双环交错的图案（图6-14）。而且，如果再进行更进一步的比对，就会发现雪茄烟盒上的双环与布里昂墓园的双环在比例上十分接近，不同于传统“鱼鳔”图案中双环要穿过彼此的圆心，烟盒双环与布里昂墓园的双环交叠部分要少一些，所以圆环在距离圆心三分之一半径的地方穿过。形状与比例上的相似性，的确让我们相

① 参见ROBERT MCCARTER. Carlo Scarpa[M]. London: Phaidon Press, 2013: 41.
② 参见KENNETH FRAMPTON, JOHN CAVA, GRAHAM FOUNDATION FOR ADVANCED STUDIES IN THE FINE ARTS. Studies in tectonic culture: the poetics of construction in nineteenth and twentieth century architecture[M]. Cambridge, Mass.: MIT Press, 1995: 312.

信弗兰姆普顿所记录的传闻可能并非无稽之谈。我们知道斯卡帕非常喜欢吸雪茄，他最为钟爱的是一种产自瑞士的椭圆形雪茄。所以，斯卡帕的确有可能偶然获得了一盒中国雪茄，并且受到了启发。不过，将中国雪茄烟盒上的图案直接用在意大利夫妻的家族墓中，绝非一般建筑师能够接受的，但是对于“经由希腊来到威尼斯的拜占庭人”来说，这也不会显得那么不可思议。

我们关心的，并不是斯卡帕到底从哪里搬来了双环图案。更有可能的，是他在各种不同的源泉中受到了启发， 并且将这些影响汇聚在布里昂墓园的双环中。真正重要的，仍然是他的意图，为何要使用这个符号，而且在如此中心的位置使用它。斯卡帕后期的重要助手沃尔特·罗塞托（Walter Rossetto）曾经问过他这个符号到底有什么特殊意义，斯卡帕只是回答：“这是我一生的主题（*leit-motiv*）。”[①]这句话虽然表明了斯卡帕对双环的珍视，并没有直接解释其内涵。但是在其他一些场合，他提到双环的交错就像中国传统的太极图一样，象征着阴—阳、男—女、生—死等对立元素的相互交融。可以看到，这实际上与基督教传统，乃至更早的西方古代宗教里“鱼鳔”符号的内涵是相似的。它们的共同之处是强调两种在平时看来处于差异对立状态的元素，在实质上是相互紧密关联的，而这种关联所带来的重叠与融合之处恰恰是诞生新的生命与活力的富饶之地。斯卡帕也主动通过古老的女性身体的比喻来阐明这一点，他说道：“它们重叠部分的形态，类似于被两个乳房压迫形成的女性生殖器的形状，这象征着丰饶。”[②]这段话说明，在斯卡帕看来，双环意味着阴与阳、男与女、生与死的汇聚，这不仅打破了日常理解的固有边界，更为重要的是，这种汇聚能带来新生，所以它“象征着丰饶”。

在这里，斯卡帕与罗西对待死亡主题的差异已经凸显出来。在罗西的圣卡塔尔多公墓中，生与死之间的边界是无法跨越的。这并不是指死去的人不可能死而复生这么简单。我们前面已经分析过，对于罗西来说，死

① 引自GIUSEPPE ZAMBONINI. Process and theme in the work of Carlo Scarpa[J]. Perspecta, 1983, 20: 40.
② 引自GIUSEPPE ZAMBONINI. Process and theme in the work of Carlo Scarpa[J]. Perspecta, 1983, 20: 38.

亡意味着生命与活力的离去，死被定义为生的对立面，生和死分别对应于充满了生机与活力的世界和被剥离了生机与活力的世界。这种差异性是罗西在荷尔德林的诗篇、在波河谷地、在“最后一个夏天”中反复体会到的，所以他的圣卡塔尔多公墓是一个明白无误的“死者的城市”。虽然在类型和元素上与生者的城市大同小异，但是这里缺失的是生的真正实质——生命与活力。圣卡塔尔多公墓令人震撼的特质就在于，这两个世界之间无法跨越的鸿沟。人被抛弃在生的对立面，从而感到孤独、被异化以及难以抵御的忧伤。

但是在斯卡帕的双环主题中，生与死被明确地交织在一起。不仅生死双环互相交叠，在正对山门的双环上，斯卡帕分别将两个双环的内侧镶嵌了蓝色与红色的马赛克，以示两者的区别。在外侧，双环也镶嵌了马赛克，但是内侧的蓝色圆环在外侧变成了红色，另一个环与之相反（图6-15）。这个特殊的姿态表明，斯卡帕不仅在强调阴—阳、男—女、生—死的交织，还在隐喻这双方具有某种同质性，它们并不存在绝对的差异。而更大的区别还在于，斯卡帕的双环是一个充满生机的符号。或许是有意的，也可能是无意的，斯卡帕将东西方文化传统同时汇聚在这个符号里。而无论在东方还是西方，它们都指向一种融合与孕育。不同于罗西所强调的离去，在双环之中新的生命与活力会不断诞生。如果是这样，那么死亡并不是生命的对立面，两者的融合可以带来新的生命。毫无疑问，双环是一个欢愉的符号。

斯卡帕并没有进一步解释，生与死如何能够融合？这种融合又如何去除罗西的忧伤。我们需要在后面借助其他理论工具来解答这些问题。但至少有一点是清楚的，斯卡帕希望人们以这种特定的视角来看待布里昂墓园，来看待死亡。他曾经写道：“你获得的墓园的第一印象，就是通过这两只‘眼睛’所看到的。”[①]此外，还有另外一个细节可以说明斯卡帕对生、死、欢愉的特殊认识。这个细节同样与中国有关，那就是墓园围墙的东北角上特殊的镂空处理。弗兰姆普顿告诉我们，这实际上就是中

① 引自ROBERT MCCARTER. Carlo Scarpa[M]. London: Phaidon Press, 2013: 245.

图6-14

图6-15

图6-14

广西平南烟厂双环雪茄烟盒

（拍摄者未知，Public domain）

图6-15

从墓园草坪上看双环

（黄也桐摄）

国汉字“囍”的变形。[1]在传统文化中，“囍”象征着新婚，与之相伴的是对子孙繁衍的祝福，所以它本身就与新生相关联。像斯卡帕这样将“囍”字纹用在墓地中，即使在中国也是极为罕见的，不过，我们也的确有将婚礼与葬礼统称为“红白喜事”的说法。可以认为，与双环符号类似，斯卡帕借用了中国汉字来传递生与死相互融合的内涵，而“囍”字的喜庆色彩也明白无误地传递出一种欢愉的情绪（图6-16）。

从另一种视角来看，约瑟夫·布里昂先生先于布里昂夫人去世，不过，最终两人还是再次相会在墓园之中，“囍”也可以被理解为两人的第二次结合，而且是不会再分离的结合。这当然也是一种“欢愉”。

门

在双环之前的廊道中向右转，会走向南端的水池与“沉思亭”。不过在廊道中，会遇到一扇由金属框架支撑的玻璃门。斯卡帕解释道，由于整个墓园是面向公众开放的，所以需要这样一道门来划定一块私人领域。他所指的并不是布里昂夫妇的石棺，而是水池与亭子。试图穿过这扇门的人会惊讶地发现，这扇门的开启方式极为特别。不同于一般的门可以旋转平开或者是推拉滑动，斯卡帕设计的这扇门是向下开启的，也就是说，整个门扇是向下滑动的。你需要使出相当大的力气，将整扇门向下压，玻璃和金属框会沉入地上的缝隙之中，人才能自如地通过（图6-17）。

更为有趣的是，等你穿过了门，往前走去，会被身后的金属摩擦声所提醒，往回看时会看到玻璃门从地上缓慢升起，但是玻璃与金属框上都不断地滴落水滴。这时你才意识到，刚才被推下去的门不是落入一道空的窄缝之中，而是沉入了位于廊道之下的水池中。而在走出廊道之后，你会更加清楚，这片水池就是“沉思亭”所在的水池。斯卡帕没有解释这个特殊的

① KENNETH FRAMPTON, JOHN CAVA, GRAHAM FOUNDATION FOR ADVANCED STUDIES IN THE FINE ARTS. Studies in tectonic culture: the poetics of construction in nineteenth and twentieth century architecture[M]. Cambridge, Mass.: MIT Press, 1995: 318.

图6-16

图6-17

图6-16

转角上的“囍”字纹样

（施鸿锚摄）

图6-17

走廊中的玻璃门

（杨恒源摄）

想法从何而来，我们只能猜测，可能是威尼斯运河边那些时常浸泡在水里的门，如奎里尼·斯坦帕利亚基金会的两扇水门启发了斯卡帕的设计。不过，这些水门与斯卡帕完全沉入水里的门仍然有不小的距离。在一段与意大利帕维亚（Pavia）大学心理分析专家弗拉维奥·帕万（Flavio Pavan）的访谈中，斯卡帕提示了这个设计的喻义："身体在张力中聚集在一起，通过穿透一道隔膜来获得通路，这也就是一种穿透的动态图景，是生产的反向图景，在其中，身体回到了胚胎的位置，象征着重新回到母亲的子宫。"①

斯卡帕再次使用了女性身体的比喻，这并不偶然。在布里昂墓园的图纸中，斯卡帕绘制了很多人的形象，她们几乎都是女性的裸体。这些形象有的可能直接指代此项目的业主，即布里昂先生的遗孀奥诺里娜夫人。但在另一方面，就像在这段话以及前面的引言中所体现的，斯卡帕希望通过女性的身体来象征生命的诞生与延续。所以，将门沉入水中，被联想为回到母亲的子宫。一般人不太可能直接产生这样的联想，它体现出斯卡帕自己的强烈意图。在一座关于死亡的建筑中，他强调的不是终点，而是起点，生命诞生的起点。

这扇门的有趣之处还不止于此。只有走出廊道之外，站在水池中的平台上，才会看明白玻璃门是如何自动升起的。这里没有电动机构，玻璃门实际上被两道钢索向上拉着。钢索穿过廊道的墙面，伸出到廊道东墙的外表面上。在这里，斯卡帕设置了大大小小十余个金属滑轮。钢索在这些滑轮之间绕来绕去，形成了复杂的线路。最后，钢索的端头连接在一个可以上下滑动的不锈钢负重上，人们压下门，负重被提升上去，一旦松手，负重下降又会将玻璃门从水中提升起来（图6-18）。通过将钢索、滑轮与负重呈现在廊道的外墙之上，斯卡帕创造了另一个精妙的"汇聚"场景。这里是各种机械构件、受力路径以及质量与重力的汇集。几乎每一个机器都是这种汇集的产物，但是斯卡帕的特殊之处就在于将这种汇聚以微妙而隆重的方式呈现出来，让人们看到其中的规律、逻辑以及复杂的关

① 引自GIUSEPPE ZAMBONINI. Process and theme in the work of Carlo Scarpa[J]. Perspecta, 1983, 20: 40.

图6-18

图6-18

走廊外墙上玻璃门的传动机械

（张钰淳摄）

联关系。机器也可以是一个有着自身法则的“世界”，这也是勒·柯布西耶强调“住宅是居住的机器”的原因之一。斯卡帕谈到过勒·柯布西耶的《走向一种建筑》改变了他对建筑的看法，而在一次讲座中，斯卡帕甚至说道：“我也发明机器。”[①]

如果再进一步观察玻璃门这部“机器”的细节，就会发现，条形不锈钢负重的截面实际上是双环交错的“鱼鳔”形。这也就是说，在这部机器的运转中，也包含了阴—阳、男—女、生—死的上下交互，子宫的比喻也指向了这种交互运动中诞生新的生命的能力。同样是重力的作用，也同样是上升与下降，斯卡帕的机器让我们想起罗西的《一部科学的自传》。罗西告诉我们这部书的名字来自于普朗克童年听到的故事，让罗西着迷的是重力、时间与死亡。在普朗克的故事中，死亡是故事的终点，但是在斯卡帕的“机器”中，生与死会不断地交互运动下去，建筑师不仅设定了隐喻的内涵，还通过对“机器”汇聚的戏剧化展现，让我们看到这种交互的复杂与关联。不仅仅是“看”，通过倾尽全力将玻璃门压下，我们自己实际上也成为这个“机器”的一部分，作为生与死所组成的特殊进程的一部分，我们也不由自主地参与到玻璃的沉浮、重力的起降、生命的消失与新生之中。

水池与亭子

穿过玻璃门，走出狭窄的廊道，人们会发现自己置身于一片深色的水池之中。布里昂墓园位于一片旱地农田中，周围并无河流，斯卡帕在这里设置水池，是其威尼斯特色的再度体现。

水面的直接作用是创造一个平静的环境，这对于“沉思”来说是必要的。密斯·凡·德·罗在巴塞罗那博览会德国馆中将相当一部分的平面设计为水池，还在池边布置了石凳，也是出于这个目的。他试图在嘈杂的博

① 引自PHILIPPE DUBOY. Scarpa/Matisse: crosswords[M]//CO & MAZZARIOL. Carlo Scarpa: the complete works. Electa/Rizzoli, 1984: 170.

览会中创造一片平静的沉思之地。不过，不同于密斯·凡·德·罗清可见底的浅水池，斯卡帕在布里昂墓园设计中的水池是深色的，人们看不到水池的底面，也无法判断水下有多深。虽然常识告诉我们，这样的水池不会是无尽深渊，但是那些逐渐消失在深色水面以下的混凝土叠涩仍然渲染出一种不可度量的深度（图6-19）。

除了平静以外，斯卡帕也将水池与生命的喻义联系起来。上面已经提到，斯卡帕将玻璃门沉入水面形容为回到子宫，那么容纳了玻璃门的水池也就是子宫本身了。斯卡帕正是这样解释的，在玻璃门那段话之后他紧接着说："容纳了亭子的水池因此就是母亲之地，而亭子则是胚胎漂浮的地方。"[①]就像包裹了胚胎的羊水一样，水池是生命的诞生之地，它难以穿透的黑色象征着生命起源的神秘。"水是生命的源泉。"[②]斯卡帕的话或许可以解释他在威尼斯之外其他地方的项目中也频繁使用水面这一元素的原因。

用水流来象征生命的历程是建筑与景观设计中的常见主题。在威尼斯奎里尼·斯坦帕利亚基金会项目中，斯卡帕曾经给予这一主题极为精彩的阐释。在基金会项目花园中，斯卡帕设计了一条水道。起点是一个高悬的金属管出入口，水流从这里流出，溅落在出水口之下的石盘中，激起欢快的水花，这象征着新生儿诞生的啼哭与喜悦；随后，水会流入一个石质的迷宫，在狭窄的水道间曲折流淌，这似乎象征着青年时代的迷茫与探索；从迷宫中流出后，水流进入了一条宽敞的水道，此前激荡和回转的流淌开始变得平静和缓慢，这似乎喻义着人生成熟阶段的淡然；最后，水流从一个平缓的出水口中跌落到一个大理石圆洞之中，在这里转折之后，消失在被圆形石座遮挡住的水池之中，这也就是生命的终点。用一种简洁而戏剧化的方式，斯卡帕用水的流淌将普通人生命中几个重要的片段，出生、青年、成熟、死亡汇聚在一起。在花园建造过程中，工人们在泥土中挖掘出象征奎里尼家族的石狮子小雕像。就像在维罗纳

① 引自GIUSEPPE ZAMBONINI. Process and theme in the work of Carlo Scarpa[J]. Perspecta, 1983, 20: 40.
② PHILIPPE DUBOY. Scarpa/Matisse: crosswords[M]//CO & MAZZARIOL. Carlo Scarpa: the complete works. Electa/Rizzoli, 1984: 171.

图6-19

图6-19
水池的深色水面
（施鸿锚摄）

“坎格兰德空间”的处理上一样，斯卡帕找到了一个绝妙的位置来放置这尊小狮子。他把它安置在水流的尽端即将跌落进落水口的地方，狮子的头朝向了出水口，仿佛是站在人生的末尾来回望从出生到老年的整个过程（图6-20）。斯卡帕说自己不善文笔，但是这样的建筑场景可能不逊于任何经典的文本。

在布里昂墓园，斯卡帕也设计了这样一条连接生与死的水道。在水池靠近廊道的西北角，一条水道沿着廊道外墙向北部的草坪延伸。在经过中间的缩窄之后，水道的终点停留在布里昂夫妇石棺前的两个圆柱形水池中（图6-21）。如果说水池象征着子宫，代表了生，那么石棺则代表了死，斯卡帕的水道将两者直接联系在一起。不过，布里昂墓园的水道与奎里尼·斯坦帕利亚基金会项目的水道有一个至关重要的区别。在威尼斯，水流是从出生流向死亡，与人成长、衰老的时间序列是一样的。但是在布里昂墓园，流水的起点是在石棺附近的圆柱形水池，水流从这里喷涌而出，在狭窄的水道中急促流动，然后在放宽的水道中变得平缓，最终汇入平静的水池之中。也就是说，在布里昂墓园，水流的序列与奎里尼·斯坦帕利亚基金会项目的完全相反，是从死亡流向新生。“从死亡之地诞生了这条河流，它向生命时间的上游流淌，养育了保护着新生的秘密的湖泊。”[①]斯卡帕的这段话清晰地体现出，他试图再一次将死与生紧密联系在一起，不同于常识中的生走向死，迎来终结，就像罗西所理解的那样，在斯卡帕的河流中，死亡也可以是某种起点，它会引向新生。同样的内涵在“鱼鳔”和玻璃门中已经得到阐释，斯卡帕通过水流再次模糊了生与死之间的边界。在奎里尼·斯坦帕利亚基金会项目中，小狮子站在尽端回顾水流的进程；在布里昂墓园，处于尽端的是漂浮在子宫之中的沉思亭，而真正观察和沉思的不再是雕塑，而是那些站在沉思亭中的人。斯卡帕把这个亭子称作“沉思亭”显然别有深意，他或许希望人们在这里重新思考新生与死亡的关系。

用“漂浮”一词来形容“沉思亭”，并不是毫无根据。亭子的底板是混

① 引自GIUSEPPE ZAMBONINI. Process and theme in the work of Carlo Scarpa[J]. Perspecta, 1983, 20: 42.

图6-20

图6-21

图6-20

奎里尼·斯坦帕利亚基金会项目花园中的水道

（Paolo Monti, CC BY-SA 4.0 <https://creativecommons.org/licenses/by-sa/4.0>, via Wikimedia Commons）

图6-21

布里昂墓园中的水道

（Davide Mauro, CC BY-SA 4.0 <https://creativecommons.org/licenses/by-sa/4.0>, via Wikimedia Commons）

凝土浇筑的，斯卡帕采用了悬挑结构，让底板脱离水面一小段距离，看起来就像是漂浮一样。看起来，斯卡帕又一次唤起了威尼斯的印象。这座位于亚得里亚海泻湖中的岛屿城市，基本上可以被看作是漂浮在水面之上。虽然街道与建筑基址高出水面，但是高度并不大，以至于涨水常常会漫过地面。这种危险的漂浮造就了威尼斯建筑的一些独特之处，如地面层很少摆放家具，以免被上涨的海水破坏。斯卡帕所设计的奎里尼·斯坦帕利亚基金会的小桥所通向的，就是这样一个没有家具的底层入口门厅。在古堡博物馆中，他也通过在展厅地面与墙壁之间挖出十余厘米宽的“壕沟”，让展厅地面像岛屿一样脱离墙体“漂浮”在展厅中。除了与威尼斯的关联之外，布里昂墓园的“漂浮”有更为特殊的内涵。斯卡帕将它比喻为胚胎漂浮在子宫之中。就像在“坎格兰德空间”中那样，斯卡帕通过在水面和底板之间留有缝隙，回避了直接呈现胚胎和母体关系的问题。黑色的水池似乎象征着生命源泉的神秘，新的生命在这里诞生，但是具体是如何诞生的，斯卡帕的缝隙好像在提示，我们可能对此并没有确凿的认知。

亭子的主体是由四根风车状排列的金属立柱支撑的木质顶棚。我们不打算进一步描述这些部分的细节，这是因为斯卡帕为这个亭子赋予了令人难以想象的丰富细节，它们是如此的复杂和微妙，以至于我们只能放弃用合理长度的文字解释清楚这些细节构成的企图。比拟地，可以认为“沉思亭”的设计与奎里尼·斯坦帕利亚基金会项目小桥扶手的设计遵循同样的“视觉逻辑”，由混凝土、铜、钢、木头等材料建造，并且对每一个节点，无论是结构的还是材料的，都进行了精细的刻画（图6-22）。两者的区别在于程度，可以认为，“沉思亭”将小桥扶手的诸多特性放大了两倍、三倍，甚至更多。例如，金属立柱，在小桥扶手被刻画成为一个金属柱式；但是在“沉思亭”，不仅金属立柱被分成了两节，由此带来上下两节之间相互连接的复杂节点、柱础、柱身、柱头构造，以及这些元素的联系方式等都比小桥扶手要复杂得多（图6-23）。上部的结构也是一样。小桥扶手的顶部是镶嵌了黄铜的木质扶手，“沉思亭”的顶部采用的也是有金属镶边的木板。不过，不同于前者用一整块木料切削成扶手，后者是采用大量的窄木条拼接而成。与混凝土的处理类似，斯卡

图6-22

图6-23

图6-22

沉思亭细节

（Davide Mauro, CC BY-SA 4.0 <https://creativecommons.org/licenses/by-sa/4.0>, via Wikimedia Commons）

图6-23

沉思亭立柱的细节

（张钰淳摄）

帕让木条的拼接呈现出叠涩式的阶梯状关系，再加上金属铆钉以及特殊的角部处理，整个木质部分的建构细节一点也不逊色于四根金属立柱。

在整个布里昂墓园中，“沉思亭”是最具有斯卡帕特色的部件之一。在现当代建筑史上，很难再找到第二个能与之媲美的例子。一个这样尺度的亭子，却有如此丰富和细腻的细节。在仔细的观察之下，它已经不太像常规意义的建筑，而是更接近于钟表这样的精密器械。每一个构件都经过了精心打磨，每一个连接处都蕴含深入的考虑，一种内在的精确性与紧密关联的整体性贯穿了每一块木板和每一颗铆钉。与玻璃门的机械构件相比，“沉思亭”是一部更为复杂和精妙的“机器”。对于前者，我们可以顺着滑轮与负重的运动理解这部“机器”的用途——维持玻璃门的升降。但是对于后者，我们并不能理解这些如钟表般精确和复杂的构件，到底是为了什么特定意图而存在的，也就是说，我们并不明白“沉思亭”这部机器的用途。不过，这种缺陷也不一定只有遗憾。在一般情况下，我们所关注的都是机器的用途，而不是机器本身。而用途的缺失反而会让我们注意到机器自身的复杂和精美，就像人们审视钟表的精密，并不是为了去阅读时间。这也是海德格尔所说的，只有当一个事物的工具性被打断或者悬置，人们才会更审慎地看待事物自身，而不是仅仅把它当作一件工具而已。斯卡帕说自己也“发明机器”，当然不是指他发明了什么厉害的工具，而是通过各种构件的汇聚，让我们看到了机器内部复杂的“关联关系”。斯卡帕用他的“沉思亭”告诉我们，这些“关联关系”可以达到怎样不可思议的程度。

虽然放弃了描述所有细节的企图，有一个细节仍然是必须提及的。在“沉思亭”上部松木板外框的下部，斯卡帕设置了四面下垂的墨绿色木质挡板。因为挡板下缘距地面较近，如果是成年男性进入的话，会被挡板挡住平视的视线，如果不是弯下腰的话，他的目光在绝大多数角度只能下落在周边的水池中。斯卡帕的一幅草图解释了这样设置的意图。在草图中，他绘制了两个站立的裸体女像，她们眼睛的高度就是挡板下缘的高度。如果只是这样，挡板仍然会阻挡女像的视线。不过，斯卡帕有一个特殊的设计来解决这一问题。他在北侧挡板靠近下缘的位置放置了一个铜制构件，这个构件的中心是“鱼鳔”形的双环孔洞。它的尺度与人两眼的宽度类似，如果女像站立在这里，她的眼睛会正好落在孔洞之中，她的视线将不会受到阻挡（图6-24）。所以，可以认为，这一圈挡板以及“鱼鳔”孔洞是专门为斯卡帕草图中的女像设计的，斯卡帕在引导她从这个特殊的地点向外看去。向外看什么？在“沉思亭”轴线的北端是布里昂夫妇的石棺。这也就是说，从象征着阴—阳、男—女、生—死相互勾连的双环中向外观望，所看到的最为显眼的就是墓园的核心——布里昂夫妻的长眠之地。麦卡特提出，斯卡帕草图中的女性很可能是他的妻子妮妮（Nini），但他也常常将自己的业主画在草图中，因此这个女像也可能是项目的业主奥诺里娜·布里昂夫人。或许，整个“沉思亭”这部精妙绝伦的“机器”的最终用途，就是为了让奥诺里娜站在这里看向她与逝去的丈夫再次相会的地方。

墓葬

顺着“沉思亭”的视线，我们来到了布里昂夫妇的石棺。在最早的方案中，石棺与沉思亭的位置是互换的，也就是说，斯卡帕一开始将石棺布置在整个墓园南翼的尽头。位于尽端的好处是可以获得更好的私密性，斯卡帕曾经说过设置玻璃门的意图是在开放的墓园中切分出一个更为私密的领域，如果夫妇二人的石棺设置在这里，在逻辑上显然是合理的。不过，在1970年提交给圣维托达尔蒂沃勒市政厅的平面图中，石棺与沉思亭的位置已经调换了过来，现在沉思亭成为最为私密的地方，而夫妇二人的墓葬则停留在墓园最中心的位置，即南北两翼的交汇点上。

放弃私密性的目的，可能是为了获得更大的开放性与纪念性。“对于坟墓，我选择这个位于最充裕阳光中的地点：这里有墓园的全景。”[①]在这段话之前，斯卡帕讲述了墓园场地是如何扩大到2400m^{2}的。所以，关于石棺位置变化的一个可能解释是，最早的方案是基于原有小场地的，在当

① PHILIPPE DUBOY. Scarpa/Matisse: crosswords[M]//CO & MAZZARIOL. Carlo Scarpa: the complete works. Electa/Rizzoli, 1984: 171.

图6-24

图6-24

沉思亭的ス

（施鸿锚摄）

时的条件下，南端尽头是阳光最充裕的地方。在场地扩大成L形之后，斯卡帕并没有立刻改动石棺的位置，而是在北翼的西端添加了小教堂。但后来他意识到，在更大的场地上，石棺的位置显得过于边缘了，也不再是整个墓园中阳光最充沛的地方。所以他将石棺挪到了现在的位置，成为统领整个墓园的核心（图6-25）。

我们之前已经谈到，通过扭转45°，布里昂夫妇的双墓均衡地面向了南北两翼。它的圆形底面即是南北两翼的枢纽，也成为当之无愧的核心。在这里，布里昂夫妇的石棺不仅能够看到墓园两翼，也面向了整个老墓园。斯卡帕在这里营造纪念性的意图是明白无误的。一个直接例证是斯卡帕采用了完全对称的方式来排布双墓。通过对称来获得纪念性是公共墓园常用的手段，科斯塔和罗西在摩德纳都因循了这一做法。但是在斯卡帕的作品中，如此强烈的对称性并不多见。我们已经谈到在古堡博物馆中他如何避免过于明显的对称性，来获得具有威尼斯特色的混杂与错动。不过，在布里昂夫妻墓的设计中，斯卡帕引入了比威尼斯更为久远的古罗马传统来支撑对称之后的纪念性。他写道："我想建造一个小的拱券——我将称之为拱形墓龛（*arcosolium*）。*Arcosolium*是一个早期基督教徒使用的拉丁语词汇；在他们的地下墓室中，重要的人或者圣徒会以比普通人更隆重的方式安葬在拱形墓龛之中：其实除了拱券以外也没有其他什么——就像这里一样。"①

斯卡帕所指的是公元2～3世纪古罗马基督教徒所采用的地下墓葬。可能是为了躲避罗马官方对基督教的压制，就像将地下室作为早期教堂一样，基督教徒们将自己的坟墓隐藏在地下。另一种解释是，地下墓葬只是为了更靠近圣徒圣彼德和圣保罗在地下的安葬之地。最常见的地下墓穴主体是一条或者几条地下廊道，廊道两侧是从岩壁中开凿出来的安放遗体的墓窟，很多墓窟的顶部被凿成了拱形，类似于古罗马建筑中常见的筒形拱顶，也就是斯卡帕所说的拱形墓龛。

① PHILIPPE DUBOY. Scarpa/Matisse: crosswords[M]//CO & MAZZARIOL. Carlo Scarpa: the complete works. Electa/Rizzoli, 1984: 171.

图6-25

图6-25

位于转角处的布里昂夫妇745

（黄也桐摄）

在基督教成为罗马国教之后，教徒们的墓地逐渐移上了地面，但是那些长眠在地下墓穴中的早期教徒很多都被视为在最艰难的时刻仍然坚持信仰的圣徒。所以，地下墓穴以及拱形墓龛成为一种富有纪念性的象征。一些重要的教堂，如罗马圣彼得大教堂的地面之下就设置了地下墓穴，很多教皇都安葬在这里，陪伴在他们最为崇敬的圣徒——圣彼得的身边。另一个现代的例子是安东尼·高迪所设计的巴塞罗那圣家族教堂。在1926年因车祸事故不幸去世之后，高迪被安葬在未完工的圣家族教堂地下墓室之中。对于一个虔诚的教徒来说，这可能是高迪最为理想的归宿。更接近的例子是阿尔多·罗西的圣卡塔尔多公墓，在最初的竞赛方案中，罗西在项目地下设计了庞大的地下墓穴，以网格状的地下廊道覆盖场地将近一半的面积，廊道两旁是密集的墓龛。不过，在最终的实施方案中，不仅地下墓穴被取消，地上部分也没有真正完成建造。

斯卡帕的拱形墓龛并不在地下，而是沐浴在“充裕阳光”之中。由于他大幅度抬高了草坪的地坪，而双墓的底座仍然保留在原有地平面的高度，所以整个墓穴给人的感受是深陷在地下。不熟悉的人很难在远处辨认出被笼罩在阴影中的石棺。最显眼的反而是斯卡帕建造的“小的拱券”——一个覆盖在布里昂夫妻石棺之上的拱形结构，这也是“拱形墓龛”的筒形拱顶（图6-26）。不需要对斯卡帕的这个设计作过于宗教化的解读，能够将罗马的传统汇聚在当代设计中，对于斯卡帕来说可能是很正常的事情。就像圣彼得教堂选址在圣彼得的墓址之上，让整个墓园的两翼围绕布里昂夫妇的“拱形墓龛”展开，也是顺理成章的事情。是意大利独特的墓葬传统，而不是基督教圣徒的地位驱动着斯卡帕的拱顶设计。

与沉思亭类似，斯卡帕对拱顶的建构细节给予了充分的阐释。真正的支撑结构是跨越石棺之上的四道混凝土拱梁，它们直接暴露在阳光下，而筒形拱面则悬挂在拱梁之下。这与密斯·凡·德·罗在克朗厅等后期作品中经常使用的结构方式一样。大尺度的拱券会产生很大的侧推力，所以需要侧向支撑。斯卡帕在拱梁的两端设置了延长的混凝土体块，仿佛沉重的岩石一般抵住了拱券的两端。在这些混凝土块之上，密布着各种方向与尺度的叠涩，进一步强调了端头的作用。但实际上两端的混凝土

图6-26

图6-26

覆盖石棺的拱

(Davide Mauro, trimed by QING Feng, CC
SA 4.0 <https://creativecommons.org/licenses/
sa/4.0>, via Wikimedia Commons)

是从拱梁的端头悬挑出去的，拱梁真正的锚固点是四根不锈钢立柱。

如果不了解斯卡帕的提示，一般的参观者会更倾向于将拱券看作一道拱桥——另一个来自威尼斯的隐喻。这会让人想起尼采在《查拉图斯特拉如是说》中的名句："人的伟大之处在于他是一座桥，而不是目的地；人值得珍爱的地方在于，他是一种过渡和没落。"[1]尼采将人比作桥，是想强调生命是一个进程，而不是静止的目的地。在这一思路下，的确可以将斯卡帕的拱桥看作对人生的比喻。就像尼采所说，它应该是一个进程，那些长长短短的叠涩展现了这一总体进程中互相交织着的各种片段。

布里昂夫妇的两座石棺在拱顶下并排"站立"着。为何不将他们合葬在一个棺椁中，就像很多传统的夫妻墓葬一样？斯卡帕解释道："这两人一同出生，一生都在辛勤工作，妻子在丈夫工厂的工作中扮演了重要角色，并且帮助提升了他们的生意。所以我想将他们放在一个共用的地方是非常公平的。"[2]斯卡帕想要强调的是，除了是夫妻之外，这里安葬的两人也是事业的伴侣，他们一同推动了公司的发展。并不是每一对夫妻都有这样的协作，斯卡帕用并排"站立"影射了布里昂夫妻并肩而行，从小镇中成长、奋斗，并且收获成果的历程。

两座石棺的底座都是由白色卡拉拉（Carrara）大理石雕刻而成。底座的端头部也布满了叠涩阶梯。只是这里每一阶的尺度从5.5cm缩小到了3.5cm，因此看起来更为细腻。一个特殊的处理是斯卡帕将大理石基座的底部处理成了弧形，而且整个基座的外缘离开了地面几厘米。看起来就好像沉重的石棺悬浮在地面之上。斯卡帕没有解释为何要这样设计。在他无以计数的细部设计中由他自己解释的可谓凤毛麟角，我们只能自己尝试解读。这种悬浮感让人想起沉思亭的漂浮，斯卡帕将其比拟为胚胎的孕育。而布里昂夫妇的石棺也"悬浮"在一块被白色大理石围合出来的正圆场地之中，再联想到"鱼鳔"图案中用圆形代表生与死，那么斯

① FRIEDRICH WILHELM NIETZSCHE, ADRIAN DEL CARO, ROBERT B. PIPPIN. Thus spoke Zarathustra: a book for all and none[M]. Cambridge: Cambridge University Press, 2006: 7.

② 引自纪录片，MAURIZIO CASCAVILLA. Un'ora con Carlo Scarpa. 1972.

卡帕似乎也在暗示与沉思亭类似的关系——死亡源于大地，但是它与大地具体是什么样的关系却不得而知，就像沉思亭中新生源于池水，但悬浮让我们无法理解它们之间的直接关联。大地与黑色的池水当然有很大差异，但在两个方面它们是类似的：第一，它们都是根基与源泉；第二，我们都只能看到它们的表面，而对于隐藏表面之下深不可测的厚度中的其他事物，我们同样一无所知。能够支撑这种解读的一个证据是，整个沉思亭水池的水源就在石棺附近，它是一个圆柱形水池。除了有水道通向水池之外，在靠近石棺的一侧还有另一个同样大小的圆柱形水池，也有一条同样宽的水道从这个水池中引出，通向圆形场地的边缘，这里有一个小一些的圆形池子作为水道的结束。在转向45°之后，整个序列结束于一段叠涩阶梯之中。从总体来看，象征生与死的沉思亭水池与布里昂夫妻的石棺，被这条分段的水道联系在一起。石棺与沉思亭都漂浮在源泉之上，保留了起源的神秘。它们也被流水串联起来，而流水则象征着人的一生。这再一次让人想起尼采的话："人值得珍爱的地方在于，他是一种过渡和没落。"[①]

两座石棺最鲜明的特征是它们都朝向中心轴线倾斜（图6–27）。斯卡帕解释了他的意图："两个在生前相爱的人，在死后像这样向对方屈身致意，这非常美妙。"[②]通常我们不认为建筑适于表现爱情这样的内容，但是斯卡帕证明了这不仅可能，而且可以像其他艺术门类如文学、绘画、雕塑一样准确和深刻。斯卡帕的话完全改变了我们看待两个石棺的方式。它们作为棺椁的实用属性大幅度退隐，占据人们视野之中的几乎全部都是它们之间的相互倾斜。死亡并没有阻断布里昂夫妻之间的爱情，而是将这段爱情凝固了下来，它不会再消散或者是离去，而是成为一个故事优美的结尾，让人不断回味。我们并不清楚斯卡帕是否受到了什么特别的启发，才给我们留下如此动人的处理。实际上，在一些中国古代的夫妻墓葬中，会在分隔夫妻墓室的隔墙上留下洞口，这被称为"过仙桥"，

① FRIEDRICH WILHELM NIETZSCHE, ADRIAN DEL CARO, ROBERT B. PIPPIN. Thus spoke Zarathustra: a book for all and none[M]. Cambridge: Cambridge University Press, 2006: 7.

② PHILIPPE DUBOY. Scarpa/Matisse: crosswords[M]//CO & MAZZARIOL. Carlo Scarpa: the complete works. Electa/Rizzoli, 1984:171.

-27

图6-27

相互倾斜的石棺

（黄也桐摄）

意指在死后夫妻仍然可以通过“过仙桥”相会。这同样是对爱情的优美表述。“过仙桥”被埋藏在地底不为人知，而斯卡帕让布里昂夫妇的爱呈现在最“充裕的阳光”之中。可能并非巧合的是一座桥覆盖了两座相互致意的石棺，我们也可以将它理解为联系夫妻之间的另一种“过仙桥”。

小教堂

小教堂是布里昂家族送给村庄的礼物。原来的公墓并没有适合悼念的场所，现在村民们都可以使用小教堂举行仪式。人们可以从“山门”左转，经过墓园内的廊道来到教堂。更多的人则是通过西侧大道一旁的混凝土门，经过柏树树丛、水池、草地与混凝土条间隔的走道以及一个前院，来到小教堂的入口处。在这里，两条进入的路径汇集在一个三角形的门厅之中。

斯卡帕对西侧大道入口至小教堂门厅这一段路径的设计，也堪称当代建筑史上的经典场景（图6-28）。罗伯特·麦卡特就选择了这段路径的照片作为他的《卡洛·斯卡帕》（*Carlo Scarpa*）一书的封面。这是一个经典的斯卡帕场景，大量的细节、水、植物、建构节点，以及多样化的材质被汇聚在一段并不长的旅程之中。这段路径让人想起希腊建筑师迪米特里斯·皮吉奥尼斯在雅典卫城遗址周边的山林中所设计的那些山道。人们常常误以为这些山道是古代遗址的一部分，但实际上它们是皮吉奥尼斯在20世纪中叶的作品。之所以会有这样的误解，是因为建筑师将天然的石块、历史建筑的碎片、令人费解的符号与图案共同汇聚在山道之中，造就了一条古朴而丰富，同时又与山林密切融合的道路。值得一提的是，皮吉奥尼斯是德·基里科在希腊时的同学，德·基里科曾经这样评价：“他超乎寻常的睿智，拥有形而上学家的深奥思想。”他并没有解释在哪一方面皮吉奥尼斯的作品具有形而上学的深度，我们猜想这或许也与汇聚有关。斯卡帕没有使用天然的石块，但是青草与混凝土石条的间隔、平静的水面以及上面漂浮的莲花、神秘的叠涩纹样，以及雨水在混凝土墙体表面上留下的黑色印记，都帮助塑造出与卫城周边山道一般的厚重

图6-28

图6-28
通往小教堂的路径
（黄也桐摄）

和丰富。将近50年的风霜雨雪，在混凝土表面上留下了苍老的痕迹，让这种工业化的材料获得了一种历史感。可以设想，如果没有这些或浅或深的印记，刚刚完工的混凝土表面虽然有匀质的色彩，但是会显得过于强硬和统一。时间软化了这种材料的视觉感知，让它变得更为柔和、亲切，这就是赖特所说的，好的建筑会随着时间的流逝变得更好。作为赖特的追随者之一，斯卡帕以自己的方式诠释了赖特的这一原则。

小教堂的主体是一个混凝土浇筑的方盒子。大量竖条窗穿透了四面墙体。只有走到教堂里面，才会看到这些窗户的边缘都被处理成了叠涩阶梯。密集的长条窗以及上下贯通的叠涩线条，让小教堂拥有了一种哥特建筑的气质。斯卡帕同样赋予小教堂极为充沛的细节，如入口门厅中的圣水池，整体是一块从墙体上悬挑出来的圆柱形白色大理石。在石块的顶面上，斯卡帕雕刻了“鱼鳔”形的孔洞，里面同样形状的黄铜容器中盛放着圣水。旁边的一个黄铜把手可以绕着大理石圆心转动，进而将整个孔洞封闭起来。这个水池的尺度远远小于常规教堂的类似构件，但是其精密的机械结构让它成为一件绝妙的“圣器”。

另外一个重要的元素是从门厅进入小教堂的门洞。斯卡帕使用了圆形门洞，大小与正对“山门”的双环之一类似。在这里，圆形整体下移，在墙上形成非常典型的中国古代园林中常用的月门。虽然没有文献证明斯卡帕直接借鉴了中国元素，但是考虑到双环、“囍”字纹样等主题的存在，斯卡帕从某种渠道了解了中国园林，并且吸收到自己的设计中是完全有可能的。

教堂内部，圣坛被布置在最北侧的直角中，黄铜蒙皮的桌子反射着金色的光芒。在桌子之前的地面上有长方形的大理石铺地，这是仪式中放置棺椁的地方。在圣坛之上，斯卡帕设计了高耸的锥形屋顶，这显然是对教堂穹顶的另一种阐释。斯卡帕用密集的木质叠涩覆盖了“穹顶”的内表面，这些密集的阶梯将向上的序列渲染得格外清晰，就仿佛象征着灵魂一步步脱离大地升向天空。在屋顶的一角垂下来的是用木棍与铜制连接件一同组成的“十字架”。这实际上是用来固定烛台的木质悬架（图6-29）。当蜡烛点燃，烛光的时明时暗隐喻了生命的起起伏伏。在西方绘画传统

图6-29

图6-29
小教堂内部
（黄也桐摄）

中，蜡烛常常被用来比喻人的一生。它被点燃，火苗逐渐变得明亮，让周围的领域变得清晰，就像人的诞生与成长。时间流逝，蜡烛燃尽，光芒也随之消失，重新沉入黑暗之中，就好像死去的人重归大地。斯卡帕精细刻画了这个蜡烛悬架的各种建构细节，从横杆与立杆的联系节点到固定蜡烛到立杆上的夹架。即使是一个经典的宗教元素，斯卡帕也像处理小桥扶手一样给予了它清晰的“视觉逻辑”。

一个十分特殊的处理是圣坛的墙体。斯卡帕将这个角落贴近地面的部分设计成两扇可以打开的矮门。在敞开之后，人们可以从这里看到教堂外的深色水池。斯卡帕在水面上下布置了很多混凝土叠涩构件，让人感觉在水中还隐藏着很多不为人知的遗址。而对于站在教堂中的人来说，圣坛上部穹顶中渗透下来的天光，与门外水池的深沉与暗淡形成了鲜明的差异。它们似乎象征着天堂的轻盈与光明和大地的厚重与黑暗。

向死而生

就像我们在前面不断提及的，试图用文字全面呈现布里昂墓园的品质只能是徒劳的。像双环、叠涩以及拱券这样的元素，可以引发各种各样的联想，解释性的文字无法穷尽这些内涵，也难以梳理清楚它们之间的关系。在建筑中，它们被凝聚在一个实体元素之中。虽然建筑沉默不语，但是它不断发出的“声音”却能够引导人们去找到自己最为认同的解读。所以，我们只能局限在对布里昂墓园特定部分的特定解读，而不能声称这就是这座建筑的全部。即使是这样有限的分析，也足以让我们看到斯卡帕设计的墓园与罗西设计的公墓之间巨大的差异。

最为鲜明的，是氛围上的差异。罗西设计的公墓所渲染的是停滞与忧伤，而斯卡帕设计的墓园所传递的是平静与欢愉。氛围的差异来自于特殊的建筑处理。圣卡塔尔多公墓的忧伤很大程度上是由部雷式“赤裸而荒芜”的平整墙面所传递的。但是在布里昂墓园，斯卡帕给予墙体极为深入的刻画。大量的错动、倾斜、开口以及镶嵌让你很难意识到连续墙体的存在。遍布各处混凝土墙体上的阶梯状纹样，让混凝土材质呈现出异常丰富的层次与轮廓。此外，为了实现“赤裸而荒芜”，罗西大幅度限制了材料的选择，纯色粉刷与素混凝土构成了建筑主要的表面。相比起来，斯卡帕在规模小得多的布里昂墓园设计中所使用的材料要丰富得多，混凝土、大理石、木头、金属、马赛克、水以及柏树与睡莲，各种自然与非自然的元素一同汇聚在一起。与此密切相关的是，罗西刻意“剥离了细节”，让类型元素以最为抽象的方式呈现出来，而斯卡帕则展现了他在现代建筑史上几乎无人匹敌的刻画能力。

细节的差异也带来两个建筑体验方式的差别。圣卡塔尔多公墓主要由抽象的类型元素组成，体验它们最理想的方式是在外部远距离地观察。就像前面所提到的，在罗西看来，这种体验方式所指向的“无情感的距离”正是建筑“死亡般的气息”的来源。这种体验方式显然无法适用于布里昂墓园。路径的迂回转折，遍布各处的不同细节，以及材料与光线的变化，让参观者的游历变成了一段不可思议的发现之旅。仿佛斯卡帕在建筑的任何一个角落都埋藏下了宝物，需要你细致地观察与探究才能发掘出来。比如，沉入水中的玻璃门、“沉思亭”中为奥诺里娜夫人设计的观察孔，以及夫妻两人石棺的相互倾斜。这些特殊的设计并不是那么容易让人关注和理解，可是一旦我们通过斯卡帕的话语明白了其中蕴藏的内涵，就会感受到一种奇妙的愉悦：原来建筑师在细节中倾注了如此丰富的想法，而这些想法内容竟然是如此令人动容。

所有这些元素，构成了圣卡塔尔多公墓与布里昂墓园的巨大反差。罗西塑造的是一个“不再有人生活在那里”的被废弃的世界，因为生命与活力的离去，一切变得“无言而冰冷”。斯卡帕所提供的则是仍然允许生活去进行填充的场所。除了有儿童游戏与狗的跑动，这里还有互相致意的布里昂夫妇，不时来小教堂中参加仪式的村民，慕名而来在建筑的各处寻找斯卡帕秘密的建筑系学生，以及在墓园一角“带着愉悦去观察”这一切的斯卡帕自己。罗西通过剥离让圣卡塔尔多公墓成为忧伤的“死者城市”，而斯卡帕通过汇聚让布里昂墓园成为充满欢愉的花园。同样是面对死亡，两位建筑师给出了完全不同的答案。

我们在前面已经讨论过罗西的忧伤，它从何而来、有什么样的内涵、基于何种的哲学基础，以及对当代生活的特殊意义。现在我们需要以同样的方式来解析斯卡帕的欢愉，它的内容、本质以及价值。不同于罗西留下很多文字引导我们的讨论，斯卡帕所言甚少，我们只能更多地依赖自己的解读去展开分析。

在前面的分析中，我们已经讨论了斯卡帕如何将不同的历史传统以及建构元素汇聚在古堡博物馆与奎里尼·斯坦帕利亚基金会项目小桥扶手之中。这两种操作层面的“汇聚”都在布里昂墓园中有鲜明地呈现。在大的尺度上，叠涩、双环、漂浮的平台、拱券以及混凝土与金属构件等元素，分别指向了哥特建筑、中国传统、威尼斯、古罗马以及当代工业社会等不同的文化成分。这种跨文化的“汇聚”不仅仅需要跳出自己的常规边界，还需要能够理解别的文化或传统，并且从中提取有价值的部分。斯卡帕在这一方面的敏锐程度是令人叹服的，他所具备的“对关键价值的活的体验”使得他能够捕捉到被很多人忽视的东西。假如他的双环图案真的来自于广西平南烟厂的雪茄烟盒，毫无疑问这会让绝大部分中国建筑师感到惊讶。

在小的层面，升降的玻璃门、沉思亭、拱形墓龛、圣水池以及十字架等元素都有着与小桥扶手类似的精细节点，它们将“视觉逻辑”扩展到更广阔的层面，比如重力在钢缆中的传递，以及如钟表一般精密转动的机械。我们已经谈到过，斯卡帕作品的重要特征就来自于汇聚，而汇聚并非他的个人专利。将不同的部分组成整体是最为基本的形式操作原则，而当这些部分的差异性达到某种程度，就会体现出汇聚的丰富性。罗西设计的圣卡塔尔多公墓其实也是一个汇聚性的作品，通过将不同的城市元素聚集在一起，罗西创造了一个“相似性”的城市。斯卡帕的独特之处在于他能够发掘到那些不易觉察但是极为重要的元素，就像给忽必烈汗讲述不可见的城市的马可·波罗那样，在日常所见背后捕捉到这些城市最隐秘和本质的特征。此外，他能够以超乎寻常的细节处理，让这种汇聚的“视觉逻辑”呈现出来，让我们感受到汇聚背后各种关联关系的复杂与美妙。是这种特殊的汇聚方式，而不仅仅是汇聚操作本身形成了斯卡帕建筑独特的品质。

我们在前面也谈到了汇聚的特殊价值。它的建筑内涵来自于对“关联性背景”的呈现，这个“关联性背景”是将所有元素串联起来的关系网络，只有作为这个关系网络的一部分，一个事物才成为特定的事物，才在人们的生活体系中具备特定的价值。海德格尔将这个“关联性背景”称为“世界”，汇聚对“视觉逻辑”的呈现，有助于我们理解“世界”，理解不同元素的关联以及它们所依赖的“关联性背景”。严格地说，因为我们身边的所有事物都是“世界”的一部分，所以理论上来说我们可以在任何事物、任何汇聚中扩展出对整个“世界”的理解。比如，埃尔温·潘诺夫斯基（Erwin Panofsky）的图像学分析，就是典型的案例。他从图像元素的辨析出发，逐步深入和扩散，最终抵达对某种特定世界观的哲学理解，而这种世界观显然是特定“世界”的观念基础。但在现实中，我们不可能对任何事物都进行这样的解读，在最常见的条件下，我们只是在一种工具性的关系中去看待事物。在海德格尔看来，艺术品不同于工具的地方就在于它以其特殊的形态帮助我们从日常的工具性关系中跳出来，以非功利的方式去审视艺术品，并从中发现特殊的内涵。不同的艺术品有不同的品质，能让我们注意到一个“世界”中某些特定的领域，如希腊神庙让我们看到的是古希腊由人与神、城邦与民众、圣地与仪式组成的宏大世界，而在凡·高所绘制的农鞋中我们看到的是“泥土的潮湿与富饶”，是“夜晚降临时从鞋底滑过的田塍的孤独”，是“两只鞋子里颤动着的大地沉默的呼唤，成熟稻谷的无声恩赐，以及冬季农田休耕的荒芜中无法解释的自我拒绝。”[①]换句话说，凡·高的画中展现的是农人的“世界”，不仅有鞋与泥土，还有农人的劳作，以及他们与土地、季节的关系（图6-30）。“在它自身中站立起来，艺术品打开了世界，并且让它保持着持续性的力量。”[②]海德格尔的这句话虽然晦涩，但大体意思是明白的，艺术品不仅展现了“世界”，也肯定这个“世界”的特性与力量。不同的艺术品可以展现不同的世界，并且对不同世界的特定方面给予特殊的强调，就好像希腊神庙与凡·高的农鞋会引导我们看到不同的东西一样。

① MARTIN HEIDEGGER. The origin of the work of art[M]//KRELL. Basic Wrtings. San Francisco Harper Collins, 1993: 159.
② 同上，169.

图6-30

图6-30

凡·高作品《鞋》

（Vincent van Gogh, Public domain, via Wikimedia Commons）

那么，布里昂墓园的“汇聚”又展现了什么样的“世界”，以及这个“世界”的什么特定方面呢？斯卡帕曾经提示我们：“我想在墓园所处的当地的、社会的、城市的环境中呈现它，向人们展现死亡、永恒以及转瞬即逝所可能拥有的意义。”[①]这句话当然需要解释，什么是“死亡、永恒以及转瞬即逝所可能拥有的意义”？这正是我们在这里想要给予说明的。实际上，在前面对布里昂墓园的片段描述中我们已经有所提及，之所以在这个充满各种细节的建筑中挑选这几个片段来给予呈现，就在于我们认为它们帮助展现了斯卡帕所说的“死亡、永恒以及转瞬即逝所可能拥有的意义”。在我们看来，这实际上就是“死亡、源泉以及生命所可能拥有的意义。”布里昂墓园的特殊性就在于，它以特定的建筑手段展现了这三者之间的内在联系，塑造出一种特定的“关联性背景”，从而打开了一个特殊的“世界”，在这个“世界”中，我们感受到的是奇异的欢愉，而不是沉重的忧伤。

首先，让我们看看生命与死亡的关系。在前面的叙述中，我们已经在很多地方看到，布里昂墓园中很多细节的内涵都指向生与死的密切关联。最为鲜明的当然是山门对面、沉思亭观察孔中，以及圣水池上的“鱼鳔”形双环。它们以最为直接的符号形式来强调了生与死的相互勾连。我们之前也谈到，这一点是斯卡帕与罗西的重要差异所在。对于罗西来说，死是生的对立面，生的离去是死的到来，两者是互相排斥和对抗的关系。斯卡帕的双环不仅将生死并列在一起，还将两者互相交错。两个环显然是不一样的，就像生与死有所不同，但是它们也不是相互远离，而是在某种程度上紧密联系的。那么，该如何理解生与死的相互关联呢？是像很多宗教所认为的，死亡并不是真的死亡，灵魂仍然活着，所以生与死其实只是不同方式的生？还是说接受轮回的观点，死只是一个短暂的停留，生灵会马上进入另一段生命，并不断往复？

这两种观点都涉及许多假设，这些假设是否成立并不是本书想要关注的问题。不过，在这些假设之外，我们还可以用其他更接近常识的方式来

① PHILIPPE DUBOY. Scarpa/Matisse: crosswords[M]//CO & MAZZARIOL. Carlo Scarpa: the complete works. Electa/Rizzoli, 1984: 171.

理解生与死的关联。首先，像罗西那样强调生与死的差异并没有什么问题。如果我们不相信永生或者轮回的话，死不仅是生的离去，而且是一种无法挽回的离去，它是生的终点。死亡降临之时，生命无法再按照原有的方式持续下去，一段历程最终结束。不过，仅仅强调差异性会让生与死的关系变得偶然，仿佛两个原本无关联的事物突然相互形成一种碰撞。这就好像生命原本正常持续，但是死亡突然到来，强行打断原有的生命历程，在一种偶然和对抗的关系中，生命终结。罗西在波河谷地中所看到的被洪水夺取了生机的房屋就是这样的场景。洪水可能突然到来，出乎意料地结束了人们在这里的生活，一切都被彻底改变。不可否认，很多人生命的结束都是出于偶然。令人遗憾的是，斯卡帕和罗西都是以这样突然的方式离开这个世界，斯卡帕从一段阶梯上摔下重伤离世，而罗西在南斯拉夫的车祸中幸存下来，却在1997年米兰的一场车祸中撒手人寰。他们的死亡都是突然的，构成了对生命的断然拒绝。

但是，如果我们将眼光放长远一些，就会看到，没有任何死亡是突然的。一个人可能没有遭遇任何不测，益寿延年，但是我们其实都有清晰意识，无论早晚，死亡终将到来。绝大部分人从少年时代开始就已经清楚自己的终点，而我们的生活其实一直在这样的意识之下展开。这也就是海德格尔在《存在与时间》中所谈到的“向死而生”（*Sein zum Tode*）。[①]“向死而生”不是说死是生的目的，好像活着时所做的一切都是为了死亡，这显然不符合人们的日常生活体验。它是指死亡虽然没有到来，但我们都有意识它终归会到来，所以生命是有终点的，它有自身的限度，我们只有有限的时间、有限的精力、有限的可能性，在这种有限的条件下，我们应该做什么、不应该做什么都会受到这种意识的影响。用一个简单的例子说明，如果生命没有终点，那么我现在写的这本书就不需要着急完成，因为总有无穷无尽的时间来完成它。更有甚者，在无尽的时间里，一本书在什么时候完成都变得无关紧要，我可以无限地拖延下去，可以先休息一天、两天、一个月、两个月、一年、两年，甚至很多很多年而无须操心到底何时写完它。但在现实中，我很清楚地意识到，自己的终

① MARTIN HEIDEGGER. Being and time[M]. MACQUARRIE & ROBINSON，译. London: SCM Press, 1962: 277.

点是不可避免的，在这有限的时间里，做哪些事情才是最值得的？是抓紧时间完成这本书，使得此前数年的研究结成某种结果，还是干脆偷偷懒，别再为这本书绞尽脑汁，不如去看个电影、踢会儿球、洗个澡然后睡上一觉，然后再去寻找其他感兴趣的事情？我们能够继续通过文字交谈，表明我选择了前者，因为我认为前者更有价值。在某种程度上，当我的终点来临时，我会为完成了这本书感到欣慰，而这种程度可能远远超过我多看了场电影、多睡了会觉所感到的满足。

这种差异也不完全是偶然的，我之所以觉得写书更为重要，是因为我对自己的人生规划就是成为一名以写书为重要工作内容的研究者。在有的时间我也会看电影、踢球、洗澡、打盹，但是当两者需要选择时，我会更倾向于前者，因为我的时间是有限的，我需要先完成重要的事情。作为最低的限度，我必须在终点到来之前，完成这个我为自己所设定的任务。因为预见了终点的存在，我清楚地知道自己的生命是一个有起点也有终点的整体。在它有限的长度中，我可以在一定程度上选择做些什么或者不做什么，而我们做出选择的基础是做哪些事情可以让这个整体更具有价值。我们实际上是参照了终点来规划此前的生命历程，就好像一段旅程，需要根据对目的地的预期来准备衣物、食物、路径与资金，并且对可能遇到的艰难险阻作出相应安排。正是在这个意义上，死亡实际上是伴随着生命的每一时刻的。并不是说我们总是想着自己会死去，而是说我们总是在以一段历程的模式设想和安排自己的生活。它可能是一段学习、一次爱情、一份工作，或者是一场冒险。在有限的生命整体中，我们会对不同的活动给予不同的价值，并且去构思一种合理的配比，使得我们在限制条件下获得更多的满足。“向死而生”让我们意识到自己只有有限的机会去构建自己的人生，而不是像永生者那样可以不断地尝试、放弃、重新来过。我们必须审慎地对待自己的可能性，并且作出选择，这也就是海德格尔所说的，“向死而生”让人更清晰地意识到“自己最根本的存在的潜能”（ownmost potentiality-for-Being）。[①]

① MARTIN HEIDEGGER. Being and time[M]. MACQUARRIE & ROBINSON，译. London: SCM Press, 1962: 295.

在这个意义上，死亡也成为生命的组成部分。它是生命的边界，而边界让生命成为一个完整的历程，而不是可以无限蔓延的无形之物。因为边界的存在，我们才需要衡量在边界之内用什么样的内容去进行填充，也正是在这个条件之下，事物的价值差异才呈现出来，比如是把时间用来写一本关于死亡的书，还是用来看20部电影和睡200小时的觉。所以，生命的边界让人应该怎么活这一生成为一个价值选择的问题。它可能并不直接告诉我们应该怎样去活，却用确凿无疑的终点来提醒我们这一问题是无法回避的。我们必须面对这一挑战，并且做出回应。没有任何人能够替代我们承担这个责任，因为没有任何人能够真正地替换我们自己的死亡。也是在这个意义上，我们成为任何人都无法替代的自己，我们必须聚焦于自己的存在，就像朱利安·杨所写到的："我必须决定，我的生命作为一个整体是一种什么样的叙事，我想成为谁。在限度的意识下生存，给予生活以紧迫性、强度以及凝聚性，让生活具有焦点。"[①]作为边界，死亡实际上也帮助塑造了生活。我们并非在终点才碰到边界，而是从一开始就在边界之内展开规划与活动，边界让这一切具有"紧迫性、强度以及凝聚性"。所以，边界不仅仅是终点，在某种意义上也是起点。海德格尔在《建筑，安居，思考》(*Building Dwelling Thinking*)中写道："一个边界不是说抵达这里事物就停止了，而是像古希腊人所认识的那样，边界是这样一种东西，从它这里一些事物开始了最为本质的展开与呈现。"[②]

从这一海德格尔的视角来看，生与死是紧密联系起来的。不仅仅是说死亡是生命的终点，因此其本身就是生命历程的一部分，而且对死亡的预期(anticipation)实际上影响了我们一些最为重要的对生命进程的规划和打算。这些想法决定了我们会怎样去活，去成为什么样的人。这种想法不需要永生、死而复生，或者是轮回等超自然的假设来解释生与死的关联，它也是解读斯卡帕"鱼鳔"形双环的思想基础。毫无疑问，双环的相互勾连可以用来象征生与死的密切联系，但是这种海德格尔式的解

① JULIAN YOUNG. German philosophy in the twentieth century: Weber to Heidegger[M]. London: Routledge, 2018: 144.
② MARTIN HEIDEGGER. Building dwelling thinking[M]//KRELL. Basic Wrtings. San Francisco Harper Collins, 1993: 356.

读是否是我们强加给斯卡帕的解释？或许斯卡帕并无此意，这完全是我们的误读？当然无法排除这种可能性，毕竟斯卡帕没有留下任何文献证据证明这就是他的意图。不过，从很多建筑现象来看，斯卡帕很可能抱有类似的想法。最典型的证据，是斯卡帕在布里昂墓园中对“历程”的展现。

在前面的分析中，我们已经在很多地方提示了斯卡帕利用各种各样不同的建筑手段来阐释“历程”。我们提到那些遍布各地的混凝土叠涩就十分有利于呈现历程，大大小小的片段可以被想象成生命中各种各样的片段，它们都可以被看成一段段历程，一同构成了生命旅程这一整体。只有在一个有限的整体中，历程才有意义，否则任何事情都可以无限地拖延，也可以无限次地重复和改变。我们生活的最终形态，就是由这些小的历程所构建出来，它可以是由20部电影和200h的睡眠组成，也可以是由持续数年的工作所汇集而成的一本书组成。斯卡帕的那些叠涩展现了生命中各种各样历程的复杂性，最终它们被凝聚在混凝土的边界之中，成为一个整体。这让我们回想起达尔·科对这些叠涩的解读，他认为叠涩渲染了“边缘条件”，我们可以将边缘理解为具体的混凝土体块的边缘，也可以理解为更为抽象的让生命具有了“紧迫性、强度以及凝聚性”的边缘，也就是死亡。

玻璃门的上下滑动也是一段历程。斯卡帕之所以要让整个传动机械的构件与运转方式暴露在走廊外墙之上，显然是希望人们看到玻璃门与负重升起和降落的整个过程。他将这种过程与生死相联系的意图并不难以想象，如他直接将玻璃的降落比喻成回到母体的子宫，而对抗玻璃门重量的负重金属块则采用了“鱼鳔”形截面。格外重要的是，为了打开这扇门，我们需要让自己的身体一同参与这一过程，斯卡帕似乎在提醒，我们不只是旁观者，也同时是这些历程的参与者。

沉思亭的建构细节也有利于进行这样的解读。虽然它是一个静态的构筑物，但是构件之间精妙的连接，复杂的结构关系，材料之间的清晰边界都让人惊叹沉思亭的整体性。从基础到顶棚，我们可以阅读和理解不同构件的作用以及连接关系，就好像阅读一个故事的开始、发展与结尾。有了明确的边界与内涵，一个故事或者是一个事物才可能完整。这种“完整性”是解密斯卡帕很多细节设计的重要线索。他曾经谈到对当代建筑缺乏完整性的不满：“一道钢梁永远不会结束。它从X开始，终结于Y，什么时候钢梁才有一个结束？在我看来，这些就是削弱现代建筑的问题。与之不同，一个艾奥尼柱式有它的柱础、柱身凹槽、檐部以及比例，多亏了这些元素它有起点也有终点。它就像人体，有躯干、腿以及其他。一道钢梁不应该与此不同，但是它没有结束！是的，我可以横向添加另一道钢梁，我可以放置一个对角的支撑，以及所有我需要的铆钉，但这不是一个完整的形式。它不是一种形式（form），我想想怎么说，它没有得到表现……我是说，它必须要有总结，要完成（caompleted）。”[①]这段话清晰地解释了斯卡帕为何要将小桥扶手的立柱设计成一个与艾奥尼柱式类似的有柱础、柱身、柱头的完整体系。斯卡帕想要延续的并不是柱式本身，而是柱式所体现的一个进程的完整性。完整性不仅是指清晰的物理边界，还包括意图的完整，这些事物被集合在边界中，并不是一种偶然的碰撞，而是相互支撑以实现某种目的，就像人的身体器官并不是随意拼接在一起，而是共同运作，相互协同来实现某种机能。斯卡帕想要的完整性，既是物理与形式上的，也是意义与价值上的。

同样的关系也体现在人的一生之中。我们在日常生活中会做很多事情，绝大部分都不可能是漫无目的，就好像我们在青少年时期花费很多年时间上学、读书、完成作业、考试，这些当然不是为了消遣，而是在为后续的人生作出准备。斯卡帕建构细节的重要特征之一就在于，他将这种“目的性”鲜明地展现出来。这也是有必要的，因为在很多时候当我们追寻某种目的的时候，会陷入这个过程之中，而忽视了对目的本身的审视，以至于有时会错过目的或者是走向极端。而生命的整体性要求我们合理地规划各种目的的关系，这就需要对目的保持警醒，并且时常检讨。例如，我正在写的这本书，如果我发现无法将我想要阐释的内容说明白，就应该停下笔来，而不是为了完成它而强行写作。追寻一个目的是最为

① 引自纪录片MAURIZIO CASCAVILLA. Un'ora con Carlo Scarpa. Youtube, 1972.

典型的人生历程，获得一个文凭、掌握一项技能、生育一个孩子、照料一个家庭，这些都需要投入大量精力、时间与资源，只有当我们清楚这些事情的价值，才可能用数月、数年或者是一生的时间去投入其中。

沉思亭所象征的是一个理想的人生，在其中每一个人生片段都合理地相互衔接。大量精细而美妙的元素一同构建一个完善的整体。像一位伟大的剧作家一样，斯卡帕将整个沉思亭戏剧的最终结尾放在了位于奥诺里娜夫人双眼高度的“鱼鳔”形双孔之上。斯卡帕希望我们从这个双孔看出去，以生与死相互关联的视角去看水池与石棺，它们分别象征着新生与死亡。

连接石棺与水池的水道几乎不用再解释了，水的流淌是对生命流逝最好的比喻。斯卡帕将起点放在象征死亡的石棺那里，而将终点放在象征新生的水池中，似乎是对海德格尔关于边界的那段话的转译。它是对罗西的直接回应，死亡不只是离去，在某种程度上它也是起始。

布里昂夫妇的石棺是死亡最直接的象征。斯卡帕让两人停息在“拱形墓窟”之中，是在营造一种纪念性。但是，具体是在纪念什么呢，他们是基督教圣徒？显然不是。纪念他们富有？朴素的混凝土与马赛克也在拒绝这种揣测。还是纪念他们所创立的著名公司？但除了死者的名字以外，布里昂墓园中没有任何元素与Brionvega电器公司存在直接关联。如果这些都不是，那么还有什么值得纪念？答案并不难发现。两个石棺最引人注目之处就在于它们的互相倾斜，斯卡帕说这象征着两个相爱的人在死去之后还互相致意，这是对他们两人爱情的绝美阐释。所以，一种可能合理的解释是，“拱形墓窟”所纪念的是布里昂夫妻的爱情。人的生命是有限的，在时间的长河中无异于“转瞬即逝”。但是在他们死后，他们的爱情仍然通过建筑流传下去，成为一种超越死亡的“永恒”。这当然不是说夫妇二人的灵魂在死去之后仍然相爱，而是说他们两人生前的相爱，以及死后相伴而眠和相互致意，展现了一种特定的人生选择。在这种选择中，至死不渝的爱情成为最重要的价值之一。并不是每个人都会做出这样的选择，如有的人认为这样的爱情并不存在，而放弃了追寻，也有人认为更多的情感经历胜过单一的执着，所以不断寻求新的刺激。斯卡帕并没有对这些选择做出评判，他只是告诉我们，忠诚和持续的爱情是可能的，它或许不是唯一的选择，但毋庸置疑是具有价值的选择之一。布里昂夫妻爱情的“永恒”，并不是真的在时间意义上的永恒，而是他们所秉持的价值理念，可以不断启发别的人。或许有人会在他们的爱情中看到忠诚和执着的意义，从而做出自己的相应选择。这样我们有可能会看到更多类似于布里昂夫妇这样动人的场景。

斯卡帕说他对美国19世纪的大型墓地极为赞赏，因为它们更像是花园，而不是墓葬。这让我想起十几年前在苏格兰留学时的经历。那时我住的公寓对面就是一座兴建于19世纪的大型公墓——纽因顿墓地（Newington cemetery）。时间让这个墓地变成了真正的花园，遍地的青草、野花绽放，几棵大树将阴影覆盖在散落的墓碑之上（图6-31）。很多人会把这里当作公园，在晚餐后牵着狗在墓园中漫步。我也常去墓园里游走，有时会读一读那些墓碑上的文字。所有的墓碑上题词都差不多，“为了纪念亲爱的某某某，她（他）的亲属某某立”。有的时候会有另一段添加的碑文，写着立碑人于某某年去世，与他们之前安葬的亲人合葬在一起。令我触动的是其中一块很平常的墓碑，上面写着“纪念我亲爱的丈夫约翰，他于1956年去世，时年54岁，他的妻子简立”。在这段话的后面是另一段文字，写着简于1968年去世，安葬于此。打动我的是墓碑的最下面刻着的三个词——“Till we meet”（直到我们相会）。这应该是简在1956年所写的，在12年后他们最终在这座平凡的墓园中再会。布里昂夫人与简是同样的人，她们的丈夫先行离去，在安葬了丈夫之后她们继续生活，直到很多年之后，她们最终实现了自己的愿望，再次与相爱的人长眠在一处。那个在墓碑上刻下“Till we meet”的匠人与斯卡帕也是同样的人，他们懂得用自己的技艺在“转瞬即逝”中提取出“永恒”的东西。死亡的不可避免让我们清醒地认识到人是有限的、脆弱的、偶然的，但即使在这样的条件下，人们可以在有限的生命中完成一些美好的旅程，它们的价值可以超越死亡的边界，继续启发其他人的前行。就像斯卡帕的双环一样，人的限度与人的成就相互重叠在一起，让我们看到有限生命的丰富可能。

31

图6-31

纽因顿墓地

（青锋摄）

正是通过这样的方式，斯卡帕在布里昂墓园中汇聚了极为厚重的内涵。这里不仅有花园、水池、沉思亭、廊道、石棺、教堂与树林，也有来自于古罗马、中国、威尼斯以及圣维托达尔蒂沃勒本地的传统。在更抽象的层面，斯卡帕将生与死汇聚在一起，让我们感受到两者之间相互依存的关系。死亡不仅仅是终点，也是生命历程的边界。因为有了边界，生命才成为一个整体，才凸显出不同价值诉求之间的差异。斯卡帕的那些细节，让我们看到了这个整体自身，以及其中所包含的很多片段的复杂，让我们看到在"向死而生"的过程中，生的旅程可以是如何的美妙与动人。从根本上说，斯卡帕的建筑是表现性的，对于这一点他也直言不讳："一个作品的价值在于它最高的表现：当一个事物被很好地表达，作品的价值就非常高。有一些事物表现了某些东西，如具有表现性的形式，但是建筑的语言是难以理解的。绘画、雕塑、诗歌，或者音乐都表现了很多东西，也能被很好地理解。建筑仍然是一种神秘的语言。"[①]虽然神秘，并不是无法理解。通过"汇聚"，斯卡帕让哲思表现在布里昂墓园的一个个角落中。

实际上，罗西在波河边房屋中看到的杯子、铁床、玻璃与相片也可以成为具有表现性的语汇，它们展现了曾在那里居住过的人的各种历程。或许是灰尘与潮湿让他失去在其中发现价值的兴趣，在他看来，这些都指向了对"转瞬即逝"的失落，而不是像斯卡帕那样发掘出在死亡启示之下的"永恒"。

大地

在前面的讨论中，我们已经多次引用了海德格尔的文章《艺术品的起源》。这篇文章是基于海德格尔在1935～1936年所做的同名讲座编辑而成。很多学者认为在20世纪30年代初，海德格尔的哲学思想发生了一些重要的转变，使得他的后期哲学与以《存在与时间》为代表的前期哲学

① 引自CRESCENTE INTERNI 1939. Cassina Simoncollezione Carlo Scarpa. Youtube, 2014.

呈现出不同的立场与观点。在这种对比之下，《艺术品的起源》被视为海德格尔后期哲学的典型代表。虽然在内容上聚焦于艺术品，这篇文章的内涵实际上从艺术扩展到形而上学的领域，里面涉及了“物”“作品”“世界”“真理”“大地”等重要哲学概念的分析。海德格尔想要说明，只有在一个完整的哲学体系之中，才能理解艺术品的本质，所以我们需要先阐明这一体系。不过一旦这个体系得到阐明，就可以帮助我们理解很多艺术领域之外的现象。这也是这篇文章的影响远远超越了艺术哲学的范畴，扩散到更为广泛的哲学领域的原因之一。

在《艺术品的起源》中，海德格尔提到“艺术品打开了世界，并且让它保持着持续性的力量。”[①]我们已经解释过如何理解这句话。在这篇文章的另外一个地方，海德格尔又写道：“在艺术作品中，事物之所以是其所是的真理，让自己开始运作。艺术就是真理让自己运作。”[②]这让我们想起斯卡帕所钟爱的拉丁短语——*Verum Ipsum Factum*。布里昂墓园是斯卡帕“造就”出来的作品，作为一个艺术品，它让真理彰显出来，让真理开始运作，也让我们更深入地去理解真理及其运作。就像我们通过“视觉逻辑”看到玻璃门如何滑动、沉思亭如何聚焦于“鱼鳔”，以及水流如何从“终点”流向“起点”，在这一点上，可以认为斯卡帕与海德格尔是相互应和的。

但是，具体该如何理解艺术品彰显了真理，让真理开始运作？这里的真理显然与我们常识所理解的有所不同。在日常观念中，真理被认为是与事实相符的论断，如石头因为地球引力的缘故会落下就被很多人视为真理，因为它与事实相符，即石头具有质量、地球也有质量，有质量之间的物体之间会有引力，导致石头向地球移动。在一个流传很广的故事中，伽利略在比萨斜塔上所做的实验证明了此前亚里士多德解释这一现象的理论并不符合观测事实，而后续无数的观测与实验证明了牛顿所提出的这个论断是符合事实的，所以可以被视为真理。这是我们常规的理解，

① MARTIN HEIDEGGER. The origin of the work of art[M]//KRELL. Basic Wrtings. San Francisco Harper Collins, 1993: 169.
② 同上，165.

从这个角度看，艺术品并没有做出任何论断，也不一定呈现事实，如德·基里科的绘画显然就不能被当成事实来看，它们甚至在很多方面扭曲了事实，那么这样的艺术品如何可能彰显真理呢？

海德格尔后期哲学中的一项重要工作是，指出了这种传统真理观点的不足，并且用一种更完备的观点给予替代。他最主要的论述汇集在《真理的本质》（*The Essence of Truth*）一书中，这是海德格尔1931～1932年在弗莱堡大学冬季学期的课程讲稿。近似的观点也在《艺术品的起源》中得到重申。我们不需要进入海德格尔复杂的哲学论述来全面深入地辨析真理问题，只需要将与本书有关的内容给予简要介绍。海德格尔的基本观点是，传统真理观念的缺陷在于，它只强调了论断与事实相符（corespondence），却没有意识到"相符"和"事实"两个要素所需要的条件，一旦将这些条件也纳入考虑，就会发现并不存在绝对的"与事实相符"，也就是说，不存在绝对的真理，真理也需要依赖特定的条件。例如，在前面的例子中，引力让石头落向地球是一个论断，它所对应的事实是石头与地球都有质量，质量之间存在引力，会互相吸引，所以石头落下。衡量一个论断是否是真理的标准在于事实，论断可以有对有错，但事实是确凿无疑的，是真理的不容辩驳的稳固根源。但是，如果我们再进一步看看这些"事实"，就发现其实它们也是论断，如石头与地球都具有质量，以及质量之间会有引力，这其实都是论断，是基于牛顿物理学的经典理论所做出的论述。对相对论和量子物理有所了解的人会很清楚，这些论断已经被新的论断所替代，或者是可能会被替代。例如，关于引力，当代物理学家们就不会把它当成确凿无疑的一种物理量，而是试图用其他物理概念对其进行进一步的解释。那么我们用相对论和量子物理替代经典牛顿物理，是否就可以得到确凿的事实呢？可能没有人能够做出这种结论，牛顿物理学替代了亚里士多德的古典物理学，相对论与量子物理学替代了牛顿物理学，谁能预见将来不会出现新的物理理论替代相对论与量子物理？毕竟，什么是引力、什么是质量、哪些基本粒子是最为基础的，这些问题恰恰是物理学中最核心的问题。就连基本的物质是什么都仍然只是一个具有不确定性的论断，那么我们其他常识中所认为的"事实"，也只是建立在这些论断之上的论断。例如，什么是一块石头，如果深入到原子层面，考虑到基本粒子的特性，如波粒二象性等特征，就会意识到一块石头这么简单的事实，其实也建立在极为复杂的论断体系之上。

正是在这个逻辑之下，海德格尔提出传统地认为真理就是“与事实相符的论断”这一观点是不正确的。不存在所谓的独立的、确凿无疑的事实，因为事实其实也是建立在论断的基础之上。如果坚持真理是符合事实的论断这一观点，就会陷入一种无止境的退化之中，在其中：“真理是符合某种论断，后者符合另一种论断，如此不断延续。”①海德格尔的结论是：“真理是符合（事实）的论断这一观点是模糊的，未能充分阐明的，或者能明确它自身的起源。因此，它不是理智的，它的自明性（self-evidence）只是一种幻象。”②真理并不是来自于论断与事实之间的直接对应，而是来自于一个论断体系的内部。例如，在亚里士多德物理学的论断体系之内，事物都有它本原的位置，石头落下就是回到自己应属的位置。这在很长时间内被看作真理，但实际上是亚里士多德体系内部的一个结论。在牛顿物理学的论断体系中，我们认为是质量与引力产生了作用，如果接受了这一论断体系，那么相关的论述就会被看作真理。而在相对论与量子物理体系中，甚至是一块石头、引力以及运动的概念都需要改变，这一体系下的合理论断会迥异于亚里士多德与牛顿体系的论断。

海德格尔的论述让我们意识到真理所要依赖的条件。那种认为真理建立在绝对的事实基础之上，因此也是绝对牢不可破的观点显然是有缺陷的。事实本身就是在一个论断体系中呈现出来的，所以真理也同样从属于这个论断体系，其合理性取决于这个论断体系。例如，在一个论断体系中，我们看到的是跟人一样想要回家的石头，由此得到亚里士多德式的生物性结论，在另一个体系中看到的是宇宙中所有质量的互相吸引，得到的是牛顿式的机械式结论。什么样的真理取决于它来自于什么样的论断体系，而这个论断体系不仅仅影响了我们的观点，也影响了我们对

① MARTIN HEIDEGGER. The essence of truth: on platos cave allegory and theaetetus[M]. London: Continuum, 2002: 2.
② 同上，3.

事实的描述和理解，由此会对我们看到什么样的“世界”产生影响。这就将我们引回了海德格尔关于“艺术品打开了一个世界”的观点，他的意思是，艺术品让我们更清晰地意识到影响了我们看待周边事物的“关联性背景”，正是在这个“关联性背景”之下一个特定的事物才呈现为特定的事物，如希腊人的圣地、神庙、神与使徒。这个“关联性背景”在实质上就是上面论及的“论断体系”，如在亚里士多德的体系中，事物、本源、宇宙的层级关系以及回家的趋向都是相互联系，它们一同组成了整体性的“关联性背景”。在这个背景下，物理学、生物学、伦理学的各种论断能够相互支撑，因为它们都从属于一个特定的亚里士多德“世界”。以此类推，在牛顿物理学和相对论与量子物理的“关联性背景”之下，会产生不同的论断体系，以及呈现在我们面前的不同的“世界”。

所以海德格尔所说的“艺术品打开了一个世界”与“在艺术作品中，事物之所以是其所是的真理让自己开始运作”的两个观点实际上说的是同一件事情，那就是说，艺术品让我们看到了“真理”与“世界”所要依赖的条件，看到它们远非我们常识所认为的那么确凿和不可动摇。这时，如果我们回想一下此前对德·基里科“形而上学绘画”的讨论，就会发现海德格尔的观点与德·基里科的观点有相似之处。我们之前已经分析过，德·基里科实际上通过尼采接受了叔本华的形而上学立场，而叔本华的形而上学立场则直接来自于康德。其核心是强调不应把我们所熟悉的日常世界当成绝对真实的世界，它们其实只是一个现象世界，是通过一定的范畴、原则和概念加工之后得到的，而因为经过了加工，所以也不同于那个未经过加工的物自体自身的世界。虽然使用的概念、表述以及一些理论细节上有很大差异，海德格尔的理论有着与康德类似的结构。海德格尔所说的“世界”类似于康德所说的“现象世界”，都是经过特定的“关联性背景”，或者说是“范畴、原则、概念”加工的产物，它们具有某种依赖性与相对性，不应等同于“物自体”本身。也正是因为这种相似性，英国哲学家大卫·库珀才会认为海德格尔实际上延续了康德的理论，只是在一定程度上“将康德的哥白尼革命自然化（naturalizing）——也就是指康德所指出的，思想镜像所反射的并不是一个独立存在的现实，而是说思想与世界之间的和谐归因于思想的结构。”[①]

所以，更全面地展现“世界”与“真理”的本质特征，尤其是它们不能被视为绝对确凿的事实，是艺术品的根本特征（essential feature）。德·基里科的“形而上学绘画”所强调的也是这一点。这些画作所带来的“揭示”让我们意识到日常的世界只是一种表象，并不应该被看作是终极的真实世界。如果海德格尔的论述仅仅停留在这里，那么我们所获得的可能并不会比在德·基里科的作品和理论中获得的更多。不过，这并不是海德格尔艺术理论的全部，他清楚地写道：“但是竖立起一个世界只是这里谈到的作品作为作品存在的第一个根本性特征。从作品的近景出发，我们将要试图以同样的方式说明与第一个特征一样，同属于作品的第二个根本性特征。”[②]那么，这“第二个根本性特征”是什么呢？

在《艺术品的起源》中，海德格尔是通过对比工具（equipment）与艺术品的差别来说明第二个根本性特征的。工具和艺术品都处在“世界”之中，都受到“关联性背景”或者说“真理”的影响，所以都能够成为一个线索，让我们关注到它们所属的“世界”。也就是说，不管是工具还是艺术品，都可以“打开世界”。但是，在日常理解中，我们的确认为工具和艺术品是不同的，即使某些工具被作为了艺术品，如杜尚的小便池，也是因为它没有再被当作工具使用，也就不再是工具，所以才可能成为艺术品。工具与艺术品的差别不在于它们的形态、样貌、色彩等方面，而是在于它们是如何被“使用”的。这里的“使用”是更宽泛的使用，可以包括利用工具，也可以包括对艺术品的欣赏。那么在对工具和艺术品的“使用”中有什么差异呢？海德格尔写道，工具“被实用性与服务性所决定，工具将它的组成成分：物质，吸收到它的服务之中。在制作工具时——比如一把斧子——石头被使用了，而且被用掉了。它消失在实用性中。当材料越少地抗拒在工具的工具属性中消失，那么工具就是

① DAVID E. COOPER. The measure of things: humanism, humility, and mystery[M]. Oxford: Oxford University Press, 2002: 107.
② MARTIN HEIDEGGER. Basic writings[M]. Rev. ed. San Francisco Harper Collins, 1993: 171.

更好的和更恰当的。”[①]这段话的意思是，我们用石头做一个工具——一把石斧，是为了获得实用性，如用石斧砍砸树木。在最理想的状态下，石斧很好地满足了实用性，我们可以随心所欲地使用它砍断树木，丝毫不用考虑工具自身会出什么问题。这时我们关注的仅仅是工具的使用，也就是砍断树木，并不会停下来关注在这个工具中被使用的石头自身。我们甚至在某种程度上完全忽略了石头，心中只有工具，这时石头就在“工具的工具属性中消失”。相反，只有当工具的实用性出现了问题，如突然砍不动了，我们才会观察石头出了什么样的变化，才会关注到它的特性使得它需要什么样的加工的维护，需要在使用时注意哪些事项。这时，石头才从工具的工具属性中凸显出来，让我们注意到，它不仅仅是工具的一部分，它还有自身的性质。

在这一点上，艺术品就不同于工具，它并不完全是实用性的。欣赏艺术的前提就是要停下实用性的活动，如将杜尚的小便池作为作品看待，而不是作为器具去使用。阿道夫·卢斯在《建筑》（*Architecture*）一文中也表达了类似的理解，他写道：“艺术品被带到这个世界中时，并没有对它的使用需求，一个房屋需要满足需求……一个艺术品是革命性的，一个房屋是保守的。”[②]工具的实用性让我们保持正常的生活方式，所以是保守的，但艺术品让我们跳出实用性之外，打破了原来的节奏，所以是革命性的。

正是因为这种不同于工具的特性，使得在艺术品中，材料没有被工具性所吞噬，而是获得了机会让其自身的特性凸显出来。海德格尔再次用希腊神庙为例来说明：“神庙作品建立了一个世界，它并没有让材料消失，而是第一次让它出现，并且是出现在被作品所属的世界所打开的领域之中。岩石能够承载和停息，并由此第一次成为岩石；金属可以闪亮和发出光芒，颜色散发光辉，声音开始歌唱，词语得以言说。所有这些之所以出现，是因为作品将自己回置于石头的巨大和沉重、木头的坚固与柔

① MARTIN HEIDEGGER. Basic writings[M]. Rev. ed. San Francisco Harper Collins, 1993: 171.
② 转引自PAUL GUYER. A philosopher looks at architecture[M]. Cambridge: Cambridge University Press, 2021:148.

性、金属的硬实与光泽、颜色的明亮与暗淡、声音的铿锵以及词语能够命名的力量之中。”[①]的确，在面对像雅典卫城帕提侬神庙这样的作品时，我们看待用于建造它的石头、木头、金属的方式，与看待建造一座实用性房屋的砖头的方式是不一样的。在后一种情况下，砖头只是工具，我们只会关注它是否能很好地支撑，而不在乎砖头在实用性之外的特质。但是在卫城之上，帕提侬的每一块石头、每一块木头以及每一个铁件都会得到珍视，它们不仅被视为建筑构件，它们自身的硬度、光泽、质感都具有了某种神圣性，得到人们的尊重与珍视（图6-32）。

海德格尔的这段话非常重要。虽然他谈的是希腊神庙，但这些话语会很容易让我们想起另一个建筑，即斯卡帕的布里昂墓园。我们已经看到，对材料的处理是布里昂墓园最重要的特色之一，在那里，筑造了山门、石棺和教堂的混凝土像石头一样“承载和停息”，沉思亭、玻璃门以及圣水池的钢铁与黄铜构件“闪亮和发出光芒”，各种颜色的马赛克“散发光辉”，流水以及玻璃门升降的“声音开始歌唱”，而墙壁上的“鱼鳔”形双环以及墓园东北角的“囍”字图样展现了词语如何“得以言说”。布里昂墓园之所以成为布里昂墓园，被视为斯卡帕最具代表性的作品，在很大程度上就是因为它最为深入地展现了斯卡帕对这些材料的深度诠释。很多建筑都会使用混凝土、金属、玻璃、木头与符号，但是细节处理的差异使得布里昂墓园让我们更深入地感受到“石头的巨大和沉重、木头的坚固与柔性、金属的硬实与光泽、颜色的明亮与暗淡、声音的铿锵以及词语能够命名的力量”。这当然不是巧合，在讨论小桥扶手时，我们就已经提到过，斯卡帕实际上是在使用柱式的原则设计扶手的支撑体系。他写道：“我想做一个坦白：我希望一些评论者在我的作品中发现某种意图，即归属于传统内部，但是没有柱头与圆柱，因为你不再能创造它们。今天，甚至是上帝也不能设计一个阿提卡柱础。”[②]他对希腊的柱式由衷地尊敬，所以他不会随意复制，而是用自己的方式去回应同样的节点问题，这样他既归属于一个尊重材料特殊性质，并且给予呈现和赞颂的传

① MARTIN HEIDEGGER. The origin of the work of art[M]//KRELL. Basic Wrtings. San Francisco Harper Collins, 1993: 171.
② CARLO SCARPA. A thousand cypresses[M]//CO & MAZZARIOL. Carlo Scarpa: the complete works. New York: Electa/Rizzoli, 1984: 287.

图6-32

图6-32

奥林匹亚宙斯神庙的石柱

(Annatsach, CC BY-SA 4.0 <http
creativecommons.org/licenses
sa/4.0>, via Wikimedia Commons

统，也在传统之外展现了当代材料如混凝土、玻璃等所同样具备的深刻内涵。

在前面的“材料与诗意”一节中，我们已经讨论过斯卡帕对材料的处理。我们说他对材料的处理更像是匠人，而不是建筑师。匠人对手中的材料有一种天然的珍视与慎重，这与大规模机械施工中对待材料的态度是不同的。我们也提到，可以用海德格尔在《关于技术的疑问》一文中特意强调的古希腊的*poiēsis*的理念来解释斯卡帕的原则。*Poiēsis*的意思是让某种东西呈现，它可以有两种方式实现：一种是事物自发地呈现，在古希腊被称为*physis*，这后来成为“物理”一词的词源。另一种是在其他力量，如匠人的帮助下得以实现，这被称为*technē*，也就是今天的“技术”（technology）一词的词源。可以看到，*technē*的理念不同于今天“技术”理念的地方在于，我们谈到技术时想到的是它可以解决的问题、达到的目的，也就是其实用性。这实际上就是今天“技术”概念的根本要素。例如，“科学”与“技术”的不同之处就在于，前者并不指向一个特定的实用性目的，而后者要能成为一种“技术”，必定有其具体的使用范畴，以及需要该技术所解决的实际问题。所以，今天的“技术”理念完全是一种专注于目的性的理念。但是在古希腊的*technē*中，更为重要的是让事物呈现，如一块大理石在希腊神庙中呈现为多立克柱式的柱顶石，它当然帮助实现了建造神庙的目的，但是希腊人并不认为这就是它存在的全部价值，而是认为这块石头的一部分特质在*technē*的帮助下呈现出来。在希腊神庙中，这块石头不会就此消失在实用性里，因为它还有其他没有被工具性完全穷尽的可能性，可以通过*physis*或者是其他*technē*呈现出来。再举一个想象的例子，如果这块石头被人用到了其他房屋的建造中，它被放到了屋顶，停留在那里很多年，直到某一天落下来砸到路过的行人。这个故事让童年的普朗克与阿尔多·罗西着迷，尽管他们看到的是不同的寓意。这些都与石头的“巨大和沉重”有关，但并不能被工具性完全覆盖。

斯卡帕对材料的处理，可以回过头来帮助我们理解海德格尔的话。海德格尔真正想要强调的，当然不是说只能像希腊神庙那样使用石头、木头、金属等材料，而是想说，艺术品与工具最重要的区别就在于工具对应的是今天的“技术”（technology）理念，它让材料消失在工具属性当中。艺术品所对应的是*technē*，是用特定的方式让材料呈现出来。这种呈现的方式之一是作为工具的一部分，完成某种实用性。但这并不是材料的全部，它还有其他属性在实用性之外。艺术品的创作者——艺术家，就像古希腊的匠人那样抗拒工具性的全面控制，他们以特定的方式让材料以其他方式呈现在作品之中，他们成为材料实现*poiēsis*的助手，而不是在工具属性中耗尽所有资源的主宰者。

艺术品对于材料在工具属性之外的其他属性的揭示，本身就是一种尊敬和赞颂。就像在布里昂墓园中，我们才发现原来混凝土可以像玉石一样雕琢得如此精细，它的沉重、暗淡与岁月印记甚至可以比玉石更为珍贵。正是在这个意义上，艺术品的创作是一种“神圣赞美式的竖立，”这并不是在赞美任何特定的神，而是在赞美任何被呈现的材料中那些还没有被穷尽的可能性。它们蕴藏在材料中，是一种源泉，因为有了源泉，才可能以特定的方式呈现在艺术品中。希腊的匠人和艺术家们很清楚，他们的作品也只是源泉的其中一种呈现方式，它还能以其他方式存在，只是在这个作品中无法完全呈现。通过“神圣赞美式的竖立，”源泉的丰富性和未被呈现的可能性得到了赞颂，所以在面对帕提侬神庙时，你不会觉得那些大理石只是破损的建筑构件，它们自身呈现出某种令人敬畏的品质，它们的“巨大和沉重”之中蕴含着难以估量的丰富性。

在《艺术品的起源》中，海德格尔用“大地”的概念来指代上面提到的源泉。他写道：“那个作品让自身回置的，同时也被作品的回置使其展现的，我们称之为大地。大地就是那个出现并且提供庇护的东西……在大地之上和其中，历史上的人们建造他们在世界的居所。通过竖立一个世界，作品阐释了大地。这种阐释要在最严格的意义上理解。作品将大地自身移入世界的开放场域之中，并且让它保持在那里。作品让大地成为大地。”[①] “大地”当然是一个形象的比喻，海德格尔用这个词主要是想表

① MARTIN HEIDEGGER. The origin of the work of art[M]//KRELL. Basic Wrtings. San Francisco Harper Collins, 1993: 172.

现“大地”作为一种最根本的支撑的意思，就像所有建筑都需要大地的依托才能够站立，并且由此满足实用性一样。不过我们也知道，大地并不仅仅是地基，它也是土壤、是农田、是山脉、是沟壑。人类能够了解和利用的仅仅是大地的局部表面而已，但是对于地表以下难以穿透的厚度中所蕴含的东西我们实际上所知甚少。正是在这个意义上，“大地”是比“源泉”更完备的比喻，因为“大地”概念中的难以穿透的厚度是“源泉”概念所不具备的，它提示出“大地”的神秘和令人敬畏。

如何理解这种神秘性？在《艺术品的起源》中，海德格尔通过“大地”与“世界”的对比来给予呈现。前面已经谈到，“世界”是指让一切成为可以被认知理解的事物的意义框架，通过它的作用，我们获得了“天空”“神”“人”的概念，在此基础上才能应对那些被呈现出来的事物。当然，这并不意味着所有的一切都是“世界”这个意义框架自动产生出来的，它只是一个“准入条件、基本规划”，是构建一个可理解领域的必要条件。但它并非是完全充分的，如果仅仅有一个“关联性背景”而没有被互相关联起来的事物，那么根本就不会有关联性存在，也就不可能有世界。所以，“世界”要能成为我们生活的现实，它仍然要作用于一个更为原初的“本源”之上才能构建出一个由“物”（thing）构成的环境，这个“本源”就是“大地”。

但是，“本源”也必然是神秘的，也就是说，是难以用语言阐明的。这倒不是因为神秘是它自身的属性，而是说语言没有能力完成阐明“本源”的任务。原因很简单，语言产生于“世界”之中，我们所有的语言概念都是“世界”的产物，因此我们不能用它们去描述那个先于“世界”的、还没有经过“世界”加工的“本源”。举个例子，这就好像一个严重近视的人，通过戴上眼镜看清了周围的事物，然后开始描述它们，但不管他的描述有多精确，那都是透过眼镜过滤看到的东西，并非人直接接触到的原本的场景。要想获得这种直接性，他只能摘下眼镜去看，后果却是什么也看不清，更不用说准确地描述了。在这个例子中，“世界”就是帮助我们看清周围的“眼镜”，而“本源”则是我们试图抛开眼镜获得直视的原本场景。遗憾的是，离开了“世界”我们根本什么也看不清。“本源”必然地处于一种神秘、无法被穿透、无法理解的状态。我们也清楚，“本源”这个词本身只能是一个比喻，因为这个词也同样属于“世界”，我们所获得的只能是一种间接的理解。

海德格尔所指的“大地”也就是上面所指的“本源”，正因为它先于“世界”，所以是神秘的。必须承认，我们不具备穿透它的能力。不仅如此，海德格尔还强调，“大地”是“自我隔离”（self-secluding）的：“只有当它被认知为某种在本质上不可打开的东西，并且被保持在这种状态，大地才被开放、清晰地呈现出来，这种东西不断从任何一种揭示中退缩，并且一直保持封闭。”[①]这也就是说，海德格尔认为“大地”不仅仅是神秘的，而且在某种程度上抗拒“揭示”，拒绝被“打开”，并且“一直保持封闭”，就好像“大地”具有某种主动的趋势去“自我隔离”，使我们更难以理解它。是说“大地”具有某种能动性，可以避免被人了解吗，难道“大地”是具有某种类似于人的特性的事物？

要理解海德格尔的这一说法，并不需要假设某种“人性”，答案其实可以在“世界”中寻找。作为一种“本源”，神秘的“大地”中蕴藏着各种各样的可能性，可以呈现为不同的“世界”。在人类历史上，释迦牟尼的世界、亚里士多德的世界、牛顿的世界、爱因斯坦的世界等不同的存在，就证明了这种可能性。在一种特定的“关联性背景”之中，“大地”被呈现为一个特定的“世界”而得以理解，使得我们可以在这个“世界”之中确立自己的存在方式。但是，我们也要意识到，也许有不止一种甚至是无穷多种的“关联性背景”，那么“大地”可以呈现为不止一种，甚至是无穷多种的“世界”。只是因为我们在选择一种“世界”的同时，实际上也抛弃了其他无穷多种“世界”的可能性。因此，当“大地”在我们选择的“关联性背景”中彰显为某种现实的同时，它在其他“关联性背景”中彰显为其他现实的可能性却被掩盖了。海德格尔借用了奥地利诗人里尔克（Rainer Maria Rilke）对月亮的阐释来说明这一问题，在地球上，在我们的日常世界中，我们看到的月亮总是朝向我们被太阳光

① MARTIN HEIDEGGER. The origin of the work of art[M]//KRELL. Basic Wrtings. San Francisco Harper Collins, 1993: 172.

照亮的一面；但与此同时，它背对我们的一面，以及月面以下的全部都被我们所看到的那一面所遮盖了。从这个意义上说，月亮的绝大部分是“自我隔离”的。这并不是说月亮在故意躲藏，而是说我们只看到了月亮的一面，掩盖了其他部分，才让其他部分被封闭起来。就此，朱利安·杨解释道：“大地是深不可测的领域，它构成了清晰世界的另一个黑暗之面，这一面背离我们，无法被照亮……一个无法认知的黑暗领域。”①

同理，并不是“大地”在主动躲藏，而是说当我们选择一种“关联性背景”，或者说选择一种“世界”时，就放弃和掩盖了其他“关联性背景”，从而让“大地”呈现为其他“世界”的可能性被掩盖和抛弃了。所以“关联性背景”一方面让我们看到了一个“世界”，另一方面也掩盖了其他“世界”。是我们自己构建“世界”的方式让“大地”“一直保持封闭”。也是在同样的逻辑下，海德格尔说“真理也是非真理（un-truth）”，因为“真理”产生于形成了“世界”的“关联性背景”的论断体系之中，它只在这个“世界”中有效，而不能等同于“大地”自身的全部属性。选择一种“世界”的真理，也就掩盖和抛弃了其他“世界”的真理。更全面地理解会意识到“真理”的这种局限，也就是意识到“真理也是非真理”。在这种更全面的理解中包含的，“是那些还没有被发现的东西的集存，也就是指遮蔽意义上的未被发现。”②

只有理解了这一点才能更全面地理解“大地”与“世界”的关系。它们之间并不仅仅是一种支撑和依存的关系，在另一面，也有一种对抗，因为“世界”不可避免地要掩盖和遮蔽“大地”呈现为其他“世界”的可能性。不过，海德格尔提醒，我们要用积极的眼光看待斗争：“世界与大地的对立是一种斗争。但如果我们将斗争同不和与争吵相混淆，因此将它只看成混乱和摧毁的话，就非常简单地弄错了它的本质。与之相反，在根本性的斗争中，对立方让彼此提升到对自己本质的自我肯定（self-

① JULIAN YOUNG. Heidegger's philosophy of art[M]. Cambridge: Cambridge University Press, 2001: 40.
② MARTIN HEIDEGGER. The origin of the work of art[M]//KRELL. Basic Wrtings. San Francisco Harper Collins, 1993: 185.

assertion）之中。”[1]这也就是说，我们应该用积极的眼光看待“大地”与“世界”的关系。固然我们没有能力在“世界”之中理解“大地”的全部，但至少我们知道“大地”可以被呈现为现在的“世界”，我们至少知道了它的一部分可能性，而且这种可能性已经给我造就了一个极为丰富多彩的“世界”。另一方面，虽然我们并不真的知道其他可能性都是什么，但从我们自身的限度出发，我们明白了其他可能性是被掩盖了的。它们虽然不可见，但仍然存在，它们也是“大地”的一部分，也是“源泉”的一部分。虽然在这一方面“大地”是神秘的，甚至包括“大地”如何支撑了“世界”也是神秘的，但毋庸置疑的是，“大地”为“世界”提供了基础，我们需要对它的馈赠和神秘同时保持尊敬。

能够实现这一点，就是海德格尔所说的伟大艺术品的第二个根本性特征，也就是他所说的“艺术品让大地成为大地”。所以，艺术品的两个根本性特征分别是让我们理解了“世界”与“大地”，理解了它们两者之间的关系，“竖立世界和阐明大地是艺术品作为作品的存在中两个根本性特征，”[2]海德格尔这样写道。在海德格尔看来，希腊神庙就是这样的艺术品的典范，它不仅汇聚了希腊人的“世界”，而且通过让石头成为石头、木头成为木头、金属成为金属展现了材料自身不能被单纯的工具属性所掩盖的特质。希腊神庙给予这些材料一种神圣感，让我们意识到在我们的日常理解之外，这些材料还有无穷无尽的可能性，即使一块石头，也像“大地”一样具有难以穿透的深度。通过对这块石头的理解，我们有可能跳出“世界”的限制，看到“大地”，看到“大地”如何作为“世界”的源泉为其提供支撑，但同时也在“世界”的“揭示中退缩”。

在我们看来，斯卡帕的布里昂墓园也具有这两方面的根本性特征。除了前面提到的对生与死的汇聚，以及对材料的呈现之外，在布里昂墓园中斯卡帕还特殊地展现了“源泉”的神秘性。他将玻璃门的下降比喻成为回到生命的起源——母亲的子宫之中。而指代起源本身的是沉思亭漂浮

① MARTIN HEIDEGGER. The origin of the work of art[M]//KRELL. Basic Wrtings. San Francisco Harper Collins, 1993: 174.

② 同上。

于其上的水池。我们也提到过同样会引起人们沉思，密斯·凡·德·罗在巴塞罗那德国馆设计的水池清可见底，而斯卡帕设计的水池则是暗黑色的，我们的视线只能穿透水面表层，马上就被阻挡在深沉的水色之中。斯卡帕的助手奎塔·皮特罗波利（Guida Pietropoli）告诉我们，[①]这是斯卡帕刻意追求的效果。他希望水池是黑色的，难以穿透。为此，斯卡帕与建造者们进行了很多实验，如何用泥土而不是混凝土做池底，还能保证水的密闭性。最终，这通过在池底铺上厚厚的黏土层来得以实现。为了展现水池的“深度”，斯卡帕没有走捷径，而是真实地赋予这片平静的水池以超过1m的深度，由此获得了“深不可测”的水面印象。这可能是对“本源”的神秘性最好的象征之一。斯卡帕将很多叠涩浸入水中，那些台阶一点一点地消失在黑暗里，或者说一点一点地从黑暗中浮现出来，仿佛是“世界”在“大地”中逐渐浮现。作为一种比喻，我们只能用这种间接的方式理解“大地”与“世界”的关系，这不仅是建筑师所能做到的极致，也是整个“世界”所能做到的极致。

另一个体现“大地”的元素是布里昂夫妇的石棺。布里昂先生希望贴近大地，所以斯卡帕将抬高的草坪下挖，让夫妻二人的石棺沉入地表之下。布里昂先生的愿望是回到自己的故乡，回到自己源起之地，在小的范畴内可以理解为家乡圣维托达尔蒂沃勒的土地，在大的范畴也可以理解为整个“世界”所源起的“大地”。用现实中的大地来象征“大地”当然是理想的选择，斯卡帕让生命的流水从石棺处起源，流向沉思亭显然有助于渲染“大地”作为起源的内涵。大地承载着夫妻二人的石棺，承载着那个记录下来他们夫妻动人爱情的“世界”，但是斯卡帕巧妙地让石棺“悬浮”与地面之上，再一次尊重了“大地”与“世界”之间关系的神秘性。

以这种方式理解，斯卡帕设计的布里昂墓园是像希腊帕提侬神庙一样伟大的艺术品。它将艺术品的两个根本性特征——“世界”与“大地”——汇聚在一起。就像海德格尔所说的，伟大的艺术品带来的是“神圣赞美

① 参见访谈视频，GUIDA PIETROPOLI. Una mattina con Carlo Scarpa: l'invito al viaggio: la tomba Brion. Youtube, 2020.

式的竖立,”与之相伴的是一种尊敬、谦逊与欢愉，这与我们在布里昂墓园中所感受到的平静、神秘与欢愉当然有密切的联系。在这一章中，我们试图解释这种联系的内在原理，那么在下一章，也是本书的最后一章中，我们将要说明这种欢愉如何回应罗西的难题，如何抚慰弥漫在圣卡塔尔多公墓中的忧伤。

7

回 应

A response

在上一章中，我们介绍了斯卡帕所设计的布里昂墓园的总体格局，以及一些重要的片段，并且依托海德格尔以《艺术品的起源》为代表的后期哲学理论，对这些建筑元素的内涵进行了讨论。必须再次强调，这既不是对布里昂墓园的完整解读，也不是唯一一种解读。斯卡帕作品从材料到细节的丰富性，使得任何单一文本都不得不放弃全面解析的企图，更何况很多建筑品质本身就是难以用语言来描述的，如空间感、实体感以及氛围。我们只是选取了布里昂墓园中几个重要的片段给予描述，是因为它们与本书讨论的问题有更密切的关联。还有其他大量的建筑内容，如教堂的“蒙德里安门”、拱形墓窟顶部的马赛克镶嵌、亲属墓上部的开口，以及沉思亭顶部可以渗入光线的窗户都无法给予描述和分析。相对于斯卡帕的建筑来说，本书中的内容可能只是一个节点而已，其他内容只能留待读者自己去发现和体验。

我们通过海德格尔的理论视角去解读布里昂墓园也是有强烈局限性的。另一个观察者，如果对海德格尔的后期理论没有兴趣，不一定会认为墓园中蕴含着“大地”与“世界”的汇聚。不过，这种局限性是任何艺术作品的解读都无法避免的。一个伟大作品，从梵蒂冈美术馆收藏的望楼残躯（Belvedere Torso）到莱昂纳多·达·芬奇（Leonardo da Vinci）的《最后的晚餐》（*The Last Supper*），再到爱德华·蒙克（Edvard Munch）的《尖叫》（*The Scream*），以及勒·柯布西耶的朗香山顶圣母教堂，其不朽的魅力就在于能够不断启发各种各样的体验与解读。如果说只有一种方式去看待和理解这些艺术品，显然是对这些作品丰厚内涵的漠视和阉割。从某种角度上看，艺术品不仅可以“让大地成为大地”，它本身也可以成为“大地”。作为源泉，它可以启发各种各样具体的阐释，这些阐释可以与“世界”中的各方面产生关系。但是，当我们选择了一种解读的时候，实际上也放弃和掩盖了其他解读，所以艺术品与解读之间的关系就类似于“大地”与“世界”之间的斗争。这种斗争既无法避免，也不是完全负面的，如本书就产生于这种斗争之中。我们之所以要在这里进行这种特定的解读，是因为它可以帮助我们将布里昂墓园与本书的主题——死亡的谜题——更直接地联系起来。

现在，我们已经来到了书的末尾，需要最终完成罗西与斯卡帕的建筑对话。本书所设想的对话，可能是所有对话里最简单的形式：罗西提出一个问题，斯卡帕提供了一种回应。一问一答，仅此而已。对于两位深邃的建筑师来说，这也可能就是最为理想的形式，远远胜过了冗长的辩论与解释。当然，建筑师自己并没有直接对话，是我们试图从他们的建筑作品中发掘出内涵，来形成这个对话。所以，我们承担着责任，去阐发他们作品的内涵，使对话成为可能。这一工作的难点在于，要将无言的建筑与对话的问答之间建立联系，这不仅需要解析建筑的设计特色，还需要特殊的理论工具对这种特色的内涵进行解释。更为重要的是要说明这些内涵如何形成了对话，一方如何提出问题，另一方又如何解答这个问题，这样对话才具备完整性。

为了达成这一目的，我们在前面的章节中已经做了很多准备。我们解释了死亡的谜题到底意味着什么，也说明了罗西的圣卡塔尔多公墓如何提示这种谜题的实质。随后我们解释了斯卡帕作品的部分特色，并且在此基础上分析了布里昂墓园的某些特质，并且就这些特质的内涵给予了初步分析。现在需要完成的是，说明布里昂墓园所提示的东西如何回答了罗西的疑问，如何回应了死亡的谜题。换句话说，需要解释布里昂墓园的欢愉，如何能够帮助治愈圣卡塔尔多公墓的忧伤。在这一章中，仍然需要借用海德格尔的理论来完成这一工作。首先，我们需要更进一步地讨论一下，布里昂墓园的欢愉到底从何而来。

节日的欢愉

对布里昂墓园中欢愉的直接写照来自于斯卡帕自己的话语："这是唯一一个我带着欢愉去看的作品，因为我感到我按照布里昂家族希望的方式抓住了乡村的感觉。所有人都喜欢去那里——孩子们在玩耍，狗在周围奔跑——所有的墓地都应该这样。"[①]这段话告诉我们斯卡帕自己对布里昂墓

① CARLO SCARPA. A thousand cypresses[M]//CO & MAZZARIOL. Carlo Scarpa: the complete works. New York: Electa/Rizzoli, 1984: 286.

园的感受，以及一些会让人感到欢愉的场景，如“孩子们在玩耍，狗在周围奔跑。”不过，仅仅只有这些还不足以帮助我们完成对话，因为在很多公园中都有“孩子们在玩耍，狗在周围奔跑”，这并无法展现布里昂墓园的特殊性。如果只是强调斯卡帕的个人感受也会有局限，因为其他人可能不一定有这样的感受，除非我们能够说明斯卡帕拥有这样感受的原因具有某种普遍性，才能论证布里昂墓园中的欢愉并不是凭空想象，而是具有某种合理性。

可能存在很多不同的方式来解释布里昂墓园的欢愉。在这里，我们只能依托前面的分析展开论述。在上一章中，我们主要在两个小节——“向死而生”与“大地”——里讨论了布里昂墓园的建筑内涵，它们分别涉及两个主题，即生与死的关系以及“世界”与“大地”的关系。我们将要尝试说明，对这两种关系的理解都会带来某种深层次的欢愉。

首先来看看理解生与死的关系会带来什么样的欢愉。在前面已经谈到过，罗西与斯卡帕对待生与死的重要差异在于，对于罗西，生与死是互相对立的；而对于斯卡帕，生与死是互相依存的。在罗西那里，死亡就是生命的离去，两者处于一种互斥的状态，当生命在场的时候死亡就不在场，而当死亡在场的时候生命就不在场。罗西看到的是两者的差异和对抗，生与死不可能并存，它们之间呈现的是绝对的断裂。罗西的这些看法并没有不合理的地方，生与死的确不能共存，生与死的差异也是绝对的，在死亡到来之后，生命活动都会结束。以上其实都是常识性的观点，而罗西立场的真正特殊性在于，他只是从这个特定角度来看待生与死的，除了否定和排斥以外，死与生没有其他关系，死亡带给人的只有损失，留在人们心头的是无尽的忧伤。

斯卡帕并没有否认生与死之间的差异。他没有通过重生或者永生的概念来否定死亡，他也认同死亡是生命的终点。不同之处在于，除了无法共存的差异性之外，生与死还有其他关系，也就是我们前面已经讨论的，死是生的边界。恰恰因为边界的存在，生命才能成为一个完成的整体。虽然死亡直到生命的最后一刻才真的到来，但是死亡的影响实际上伴随着生命中的每一时刻。我们做的几乎每一件事情，都是以死亡为条件展开的。因为边界的存在，我们才会考虑在有限的时间、有限的资源、有限的能力范围之内应该做什么、不做什么，才会对不同的可能性做出慎重的价值衡量。这种衡量告诉我们，一些事情比另一些事情更有意义，更值得去完成，因为我们并没有那么多时间去从事所有的活动。新生与死亡定义了生命的边界，在这两端之间，生命成为一个由始到终的历程。一个完整的历程不仅有时间上的起点与终点，而且应该有目的上的起点与终点。作为一种生物，人最重要的特征之一就是他不仅要满足自己的生理本能，还拥有自己为自己设立目的，并且力争实现目的的能力。我们会设定很多短期目的，如读完一本书、进行一次旅行，也会设定一些长期目的，如写完一本书或者成为一名医生。死亡的不可避免使得我们会提前进行规划，在有限的时间内去追寻那些长期目的，如是成为一名医生还是将时间花费在一段又一段旅行之中，正是这些长期目的在很大程度决定了我们会成为什么样的人。当然，并不一定每一个目的都能实现，但是去持续追寻这些目的的过程，让生命的各个片段联系起来，而不是处于偶然的碎片状态。在这种情况下，生命成为一个完整的叙事，有起点、有过程，也有终点。也正是在这个意义上英国哲学家阿拉斯代尔·麦金太尔（Alasdair MacIntyre）才会写道，个体生命的整体性“就在于一个叙事的整体性，它将诞生与生命、与死亡联系起来，就像将一段故事的开始、中间与结尾联系起来一样。”[①]

斯卡帕对完整性的强调，在上一章中已经谈到。他无法容忍现代建筑中像钢梁这种元素的无限延伸，他希望像希腊柱式一样有柱础、柱身、柱头。斯卡帕追求的并不是建筑形态的复古，而是希望获得一种“叙事”般的完整性，一种构造上与目的上的相互关联。他通过将不同构件的分解，以及对构件之间相互关系的细致阐释，凸显了它们之间的相互关联，这是斯卡帕作品的建构密码。我们可以将这个比喻用来考虑生与死的问题。假如生命是无限延展的，就像可以不断延伸的钢梁一样，虽然获得了无限的尺度，但是在这一无穷直线之中，没有任何一段会具有特殊性。

① ALASDAIR MACINTYRE. After virtue: a study in moral theory[M]. 2nd (corr.) ed. London: Duckworth, 1985: 205.

时间的永恒流逝会让任何一段都变得越来越遥远、越来越渺小，任何事物的价值都将不断削弱。在无尽的生命中，不可能进行完整的规划，因为并不存在真正的终点，我们要么不断尝试新鲜的东西，这样等于抛弃和遗忘旧的东西，要么不断重复旧的东西，直到无止境地重现让人彻底厌倦。在两种情况之下，都会导致对价值的质疑，如果一个东西可以很快被抛弃，或者是一个东西会让人感到厌倦，那它就不具有真正稳固的价值，因为价值就是我们愿意去主动追求的东西。

事实上，我们很难去想象一个没有死亡的生命是什么样的。死亡作为一种绝对条件，塑造了我们对生命的理解，也时刻影响着我们的行为。也正是因为这样，我们人类今天所拥有的一切都与死亡密不可分，就像著名社会学家齐格蒙特·鲍曼（Zygmunt Bauman）所说的："没有死亡，就没有历史、没有文化——没有人性。死亡'创造'了机会：其他所有都是通过事物意识到它们自己的死亡所创造的。死亡给予了机会，人的生活方式是在过去和现在抓住这种机会的结果。"[①]死亡带来的不仅仅是否定和限制，也通过这种否定和限制创造了机会，让我们可以塑造自己的完整"叙事"。这些"叙事"一同汇集成为人的历史、文化以及人性。用一个最简单的比喻来说明限定的重要性，一个缺乏限定的游戏甚至不能称为游戏，也不具有趣味性，是规则与限定创造了游戏，如围棋与足球。正是在这样的游戏中我们感受到了乐趣，那些在规则限定之内挖掘出更多成就的人成为大师，如吴清源与马拉多纳。他们的人生"叙事"，再加上其他那些接受这个游戏规则，并且以各种各样的方式参与这些游戏的人的"叙事"，一同组成了围棋与足球的历史和文化。在更大的层面上，也正是因为有了这些文化，人性才拥有了更为丰富的内涵。斯卡帕的建筑也是这样的例证，他对完整性的阐释，对建构节点的强调，对细节的雕琢在一些人看来是没有必要的自找麻烦，因为从实用性的角度来看它们并无必要。不过，恰恰因为斯卡帕接受这样的限制，像鲍曼所说的"抓住这种机会"，他才成为无可匹敌的一代建筑大师。

① ZYGMUNT BAUMAN. Mortality, immortality and other life stragegies[M]. Stanford: Stanford University Press, 1992: 7.

以上语句想要说明，死亡也具有一种积极的作用，一种塑造生命的完整性、给予生命结构性特征、使其拥有价值与意义的积极作用。我们通常会认为死亡还很遥远，对当下并无直接影响。但实际上，死亡无处不在，是我们生活的基础前提。就像鲍曼所强调的：“当死亡并不在死亡的名义下展现时，当它作用于并不直接针对死亡的领域和时刻时；当我们试图以并不觉得死亡重要的方式去生活时，以及当我们忘记死亡，以至于不会被生命最终是徒劳的这一想法所叨扰时，死亡的作用是最为强大的（和创造性的）。”[①]斯卡帕设计的布里昂墓园的重要特色之一，就是“揭示”这种“忘记死亡”的假象。无论真的忘记与否，死的影响一直是与生并存的。斯卡帕用“鱼鳔”形双环、用从石棺到水池的水流、用叠涩、用“囍”字图案等，不断强调这一点，他用这些建筑元素消除了死与生的绝对对立，也避免了完全从负面的角度看待死亡。可以说，在布里昂墓园，死亡不再像它在圣卡塔尔多公墓中那么令人畏惧，它也展现出温情的一面。

因为生与死的这种交错，所以我们对生的赞颂实际上也包含了对死的肯定，因为死亡一同帮助限定和塑造了生的内容。当我们对生命这一整体的价值予以强调时，也包含了对生命的边界——死亡的认同。除了死亡以外，还有另外一个端点帮助限定了生命旅程，那就是新生。斯卡帕在布里昂墓园设计中同样提示了新生的重要性。玻璃门沉入的水池、沉思亭漂浮于其中的“子宫”，以及生命之水涌出的圆柱，都象征了新生。在日常理解中，我们本来就是以一种欢愉的情绪去看待新生，它意味着一段有着丰富可能性的生命历程的起点。从完整性的角度来看，死亡与新生几乎是同样重要的，所以我们可以用类似的欢愉眼光去看待死亡。可能没有什么比斯卡帕嵌入墓园墙体中的“囍”字纹更准确地提示出这种看法。我们已经提到过，代表新生的婚礼与代表死亡的葬礼被称为“红白”喜事，镂空的“囍”字极为形象地描绘了如何在生命两端都感受到喜悦。

① ZYGMUNT BAUMAN. Mortality, immortality and other life stragegies[M]. Stanford: Stanford University Press, 1992: 7.

从这个角度来看，生的欢愉也有赖于死亡的作用，尤其在那些特别展现了生命的限度与整体性的时刻。布里昂夫妇的石棺就是一个很好的例子。我们可能并不了解他们两人的个性、不了解他们的事业，也不了解他们所创立的公司，但是斯卡帕的特殊设计让我们感受到了他们的爱情。可以有很多不同的方式描述这两个人，意大利人、创业者、企业家、小镇居民，但最有价值的描述之一是“两个相爱的人”。在他们一生的种种长期与短期目的之中，斯卡帕选择了爱这一目的给予特殊的强调。毫无疑问，互相的爱是夫妻两人生活中最重要的价值之一。斯卡帕用拱券和相互倾斜的石棺向我们讲述了这种价值的深刻魅力。他们的生命起始于村庄，随后他们相爱、一同生活，最后也结束于相互的爱慕之中，这当然不是唯一的生活方式，但是相信很多人会承认，这是最为美好的生活方式之一。死亡让这段爱情“叙事”画上了句号，对这一完整历程的欣赏与感慨会给我们带来欢愉，我们意识到，一种生活的可能是像布里昂夫妻一样相爱和互相扶持，对这种生活方式的向往与追求会让我们为生命注入价值与意义。

有时，斯卡帕的“拱形墓窟”会让人想起米兰·昆德拉（Milan Kundera）的小说《存在不能承受之轻》（*The Unbearable Lightness of Being*）中的托马斯（Tomas）与特蕾莎（Tereza）夫妇。昆德拉写道：“特蕾莎与托马斯死于重量的符号（sign）之下。”[①]这里的“重量”是指对爱情的认同与承诺，但是“最重的负担同时是一幅图像，展现了生命最为强烈的实现。”[②]特蕾莎与托马斯在车祸中的离世，使得“重量”的图像成为了最终的图像，经过一段从轻到重的路程，夫妇二人最终找到了理想的归宿。回到布里昂墓园，斯卡帕用白色大理石与花岗岩建造的石棺是对“重量”的实体呈现，我们完全可以设想这里躺着的是托马斯与特蕾莎。他们与布里昂夫妇有着迥异的人生轨迹，但最后都走向了同样的结局。爱让他们最终在“重量的符号（sign）之下”死去，这种“重量”也让他们获得了“生命最为强烈的实现。”

① MILAN KUNDERA. The unbearable lightness of being[M]. HEIM, 译. New York: Harper & Row, 1984: 273.
② 同上，5.

与之完全相反的是昆德拉小说中的另一位主角艺术家萨比纳（Sabina），她拒绝投入任何宏大而持久的价值体系，无论是家庭、爱情还是文化认同，她的生活缺乏整体性的结构，而是由一段一段的碎片组成。这让她获得了自由，不会受到任何价值体系的约束，但同时她也无法从这些价值体系中获取意义。最终，她“希望在轻的符号下死去”，“她的戏剧不是关于重量，而是关于轻。在她身上落下的不是重担，而是存在无法承受之轻。”[①]米兰·昆德拉与斯卡帕用各自的方式向我们展现了“重量”、整体性、价值对生命的作用。

简单地总结一下，布里昂墓园中欢愉的来源之一是死亡不再显得那么恐惧。这不是通过否定死亡来实现的，而是通过理解死亡对生命的积极作用。只有在死亡的限定之下，生命才具有整体性，才具备了价值与意义。欢愉并不是来自于死亡本身，而是来自于将死亡汇聚于其中的生命。我们认同并且感到喜悦的仍然是生命所具有的各种可能性与美好，但是我们并不会忘记死亡在其中的积极作用。就像“鱼鳔”形双环所提示的那样，生与死是紧密相扣的，它们一同造就了生命历程，造就了无数丰富而有趣的人生“叙事”。

此外，让我们看看“世界”与“大地”的关系能够带来什么样的欢愉。在前面的讨论中，我们着重强调了这一关系中的两个议题，一个是“本源”，另一个是“神秘性”。在这里我们想要说明的是，这两个议题都可以导向一种并不是针对任何具体的事物，而是针对“世界”与“大地”整体的欢愉。

首先是“本源”。从康德到叔本华、尼采以及海德格尔，这些哲学家都告诉我们一个不同于常识的观点，不应把“世界”当成绝对真实的所有现实的总和。这并不是说这个“世界”并不存在，只是一个假象，而是说这个“世界”实际上是我们所理解的“世界”，是一个“现象世界”。这个“世界”中各事物的呈现都受到概念、范畴以及“关联性背景”的

① MILAN KUNDERA. The unbearable lightness of being[M]. HEIM, 译. New York: Harper & Row, 1984: 122.

影响，这些实际上都来自于人的思想与建构，所以整个“世界”也都受到这些因素的影响。它在特定的条件下呈现为特定的样貌，被理解为特定的“世界”，而不是像常识所理解的那样处于一种绝对客观的状态，不受到任何人为因素的影响。这种观点会让人们意识到，“世界”并不像常识所认为的那么客观、那么真实、那么绝对，而是依赖于一些特定的条件，一旦条件变化，“世界”可能会变成另外的样貌。再进一步，我们知道这些特定的条件很多来自于人自身，如我们用来理解世界的概念、范畴以及“关联性背景”，但是我们并没有根据来论证我们所采纳的概念、范畴以及“关联性背景”一定是稳固可靠的。例如，今天很多人认为整个宇宙都是由微观粒子所组成，这确保了宇宙的真实客观。但实际上现代物理学家对于什么是微观粒子，它是否是由其他更基本的事物所组成的仍然存在很多争论和推测。在某种程度上，“微观粒子”仍然只是一个用来解释物理现象的概念，不能等同于宇宙的终极成分。既然我们无法确保自己用来解释“世界”的概念、范畴以及“关联性背景”是绝对可靠的，那么它们参与构建出来的“现象世界”也不能被视为绝对真实和稳固的。

这种认识对常识的冲击是显而易见的。德·基里科的“形而上学绘画”实际上描绘的就是这种认识，当我们揭开笼罩着日常世界的“摩耶之幕”，看到现实“世界”的相对性，就不会再认为现实是正常和真实的，与之相反它开始变得如“鬼魅”一般怪异。如果我们只是停留在这里，就会被不安与焦虑所控制，因为我们以往以为稳固的现实基础已经崩溃。失去了依托，我们变得无所适从，随之而来的是面向整个失去的“世界”的忧伤。但是，如果我们没有完全被忧伤的情绪所控制，而是更全面地看待这一问题，就会承认，无论怎样，这个“世界”的确是存在的，它可能不是绝对真实和绝对客观的，但它仍然是一个“世界”，这里有山脉、有河流、有人、有建筑、有忧伤与欢愉，最重要的，这是我们生活在其中的“世界”。我们需要的不是放弃整个“世界”，而是要放弃那个将“世界”看作是绝对真实和绝对客观的观点。就像物理学家并不能确信“微观粒子”的绝对真实，但这并不妨碍他们从事物理探索活动，而且这些活动能够在这个并不那么稳固的假设上产生出无以数计的丰富成果，进而改变我们的生活方式。抛开绝对性假设，这个“世界”

的丰富性和多样性仍然是不可否认的。这会带来一种强烈的反差，一方面，我们用来构建“世界”的基础性概念、范畴以及“关联性背景”缺乏绝对的可靠性，这会导致“世界”变得偶然和脆弱，甚至可能完全不曾存在；但另一方面，我们的确生活在一个“世界”中，而这个“世界”是多彩和充实的，远远超过了任何人能想象的极限。我们会承认仅仅依靠人的能力，并不足以造就这样一个美妙的“世界”。这会导致一种奇异的感受，也就是海德格尔所说的，我们会觉察到一种“奇迹（wonder），那就是在我们的身边有一个世界作为世界存在，就是有某种东西存在而不是完全的虚无（nothing），就是的确有很多事物，而我们就在它们中间。”[①]对自己限度的清晰认识，使我们确信这个“奇迹”不可能是完全由我们自己所造就的。虽然我们贡献了概念、范畴以及“关联性背景”，这些因素仍然要作用于某种更重要的基础之上，而这个基础只能是“本源”。有了本源的支撑，我们周边才可能有某些东西而不是完全的虚无，才可能有一个“世界”呈现出来，也才能有我们自己，以及在“世界”中的生活。与“奇迹”相伴的不光是惊讶，还有庆幸与感激，因为我们自己就是受益者。有了这个“奇迹”，我们才能生活在一个“世界”之中，而如果仅仅依靠我们所提供的那些因素，这个“世界”可能根本就不会存在。

所以，对“本源”的思索会带来对“奇迹”的觉察，就像我们在日常生活中看到“奇迹”时的感受一样，我们会感到一种敬畏和喜悦，这当然也是一种欢愉，一种形而上学的欢愉。为何同样是面对一个不那么稳固的“世界”，有的人会感到忧伤，而有的人会感到欢愉？差别在于前者只停留在“世界”之中，只看到了“世界”的缺陷和脆弱，但后者的视线超越了“世界”，扩展到作为“本源”的“大地”之中，他们意识到正是因为“大地”的支撑，才有了这个虽然有缺陷，但的确能够让我们生活在其中的“世界”。因为看到了“大地”与“世界”的关系，他们会认为这是一个“奇迹”，从而感受到欢愉。情绪的差异来自于视野的差异，显然，后者是比前者更为广阔和深邃的视野。

① 转引自JULIAN YOUNG. Heidegger's philosophy of art[M]. Cambridge: Cambridge University Press, 2001: 60.

再来看看第二个议题“神秘性”。我们之所以会认为“世界”的存在是一个“奇迹”，是因为我们虽然知道“大地”是“世界”的“本源”，但并不清楚“大地”是如何帮助展开这个“世界”的。之所以是这样的，原因很简单，我们都生活在“世界”之中，所见、所思、所想都被这个“世界”所影响，所以不可能直视那个作为“世界”“本源”的“大地”自己。这也就是康德所说的，“物自体”是“不可知的”原因。我们只能以间接的方式，用“大地”“源泉”这样的比喻来指涉整个“世界”的根基。不过，我们并不是像康德所说的那样对“大地”一无所知，我们至少在一定程度上了解“世界”，而“世界”显然是“大地”的一部分，所以，可以通过对“世界”的反思去了解“大地”的部分特性。

其中一个特性是，“世界”的丰富性与多样性在很大程度上要归因于“大地”。当然，人的贡献是巨大的，因为人的作用有了文明与文化，有了今天的社会，这其中诞生了充沛的人文价值。不过，人自身也是“世界”的一部分，我们也不会狂妄地认为是人的想象力和创造力制造了所有的事物，从星辰到尘埃，它们只能归因于作为“源泉”的“大地”。这至少说明，“大地”蕴含了这样的丰富性，并且在这个特定的“世界”中展现出来。

不仅如此，在上一章的“大地”一节中我们讨论过，“大地”的另一个特质是它的“自我隔离”。当作为一种“世界”呈现出来之时，“大地”作为其他“世界”被呈现出来的可能性就被掩盖和忽视了。我们只能看到月亮面向我们被照亮的一面，却看不到在明亮月面之后的厚度中蕴含的其他更为多元的可能性。在人类短暂的历史中，已经证明“世界”可以是多样的，它可以是庄子的世界，可以是笛卡儿的世界，也可以是爱因斯坦与尼尔斯·波尔的世界。它们都是“大地”可能性的一部分，我们必须认识到，相比于“世界”的单一，“大地”具有一种无穷的丰富性（infinite plenitude），海德格尔称之为物的“大地特性”（earthy character）。

以上两点都说明，虽然我们并不能直接了解“大地”本身，但是也不是完全对“大地”一无所知。通过对“世界”以及“世界”的限度的反思，让我们意识到在“大地”中蕴含着的，包含了整个“世界”，也远远比“世界”更为深厚的“无穷的丰富性”。正是在这种丰富性中，“世界”作为一个“奇迹”出现了，而在“大地”的神秘之中，还蕴藏着我们难以想象的其他“奇迹”的可能性。与面对“奇迹”类似，当我们面对这种“无穷的丰富性”时，会感到敬畏与幸运。在古代世界，人们往往用“神”的概念来指代作为源泉的“大地”。被认为是创造“世界”的神明也是凡人无法理解和掌握的，这几乎是所有宗教建筑神秘性的起源。在某种程度上，“神”与“大地”的确是类似的，这当然不是说要转向某种宗教论，而是说这两个概念都来自于人们在不同的“世界”中对自身、对自身周围的一切所展开的反思。两者所共有的是对“本源”的敬畏，尊敬它抵抗解释、抵抗穿透、抵抗抽象的根本特性。尊敬它的人不会尝试用任何“世界”中的观点替代它，更不会凭借任何所谓的“先进”理论彻底否定它的存在。是对“世界”清醒的认识，让我们承认“大地”的神秘性，而这种承认同样将会引向对“本源”的赞美与感激。

也正是在这个意义上，海德格尔才会说：“思考（*Denken*）就是感谢（*Danken*），一旦我们以最严肃的方式思考，我们就会给予感激。”[①]对谁感激？当然是对“大地”，对“大地”呈现给我们的“奇迹”，对作为“奇迹”的一部分的“世界”，以及在这个“世界”中生存的我们自己表达感谢。就像海德格尔所说，这样的哲学思考将我们引向感激，而感激所对应的当然也是一种欢愉。

所以，无论是“本源”还是“神秘性”都会导向一种形而上学的欢愉。这两个议题实际上都指向了“大地”与“世界”的关系，只是“本源”议题更多地侧重于我们对“世界”的认知，而“神秘性”更多地指向被这个“世界”所掩盖的其他可能性，它们实际上是一个硬币的两面。这两种欢愉实际上可以归结为一种欢愉——对“大地”与“世界”相互关系的真实认知。这种欢愉不是针对具体的“世界”中的事物，而是面向“世界”整体及其源泉——神秘而具有无穷丰富性的“大地”，因此它是

① 转引自JULIAN YOUNG. German philosophy in the twentieth century: Weber to Heidegger[M]. London: Routledge, 2018: 234.

一种形而上学性的欢愉。

并不是只有通过概念性的哲学思辨才能获得这种形而上学的欢愉。海德格尔认为，即使是对最简单的“物”进行深入思考，也可以感受到“大地”的特性。例如，一块希腊神庙的石头，它是希腊“世界”中重要的组成部分，所以我们可以通过与之相关的“关联性背景”去理解整个希腊世界。但是它不仅仅是希腊神庙的一块石头。显然它不可能是我们自己臆造出来的，它有独立于我们的源泉，也就是“大地”。此外，它也拥有“无穷的丰富性”，在这个特定的场合它成为了神庙的石头，在另外的场合它可能是米开朗基罗从中发掘出“大卫”的石块，还有可能它会成为斯卡帕用来承载布里昂夫妻石棺的底座。在这些杰出的艺术家手中，一块石头的可能性才会得到更充分的展现，而这只是“大地”的潜在可能的一种体现。所以，在真的思想者眼中，任何“物”都是“大地”的象征，而“物性”中蕴含的则是“大地”作为本源的神秘性。就此，海德格尔写道：“我们通常‘事物’（thing）的概念中‘物性’（thingly）的成分，在艺术品中被作为对象，从艺术品的视角来看，就是‘大地’特征（earthy character）。”[①]而“要想获得一种有意义的、厚重的阐释来揭示事物的‘物’（thingly）的特性，我们必须关注，物属于大地。”[②]我们看到，一些伟大的艺术家，包括伟大的建筑师，就善于在日常的“物”中发掘出“物性”以及“大地特征”。斯卡帕对材料和节点的深度挖掘，让我们相信这种能力的存在。那些具有这样形而上学理解的人，可以在任何“物”当中看到“大地”。但是绝大部分普通人被常识所牵引，就需要艺术品的触动来帮助他们靠近这种觉察，以及与之相伴的欢愉（图7-1）。

朱利安·杨用“节日”（festival）的理念来描述艺术品的这种作用。首先，节日到来时我们会停下手上的日常工作，这意味着脱离日常事物的纠缠，获得一段停息的时间。其次，节日往往是为了庆祝，在过去，最重要的庆祝是神对人的恩赐，人们通过节日感谢神对人的眷顾，并且对神超越

① MARTIN HEIDEGGER. The origin of the work of art[M]//KRELL. Basic Wrtings. San Francisco Harper Collins, 1993: 194.
② 同上。

图7-1

图7-1

斯卡帕设计的威尼斯女性抵抗者纪念碑

（Jean-Pierre Dalbéra from Paris, France, C
BY 2.0 <https://creativecommons.org/license
by/2.0>, via Wikimedia Commons）

于人的力量与智慧表达敬意。类似地，对于“大地”我们也应该抱有感激，我们还认识到“大地”远远超越“世界”的丰富性。对于这种神秘的厚度，我们应该保持谦逊的尊敬。所以，节日创造了一个特殊的机会，让我们跳出日常生活，去认识“奇迹”，并且对其源泉表达敬意。显然，斯卡帕设计的布里昂墓园就是这样一种节日。在他建造的花园中、在沉思亭里、在小教堂的天光下、在11棵柏树组成的树林中，我们都进入到一种特殊的环境。在这里，日常生活的纷扰被屏蔽，我们在斯卡帕的引导下对生、对死、对源泉展开沉思。他对“视觉逻辑”的呈现、对“物性”的挖掘、对起源的神秘性的渲染，促使我们更深入地认识“世界”与“大地”的关系。斯卡帕的作品自身就是一个“奇迹”，仿佛是节日中重要的纪念物，它将我们导向欢庆和感激。

同样得到庆祝的还有死亡。“在很多方面，布里昂墓园都像是关于接受死亡的东方式反思，很难再找到另一个当代的纪念性作品，能如此远离西方世界中通常与死亡相关联的病态。”[①]肯尼斯·弗兰普顿的这一评论想必能够得到很多学者认同，也是我们所关注的布里昂墓园与圣卡塔尔多公墓的显著差异之一。在上面的论述中，我们试图说明，布里昂墓园不仅接受了死亡，甚至肯定了死亡的意义，而这种肯定会带来某种欢愉。粗看起来，上面所讨论的由生与死的关系所引发的欢愉，以及由“世界”与“大地”的关系所引发的欢愉是两种东西，互不相关。但如果我们抛开细节，看看这两种欢愉的结构特征，就会找到它们之间的联系。如果仅仅是局限在生命自身，将死看作生的对立面，那么只会有忧伤。但如果我们正确地审视生，审视让生具有了价值与意义的限定条件，就会将眼光超越生自身，看到生之外的因素对生的贡献，如新生与死亡。也正是因为意识到了生的限度，也就是这个限度之外那些因素的重要作用，我们才会认为死亡也参与构建了生命的内涵，生的欢愉在一定程度上也是死的欢愉。

① KENNETH FRAMPTON, JOHN CAVA, GRAHAM FOUNDATION FOR ADVANCED STUDIES IN THE FINE ARTS. Studies in tectonic culture: the poetics of construction in nineteenth and twentieth century architecture[M]. Cambridge, Mass.: MIT Press, 1995: 318.

“世界”与“大地”的关系所引发的欢愉也有类似的结构。如果局限在“世界”之内，就会对绝对性的失去感到忧伤和绝望。但是如果看到“世界”之外，看到“大地”的支撑与神秘，就会感受一种面对“奇迹”的欢愉。这实际上来自于对“世界”的限度，以及对在限度之外的“大地”重要作用的认知。一旦我们超越这个限度，看到“世界”与“大地”的整体关系，就不会再认为“世界”是虚假的，它只是“大地”无穷的丰富性的其中一种可能，而即使是这样一种可能，也已经充满了无尽的价值与意义。

这两种欢愉都要求我们放宽视野，不能被“生”与“世界”所局限，而要看到整体的图景，正是在这种图景中“死”与“大地”扮演了极其重要的角色。“生”与“世界”的相似性几乎无须提及，我们就生存在这个“世界”中，也是相对于人的存在，这个“世界”才成为“世界”。“死”与“大地”的相似性也不难理解，最根本的是，它们都在我们的认知限度之外，就像伊壁鸠鲁和列维纳斯所指出的那样。所以，它们对于我们来说都是神秘的。我们只能通过我们所熟悉的，如“生”与“世界”，去推测它们的特性与贡献，并且在这种思索之中感受到节日般的欢愉。

1974年，路易·康曾经为伦敦的一个展览“卡洛·斯卡帕：诗人建筑师”（*Carlo Scarpa Architetto Poeta*）撰写了一个简短的前言，里面表达了他对斯卡帕的理解。可能没有其他任何人能以如此精炼的方式概括出斯卡帕的“节日”特征。他写道：

“在斯卡帕的作品中
‘美’
是第一感觉
艺术
是第一个词汇
然后是奇迹（wonder）
之后是‘形式’（form）的内在意识
那种关于无法分离的元素所形成的整体性的意识”[1]

① ALESSANDRA LATOUR. Louis I. Kahn: writings, lectures, interviews[M]. New York: Rizzoli International Publications, 1991.

普罗米修斯与采药人

在讨论了布里昂墓园中欢愉的内涵之后，我们已经具备了条件来回答那个最重要的问题：斯卡帕的欢愉如何回应了罗西的忧伤？在一个对话中，回应可以有很多方式，可以是赞同、是讨论，也可以是反对。本书的观点很明确，忧伤可能不是面对死亡的唯一情绪，在某些情况下，忧伤可以转变成欢愉，从而帮助我们走出谜题。要实现这一点，不能说我们主动转换一下情绪就行了，就好像从一个格子中突然跳到另一个格子中。罗西的忧伤不是什么随意的情绪，而是来自于存在的困境，如果不从根源上消除它的起因，忧伤将如影随形，再多的其他情绪都不能减弱忧伤的影响。真正的转换是在根源上的转换，只有去除了忧伤的来源，才可能摆脱它的纠缠，迎接其他情绪。所以在这一节将要讨论的是，斯卡帕的欢愉如何在根本上应对或者是减弱了忧伤。

情绪是人的感受，它并不是凭空而来，而是产生于人对所属境遇的评价与衡量。如果是在好的境遇中，如与好友在度假胜地休憩，会感受到轻松和愉悦；如果是在坏的境遇中，如与不友好的人狭路相逢，人会紧张和警惕。本书所谈论的忧伤与欢愉也是这样，它们也是来自于人对自身境遇的反思。只是这里所指的境遇不是指任何具体的场景，而是指人整体性的存在境遇。评价与衡量的对象是人的存在到底处于一种什么样的状态，是一种好的状态，还是一种坏的状态。这一问题的抽象性、普遍性与根本性，使其成为一个形而上学问题，或者说第一哲学的问题。所以在前面的章节中，我们有时会将忧伤与欢愉称为形而上学的忧伤和形而上学的欢愉。

那么人到底处于什么样的根本性境遇之中呢？在这里，我们已经触及了忧伤与欢愉问题的根本。这两种情绪的根源都是来自于对人的境遇的理解，只是这两种理解虽然有一定的共通之处，但在最重要的方式上是不同的。欢愉之所以能够替代忧伤，是因为前者所对应的理解能够替代后者所对应的理解，这当然不是强行替换，而是说我们认为前一种理解是对人的真实境遇更为全面的理解，后一种理解则是片面和狭隘的，所以我们理所应当地应该用前一种理解替代后一种理解。体现在情绪上就是由形而上学的欢愉替代形而上学的忧伤。为了解释这种差异与替代，我们将用两个人物来分别指代忧伤与欢愉所对应的对人的境遇的理解，那就是普罗米修斯（Prometheus）与采药人。

首先来看看与忧伤对应的普罗米修斯。

在希腊神话中，普罗米修斯是一个极为重要的人物。在流传最为广泛的版本中，普罗米修斯是泰坦巨人一族中的神明之一，在宙斯与其父亲——泰坦神克洛诺斯——的战争中，他倒向了宙斯一边，所以获得了宙斯的接纳。普罗米修斯最重要的创造是“人”，他用黏土按照神的样子创造了人，类似于中国古代神话中的女娲造人。不过，缺乏优势生存本能的人是难以在野兽横行的世界中存活的，所以普罗米修斯又给予了他们智慧、知识与技能，还从天庭中偷来了火交给人类。依靠这些，人在恶劣的环境中存活下来，并且不断繁衍扩张。不过，普罗米修斯盗火的行为也惹怒了宙斯，在他的命令下，普罗米修斯被铁链捆绑在高加索山上，每天都会有鹫鹰飞来啄食他的肝脏。虽然肝脏在夜间会复原，但太阳升起时他会又一次遭受折磨。最终，希腊英雄赫拉克勒斯（Hercules）将普罗米修斯从山顶解救下来，结束了他的痛苦。

希腊神话最重要的魅力就在于不同的人可以在同一个故事中提取不同的意义。比如，普罗米修斯的故事，有的人会强调他对人的爱，有的人会关注他所遭受的痛苦，而有的人会看到宙斯的暴虐。在这里，我们所借用的是英国哲学家大卫·库珀在《物的度量》（*The Measure of Things*）一书中对普罗米修斯的解读。他所看重的是普罗米修斯作为独立自主创造者的角色。这位泰坦神依靠一己之力创造了人，并且赋予他们火、文字、技术与思想，为此甚至不惜对抗以宙斯为代表的宇宙秩序。正是在这个意义上，库珀定义了“普罗米修斯式”的姿态。它的特点是“拒绝以任何方式依靠任何东西——神、其他人、传统、权威或者外来帮助”，[1]它声称拥有一种“独立自足，可以免除任何权威或者其他因素的限制，不对其他事物负责，同时也并不希望去承担这样的责任。”[2]普罗米修斯的独立创造以及对宙斯的背叛成为这种姿态的典型象征。

在库珀的解读中，普罗米修斯的特殊境遇在于，他在一个漠然甚至敌视的环境中——宙斯统治的宇宙中，凭借一己之力创造了人，给予他们身体、思想、价值以及持续的存在，人所拥有的一切都要归因于普罗米修斯的独立创造，而不是其他任何东西，比如“神、其他人、传统、权威或者外来的帮助”。那么，普罗米修斯的故事和我们讨论的忧伤又有什么关系呢？它们的关系就在于，感受到忧伤的人，实际上与普罗米修斯处于同样的境遇之中，但是他却不具有普罗米修斯那样神的能力，所以无法承受普罗米修斯所遭遇的痛苦，从而只能感受到忧郁和悲伤。

要说明这一点，我们需要跳回到第3章“谜题”的结尾部分，说明一下为何像罗西这样被忧伤所控制的人，落入了比普罗米修斯更为恶劣的境遇之中。在第3章中，我们提到，罗西的忧伤来自于“家园”的失落，“家园”不是指具体的房屋，而是指“安居”，意指一种具有归属感、满足感且富有价值与意义的存在方式。之所以不能获得这种理想的存在方式，是因为人处于一种断裂的二元结构之中。诺斯替信仰是这种二元结构最极端的体现，人作为神的一员却被囚禁在造物主的现实监狱之中，人与现实是断裂和冲突的，人成为无法归家的“异乡之人”，心中充满了“恐惧、思乡、忧伤与焦虑”。在德·基里科那里，这种二元结构转化为形而上学世界与现象世界之间的断裂，无法进入形而上学世界的人们在现象世界中也成为了“异乡之人”，如“鬼魅”一般站立和游走。罗西的二元结构是生与死的断裂和对立，所以死亡来临，生命的一切都被否定，一切都变得“无言和冰冷”。

① DAVID E. COOPER. The measure of things: humanism, humility, and mystery[M]. Oxford: Oxford University Press, 2002: 163.
② 同上，172.

随后，我们将讨论延伸到虚无主义之中，因为在汉斯·约纳斯看来，当代虚无主义也是产生于一种断裂的二元结构。他认为存在主义最为典型地体现了这一点，在这种理论中，人是“被抛”入一个并非他们选择的环境中。人所拥有的自由使得他不能依赖这个被抛入的世界来获取价值与意义，他只能依靠自己来定义和塑造自己。正是在这一点上，“被抛”的人与普罗米修斯建立了共同性，他们都“拒绝以任何方式依靠任何东西——神、其他人、传统、权威或者外来的帮助”，他们所能依靠的只有自己的创造。不过，他们之间的差异也由此浮现，普罗米修斯是永生的神，所以他知道如何去创造，而人不是神，终有一死，也不具有神的智慧与能力，所以他实际上无法为自己的创造找到基础。与自由相伴的是被海德格尔称为“畏”的情绪，一方面意识到人的自由，另一方面也对自由所带来的难以承受的重担而感到忧郁。普罗米修斯因为自己的创造而遭受了身体的折磨，而人因为无法真的像普罗米修斯那样去创造而感到无法摆脱的焦虑。

就像尼采所说，虚无主义是人们在当代所面对的最重大的危机，如果不能为生命找到价值与意义，那么即使有再好的物质条件也是无济于事的。虽然并不是所有人都认同诺斯替主义与存在主义，但是在一种更普遍的观点中，现实被看作是客观现实，由坚不可摧的物质组成，而价值与意义完全来自于人的主观认定，这两者之间也是一种断裂的二元关系。在这种情况下，人不可能在现实中获取价值与意义，只能依靠自己的自由创造。但是，人又到哪里去为自己的创造奠基呢？在诺斯替主义与存在主义中，是人超越现实的神性与自由让人主动脱离“被抛”的现实，而在这种普遍性观点中，是日益变得客观化的现实世界逐渐远离了人的价值关切，人仿佛第二次被世界所抛弃。在第3章的最后一节，我们也提到，虚无主义带来的价值危机才是当代建筑理论面对的最大挑战。像后现代主义那样仅仅通过符号的输入来获取意义的想法注定会失败，因为符号的意义依赖于生活的意义，不解决后者的缺失，堆积再多的符号也是徒劳。罗西虽然没有直接谈论价值虚无的问题，但是他设计的圣卡塔尔多公墓戏剧性地展现了虚无主义的危机，所以其价值远远超越了罗西个人的情绪表达，成为当代建筑史上的里程碑之一。

普罗米修斯与现实之间是一个断裂的关系，不过他有足够的力量来面对这一境遇。在诺斯替主义、存在主义、德·基里科的绘画以及圣卡塔尔多公墓中，人也面对着一种断裂的二元状态，可以是作为神的后裔的人与造物主、人的自由与被抛的世界之间的对立，也可以是形而上学世界与现实世界以及生与死的断裂。虽然看起来这些对立都有所不同，但实际上总体看来，其中一边都围绕着人，而另一边则与人无关。不同于普罗米修斯的是，人没有能力依靠自己来处理这种断裂，所以一旦这种断裂状态持续下去，人就不可避免地会陷入形而上学的忧伤之中。所以，归根结底，忧伤的来源是二元体系的断裂，这就是在忧伤的情绪下人所面对的根本境遇。

再来看看与欢愉对应的采药人。

采药人是中国传统中在山林中采集天然药材的人。他们钻入深山之中，在千万种植物中寻找和采集药材，有时甚至需要去到偏远和危险的深山之中。不同于工业化的伐木操作，一个合格的采药人是懂得珍视资源的人，他们会仔细地甄别哪些植被是可以采集的，哪些应当保留以维护物种的健康繁衍。采药人对他要采集的对象有着真挚的尊重，而不像现代工业那样将原料只是作为消耗品。同样的尊重也体现在对药材的处理之中。每一种药材都需要经过特殊的制作流程，采药人需要理解药材独特的药效，了解时令节气对植物药效的影响，分辨不同地点采集的药材的区别，才能以恰当的手段进行提炼和保存。最终，这些被精心寻觅、谨慎采集和仔细处理的药材汇集在方剂中，成为治病救人的药品。

认识、采集和转化，这是采药人所进行的工作。他们首先是发现者，然后才是操作者。这也就意味着，他们的“作品”特性很大程度上是由被发现的事物所决定的。操作者并不是造物者，他们的干预是必不可少的，但是这些干预的目的是让被发现事物的内在品质更鲜明地呈现出来。采药人的价值不在于魔法般地创造出新的药材，而是把已经积蓄的药效尽可能完整地发掘出来。采药人的美德首先体现在敏锐的观察与发现，其次是正确的收集与加工。这听起来似乎远没有创造新事物那么富有挑战性，但是只要曾经对任何技艺有过深入地研习就会明白，这些行为背后需要什么样的觉察、训练与拿捏。这些技艺与美德都从属于一个目的，去发现这片土地上已经蕴藏的价值线索，以耐心与理解去给予培育，最终获得的是一种“揭示”，而不是消耗与压制。

在采药人的日常工作中，会出现很多节日般的场景，不一定是一个隆重的仪式，可以是出门前在药神或者山神的神龛前焚一枝香，也可以是在采集药材之前片刻的停留。按照朱利安·杨的解释，这些“节日”都是日常运作的短暂中断，从实用性目的的追寻中脱身出来，人们会对被给予的事物向“源泉”表示感谢，展现自己对“源泉”的尊敬，并且作出承诺让这种尊敬指导自己的行动，比如不会涸泽而渔，以及尽自己最大的努力去将被馈赠之物中所蕴藏的价值发掘出来。伴随这些日常“节日”的还有一种欢庆，既是庆祝人与源泉的协作所创造的一切，也是对未来这种协作能带来更多的美好寄予期望。这些情绪一道汇集成为采药人的特殊境遇，我们常常可以在这些传统匠人的容颜中探寻到与这种境遇相称的平和与欢愉。

在制作药材这件事上，采药人毫无疑问扮演了关键性的角色，没有他的挖掘和处理，不可能获得能够入药的药材。不过，我们也不会盲目地认为是采药人凭借一己之力创造了药材，创造了药效。采药人的劳作要着力于被山林赠予的原料之上，依据传统医药原则，才能完成药材的制作，之后也才能进入市场、进入治疗人们的药方之中。采药人是这整个体系的一部分，他需要依赖很多基础性条件，比如山林的馈赠、医药传统、医疗市场与体系，才能确立制造药材这一事件的可能性。采药人会很清楚自己角色的限度，不会把自己看作药神或者山神，对于山林、对于医疗传统、对于医生以及病人，他们都会有谦逊的尊重。在另一方面，他们也不会过度焦虑，因为没有人要求他仅靠一己之力就凭空解决药材短缺的问题，他可以依赖山林、依赖医疗传统与医生们的指引、依靠病人们的信任来工作，虽然有时会成功，有时会失败，这都是正常的事件。一个只有有限能力的人，不应该像神一样万能和完美。

参考之前的讨论，采药人的欢愉与上一节谈到的“节日的欢愉”是同质的。它们都需要从日常工作中抽离出来，都需要对“源泉”表达敬意，都需要为自己能够身处于“奇迹”中而欢庆，也都需要对未来充满希望。而这些情境的来源是正确地理解“源泉”、人以及现实之间的相互关系。换句话说，采药人是能够理解“大地”与“世界”的关系，以及人在这种关系中的特殊角色的人。他清楚自己的限度，不会认为自己无所不能，但同时他也清楚自己获得了“源泉”、同僚以及传统医疗体系的支撑，所以并不是孤军奋战，无所依托。身处“世界”之中，他很清楚这个“世界”的限度，不会将其当作绝对的所有，他也明白“大地”对“世界”的支撑，所以即使是不那么绝对真实的“世界”也不是虚假的，它只是“大地”的一面。因为有了“大地”的馈赠，我们才会有这个如“奇迹”般的“世界”。所以，那些理解了这种形而上学关系的人所处的境遇，就是采药人所处的境遇。他会承担自己的责任，但是他很清楚这种责任的限度以及可能性的来源，他知道自己是在一个由“大地”与“世界”组成的体系中生存，这为他的存在提供了边界，也帮助塑造和支撑了他的存在。朱利安·杨进一步细化了这个结构，他指出是在四种要素——未被揭示的（大地），被揭示的（世界），揭示的地平线（“关联性背景”），以及揭示者（人）——的共同作用之中，真理才呈现出来。①而对于采药人来说，这意味着山林、药材、中医体系，以及他自己。

采药人的境遇是作为这个整体形而上学体系的一部分的境遇。并不是因为具有神一样的能力，使得他可以看到“大地”“世界”以及所有一切，与之相反，他是通过理解自身的限度，以及理解这种限度所揭示的——人对“源泉”的依赖，才让人明白自己在整个体系中的位置。虽然处于限度之外的“大地”仍然是神秘的，但人很清楚的一点是，在自身限度之外并非完全的虚空，还有一种作为源泉的“空”（emptiness），大卫·库珀将这个在东方宗教，如佛教中经常出现的概念与“大地”的神秘以及不可言说联系在了起来。②从属于一个整体，并且有一个具备了“无穷的

① JULIAN YOUNG. Heidegger's later philosophy[M]. Cambridge: Cambridge University Press, 2002: 10.

② 参见DAVID E. COOPER. The measure of things: humanism, humility, and mystery[M]. Oxford: Oxford University Press, 2002: 第12章.

丰富性”的源泉的支撑，当然与孤身一人，或者是强敌环伺是不一样的。在这种境遇之中，人获得了根本性的支持，也被这种支持所限定，如不能为所欲为，与这种境遇相对应的应该是欢愉，一种具有节日般喜悦、尊敬与庄重的欢愉。

可以看到，普罗米修斯与采药人之间的差异是鲜明的。普罗米修斯是一个叛逆的创造者，他完全凭借自己的力量塑造了一个新的物种，并且赋予他们知识与理智。采药人是一个顺从的采集者，他依赖于已经存在的丰富资源，在其中发现和收集，让潜在的药效更为凝聚。在具体行为差异的背后，是根本立场的不同。前者是孤独而自由的，他无须依靠也无所依靠，个人创造是他的能力展现，也是唯一体现其存在特性的方式；后者认为自己是自然的一部分，他在山林中提取价值，也同时富有责任维护山林的完整存续。在这种关系中他会感受到安全与满足，他自身的价值与整个自然的价值有着同样的基础与诉求。

这是一个孤独创造者与谦逊采集者之间的差异，也是一个悲剧性的英雄与怀有满足感的山民之间的差异。对于这两种立场的差异，更富有启发意义的是雅各布·布克哈特（Jacob Burckhardt）对普罗米修斯这一人物寓意的分析，这个神话中的巨人“让一种背叛的情绪持续存活在人们心里深处，这是对神与命运的抱怨”，[①]因为“人明显不属于这个宇宙的原始计划，而是由一个泰坦巨人——神祇中‘非法’一代的其中一个成员——的造物举动带到现实之中。”[②]与他们的创造者一样，人不可能得到神与命运的特殊眷顾，因此只能依靠自我肯定、自我实现来塑造存在的价值。在普罗米修斯式的英雄性背后隐藏着一种形而上学的悲观主义，没有什么外在事物可以保证人的存在具有意义。

与此相反，在采药人背后隐藏的则是一种乐观主义。他所有的行动就建立在一种信任与感恩之上，因为自然已经为他准备好了给养，他将在寻

① HANS BLUMENBERG. The genesis of the Copernican world[M]. Cambridge, Mass.: MIT, 1987: 13.
② 同上，12.

觅和劳作之后得到馈赠与满足。在悲观与乐观的分歧点上，站立的实际上是对人在整个世界中处于什么样地位的疑虑。一个最极端的例子可以说明这种疑虑是多么难以摆脱：一方面，相比于神秘而无垠的宇宙，地球与人类都如此的微不足道而且注定会烟消云散，这是一种无法摆脱的悲观结局；但在另一方面，在如此冷漠而浩渺的空间之中，居然会有这样一个具备了无数特定条件的星球，使得人类得以进化繁衍，这无异于一个奇迹，能成为这个奇迹的一部分就已经是一种不可思议的幸运。前者的悲观主义会导向无法摆脱的忧伤，而后者的乐观主义则会导向庆祝与欢愉。悲观与乐观，差异的根源仍然是对人自身地位的不同认知。前者认为人是绝对孤独的，而后者则认为人是一个整体的一部分。前者需要面对孤独所带来的挑战；而后者只需要认同整体，并且在整体之中发挥自己应尽的职责。

值得注意的是，"普罗米修斯们"并不是没有尝试过解决忧伤的难题。如何应对二元断裂所带来的"恐惧、思乡、忧伤与焦虑"？其实前面已经提示了一种解答的可能，那就是成为真正的普罗米修斯，成为神。例如，在诺斯替主义中，人的最终解脱是离开造物主的现实，回到神的世界中与神融为一体，这样人也成为了神。在其他哲学理论中，这是通过放大人的特性，将其提升到至高无上的地位来抬升人的位置，甚至使其能够超越和压倒二元对立中的另一面，如尼采所强调的"超人"以及萨特所强调的"自由"。他们都将人塑造自己的行为放大到一种绝对的尺度，几乎等同于传统宗教中神创造世界的程度。但是在他们的"自由"观念中，只有对限制的拒绝，并没有对具体该做什么的指引，缺乏这种内核的支撑，自由只会导向茫然和失落。所以，这种将人放大为神的做法会带来适得其反的结果，"自由"越是强大，越是超越一切，人反而越是觉得空虚和无助。这似乎也可以被现代社会的现实所印证，相比于过去，今天的人们拥有了更多的自由，但是抑郁和焦虑似乎并没有减少。潜藏在"自由"这一看似理想的概念背后的实际上是其沉重的负担与责任，也正是在这个意义上，美国哲学家卡斯腾·哈里斯（Karsten Harries）写道："现代主义与后现代主义的根本性问题，不是其他什么东西，而是自由的问题。”[1]

无论怎样，人并不能成为真的普罗米修斯，无法避免的死亡让人意识到自己的限度，他不可能成为永生和万能的神。无论将“自由”提升到什么样的程度，仍然无法超越死亡所代表的人的边界。我们需要的不是用二元断裂的一方去征服另一方，无论是“自由”征服“客观现实”，还是“客观现实”征服“自由”，而是需要接受人的限度，理解那些限度之外的因素如何影响了限度内的人。我们无法成为普罗米修斯，而是应该像采药人一样在“大地”与“世界”的“斗争”和协作之中谱写人生。

换一个角度看，普罗米修斯与采药人所面对的现象是同一的，他们都意识到了“现实世界”的限度，它并不能被视为绝对真实的，也不能等同于存在的全部。悲观和乐观的差异，来自于看待同一个现象的态度差异。举一个简单的例子，同样是半杯水，悲观的人会认为只有半杯水了，感到有些不悦；而乐观的人会认为还有半杯水，所以觉得满足。他们两者的差异，实际上来自于前提的不同。悲观者的前提是期待一整杯水，而乐观者的前提是明白杯子里完全可能一点水都没有，所以当看到半杯水时，一个觉得是缺陷，另一个觉得是幸运。我们可以将现实世界等同于半杯水。普罗米修斯式的人期待的是一整杯水，也就是说，像神话里的普罗米修斯一样具有超越现实的智慧与能力。他不仅知道如何创造人的一切，也能够实现这些创造。他远远超越了现实世界，掌握了形而上学世界的秘密，可以为自己的创造提供无可辩驳的基础。可以说，普罗米修斯式的人是以神为前提的，自己应该成为神，了解现实世界以及形而上学世界的一切，他们能够直接理解绝对的真理。可惜的是，一旦他发现自己无法成为神，只能被囚禁在并非完全真实的现实世界中，那么就会感到失落和伤感。采药人的前提是我们可能一滴水都没有，因为我们自己并没有能力凭空制造水，所以有没有水在很大程度上并不取决于我们。采药人清楚地认识到自己仅仅是有限度的人，不可能凭借自己

① KARSTEN HARRIES. Infinity and perspective[M]. Cambridge, Mass.: MIT Press, 2001: 7.

创造整个世界，更不要说那个形而上学世界了。所以当他发现自己竟然还有半杯水，也就是说还拥有一个虽然不完美但是能够让我们继续存在下去的现实世界时，所感受到的是幸运和欣喜，仿佛遭遇了某种美好的“奇迹”。

尽管普罗米修斯渴望进入形而上学世界，但是由于在他的心目中两个世界的绝对差异，反而使得他只能停留在被他所摒弃的现实世界中。采药人知道自己不可能超越现实世界，但是对自己限度的认知，也是某种程度上对限度之外存在的事物的认知。以这种间接的方式，采药人触及了那个形而上学世界，并且理解了“大地”与“世界”之间的斗争和依存。从这个角度来说，他实际上是将形而上学世界与现实世界关联了起来。通过对自己限度的认同，采药人反而超越了限度，获得了对存在更为全面的理解。

罗西与斯卡帕之间的差异，也就是普罗米修斯与采药人之间的差异。罗西停留在了生与死的绝对差异之中，这两者互相排斥，更谈不上相互协作。罗西的目光仍然聚焦于生的限度之内，在这个限度之内有“生命与活力”，有“遍布各处的野玫瑰”和在“亲吻中沉醉”的天鹅，但是在限度之外则是一无所有，所有的价值与意义都已经消逝，留下的只有像圣卡塔尔多公墓一样令人悲伤的“死者的城市”。罗西并没有像尼采或者萨特那样试图通过将生的某种特征放大来压倒对立的另一面，他诚实地展现了那些不能成为真正的普罗米修斯，但是认为自己与普罗米修斯有同样境遇的人所面对的困境。就像普罗米修斯所遭遇的一样，他们被铁索囚禁在空无一人的山顶之上，不断被鹫鹰所折磨。罗西没有给出答案，这恰恰展现了他的诚实与深刻，在生与死的二元断裂体系下，这种困境是无法解决的。人不能成为普罗米修斯，却要背负普罗米修斯的痛苦。没有什么建筑比圣卡塔尔多公墓更强烈地展现了这种境遇下的人的悲怜。

一个有趣的细节是，普罗米修斯最终是被赫拉克勒斯所拯救，而赫拉克勒斯是半人半神。这可能喻示，要走出罗西的圣卡塔尔多公墓，摆脱悲伤与忧郁，我们需要人，但同时也不能仅限于人自身的能力。采药人可能是一个合适的比喻，比如他的工作最重要的价值就在于拯救人。采药人不会认为自己处于分裂的两极之间，他是一个采集者和加工者，或者说是一个汇聚者。他所汇聚的不仅仅是从山里各处采来的植物，在更大的层面，他汇聚了“大地”“世界”、与他一同生存的人，以及那些死去的人曾经一同参与塑造的医药文化传统。汇聚意味着接受源泉的馈赠，同时也需要以尊敬和欢庆的姿态，去在“世界”之中尽力呈现被馈赠事物的潜在价值。类似地，生命本身也是一个汇聚的过程。一个人将传统、境遇、阐释与创造融汇成一个作品，也就是他自己的生活。死亡让这个作品成为了整体，因为只有一个拥有终点的旅程才是一个完整的旅程。只有在死亡的参照之下，我们才能衡量人的一生揭示了一个怎样的世界，也才能更准确地理解这个世界中的快乐与忧伤。对待生命，也需要遵循采药人的立场，认同人的贡献，也珍视源泉的馈赠。以这样的立足点去看待生与死，敬畏与欢愉自然要强于失落与忧伤。

这也为圣卡塔尔多公墓与布里昂墓园的差异提供了根本性的解释。同样是关于死亡，在二元论导致的存在困境之下，死亡成为生命的对立面，是无可挽回的离去与荒芜，随之而来的是难以摆脱的忧伤。但是在汇聚和安居的理念之下，死亡也是一段生命奇迹的组成部分，没有死亡也就没有生命的整体。更重要的是，死亡并不代表一切的结束，就像生命也并不意味着一切的开始，我们必须意识到源泉对生命的馈赠，它超越了生，也超越了死。死亡让我们以“采药人”的眼光来看待生命本身，如果这能够替代普罗米修斯的观点，那么欢愉就可以替代忧伤。

所以，可以认为，斯卡帕的欢愉对罗西的忧伤的回应，或者说是替代，是在一种形而上学的层面实现的。斯卡帕从没有给我们留下任何与形而上学理论直接相关的文字。不过在他那些伴随着平和的微笑流露出的话语中，不难感受到一种形而上学的深度。英国学者斯蒂芬·布萨兹（Stefan Busaz）记录了他与斯卡帕一同参观尚未完工的布里昂墓园的经历：“当斯卡帕向一个工人解释他的要求时，我不能忘记这位工人脸上的神情——斯卡帕用了几乎是形而上学式的术语来描述。他的话却被清晰地理解了。”[1]这只能说明斯卡帕与这位工人，都是“采药人”。

安居

细心的读者可能会在前面的论述中发现一个问题。在“虚无主义的危机”一节中我们谈到汉斯·约纳斯指责海德格尔的存在主义理论会导向虚无主义，但是在后面的讨论中，我们又通过海德格尔的哲学论证斯卡帕的欢愉如何替代罗西的忧伤。这是一种自相矛盾吗？不，并不是这样。约纳斯所指向的，是以《存在与时间》为代表的海德格尔的前期哲学。就像朱利安·杨和大卫·库珀所指出的，《存在与时间》留下了一个重要的问题没有得到回答，那就是“畏”（Angst）如何解决，如何为人的存在找到价值与意义的基础？海德格尔在《存在与时间》中曾经试图解答，他提出可以在传统中去找到和接受价值基础。但是，正是这一观点让他与纳粹政权具有了某种联系，因为后者也强调德意志民族的传统与独特性。后来历史的发展已经证明，对传统不加批判和限制的继承与夸大会带来什么样的潜在危险。海德格尔自己也为此付出了代价，因为与纳粹的短暂交集，他在战后被剥夺了继续教学的资格，他回到了自己位于家乡黑森林地区的农宅中，继续哲学思考与写作。

约纳斯不是不知道海德格尔后期的工作，只是他认为这些不能算作有价值的哲学思辨，所以他将《存在与时间》当成海德格尔理论的全部。但是在此书中，我们还是接受朱利安·杨和大卫·库珀这些当代哲学家所持有的观点，海德格尔的后期哲学不同于前期哲学，他的后期哲学有着重要的价值。持有这种观点的原因之一就在于，他们认为海德格尔的后期哲学可以帮助解答“畏”的问题，从而可以对所有人所面对的生存困境提供启发。

那么，海德格尔是如何解答的呢？用最简单或者粗糙的概括来说，《存在

① STEFAN BUSAZ. Scarpa in England[M]//CO & MAZZARIOL. Carlo Scarpa: the complete works. New York: Electa/Rizzoli, 1984: 198.

与时间》主要关注的是人的存在，以及与此有关的“世界”的特征，所以其专注点都在“世界”的内部，就像被限定在“生”里的罗西。这种单一的关注会导向忧伤，导向“畏”。海德格尔后期的哲学转变，是强调了在“世界”限度之外的“大地”的作用。在他的后期文献中，他也会用其他概念，如它（It）、源泉（well spring）、神秘（mystery）来指代“大地”。通过对“大地”的认同，后期的海德格尔得以跳出“畏”的限制，去描绘一种更为理想的存在状态，也就是他在《建筑，安居，思考》中所提到的“安居”。用更简单的说法，前期海德格尔的立场更接近普罗米修斯，而后期海德格尔的立场更接近采药人。海德格尔使用采药人的“安居”去应对普罗米修斯的“畏”。

在“谜题”一章中，我们已经触及了“安居”的议题。在那里，我们说“安居”意指一种具有归属感、满足感且富有价值与意义的存在方式。这个问题极为重要，是因为今天的人们面对着沉重的普罗米修斯式的困境。“自哥白尼以来，人似乎走向一道斜坡，他越来越快地滑离中心，滑向什么，滑向虚无，滑向对他自己的虚无的尖锐感受？”[①]这段话来自于尼采的《道德系谱学》（*On the Genealogy of Morality*），它已经是对现代人、现代社会最经典的观察之一。哥白尼的“日心说”将地球从宇宙的中心驱离出去，人类不再占有一个由上帝专门安排的特殊位置去观察与理解宇宙，而是变得与其他星体一样无所依托地“漂浮”在宇宙中。在尼采看来，这意味着人失去了稳固的立足点，失去了扎根之处。而在古典宇宙学中，天体的秩序与等级同时也对应着宇宙的价值秩序与等级，因此哥白尼革命不仅仅是一种宇宙理论的革命，同时也意味着过去支撑人类的古典价值体系不复存在，失去了价值支撑的人类别无选择，不得不面对自身的虚无。

有趣的是，同样是哥白尼革命，美国哲学家卡斯腾·哈里斯（Karsten Harries）却有完全不同的看法。他也认同自哥白尼之后人类走上一条崎岖之路，但这并不是因为地球不再占据宇宙的中心，而是因为哥白尼的

① FREDRICH NIETZSCHE. The complete works of Friedrich Nietzsche[M]. Edinburgh: T. N. Foulis, 1910: 201.

另一个更为基本的信念：透过理性与科学，人能够掌握宇宙的终极真理。在哥白尼的“世界”中，人的身体不再占有宇宙的核心，但人的理性却在另一个层面上占据了宇宙的核心，因为它能够凭借自己的力量准确无误地揭开宇宙的真理。从汉斯·布鲁门伯格到卡斯腾·哈里斯，众多学者都指出哥白尼对理性的毫不妥协的信心，与基督教唯名主义、宗教改革运动神学思想所秉持的上帝无法被凡人所理解的立场存在冲突，这导致哥白尼的《天体运行论》中导言与正文的差异。前者由一位路德派神父奥西安德（Andreas Osiander）撰写，将哥白尼的理论称为一种假设，而后者由哥白尼自己撰写，并坚信通过理性分析，人类可以直达确凿的真理。在这两者中，显然是哥白尼的观点更能得到当代人的认同。经由17世纪科学革命、18世纪启蒙运动、20世纪新的物理学革命与技术发展，当代人对科学与理性的认同每天都在日常生活中强化，与之相随的是一种“客观”（objective）看待世界的观点：用一种科学、理性、中立的眼光去理解世界，而世界也被认为是由各种“客观”之物构成的，它的终极真理必将被“客观”的研究所发现。在卡斯腾·哈里斯看来，正是这一起始于哥白尼的“客观”倾向导致了人类的虚无。

哈里斯指出，对“客观性”的追求导致我们在思索世界之时必须要抛弃人的利益、兴趣、视角、意义等观念，因为这些观念有太多人的成分，会导致偏见与谬误。“人自身与世界脱离开来，被变成一个无兴趣与利益偏向的中立观察者。”[①]而获取这一“客观性”（objectivity）的代价则是“意义被从这个世界中驱除出去。对真理的追求……无法与【意义的】虚无分离开来。”[②]而在另一个层面，因为身体中蕴含太多人的欲望、享乐、痛苦等因素，也有碍于“客观性”的达成，身体只能让位于纯粹、抽象的思辨。感觉不再可靠，逻辑推理才是值得推崇的。数学与几何提供了这种脱离身体的“客观性”的典范，柏拉图主义在现代主义运动中的核心地位，及其时至今日仍然在对建筑形态产生影响足以证明这种倾向的广泛与深入。

① KARSTEN HARRIES. Infinity and perspective[M]. Cambridge, Mass.: MIT Press, 2001: 311.
② 同上。

不难看到，这种客观世界的观念与我们之前讨论的“大地”与“世界”的模式有多大区别。在前者，宇宙是由“客观之物”构成的，意义只不过是人加诸其上的附着之物，它既不本质，也与“客观之物”没有必然联系，因此缺乏根本性的基础，随时可能受到质疑、挑战乃至抛弃。在这种情况下，人只有两个选择，要么坚持探寻有意义的存在，但不得不接受任何意义均缺乏根基无所依靠的事实，由此只能在虚无中挣扎；另一选择是彻底放弃意义的追求，让人自己也变成“客观之物”，如此物化的人不再对生活进行反思，仅仅是满足于被机制或习俗所确定的生活方式，这也就是萨特所说的“is”或“they”。在两种情况下，意义均从世界中消退。

而在“大地”与“世界”的模式中，“世界”本身就是一个相互交织的意义网络，通过它，“大地”才从无法穿透的厚度中凸显成为我们可以认知理解的一切。因此，意义是我们周围一切之物的基础条件之一，更不可能随意抛掉，所谓的“客观之物”是对存在的一种局部呈现，因为它没有覆盖一个最为核心的要素。正确的道路只能是抛弃片面的“客观世界”的观念，接受“世界”的意义本质、接受“大地”的厚度，以及人在“大地”与“世界”的交织之中的存在状态。这需要一种彻底的哲学观念的转变。

必须强调的一点是，接受“大地”与“世界”的模式并不意味着拒绝理性与科学，而是不再将它们视为直达终极真理的路径，不再将当下对“客观”世界的认识视为唯一正确的。更为健全的态度是认识到理性与科学同属于“世界”的意义网络，需要与其他因素——意义、价值、身体、幸福——相关联，“客观”的分析只是这一网络中的一部分，为了某种特定的目的发展而成，但绝不是唯一的理解事物的方式。所以，真正的问题不在于理性、科学与技术，而是在于将理性、科学与技术看作是所有一切的最终解释。就像美国哲学家休伯特·德雷福斯（Hubert Dreyfus）所指出的，“海德格尔关注的是人类的忧伤（distress），这是由对存在（being）的技术性理解所造成的，而不是由任何特定的技术所带来的损害所造成的。”[1]所以，真正需要改变的，不是抛弃理性、科学和技术，而是抛弃“对存在（being）的技术性理解”，不能认为科学技术是揭示一切的唯一有效手段，而是要认识到所有“世界”的局限性，以及在这个局限之外“大地”的支撑性作用。

我们不能将“世界”等同于更为本源的“大地”，不能认为我们今天所身处的“世界”是唯一可能的世界。在我们的“世界”之外还可能有其他不同的“世界”，其他不同的意义网络，它们所塑造出的是完全不同于我们惯有的对周围一切的理解，以及完全不同的生活价值与目标。这似乎是导向虚无的相对主义，但并非如此。“世界”尽管不同，但是却共同奠基于同一个“大地”上，它的馈赠决定了并非任何“世界”都是可能的，只有某些意义网络能够产生更为丰富和深厚的内容，令人类的生活更为厚重，比如那种尊重“大地”厚度的意义网络。在这个意义上，认识“世界”的限度也就是认同“大地”的厚度，认同“大地”可以赋予我们更丰富的可能性，或许有更为精彩的完善的“世界”有待发掘。对待“大地”的谦卑，实际上是安静地守候，期待更为奇妙的“世界”在未来展现。这不是一种消极而沉重的态度，而是乐观和安详的。

那么这种抽象的哲学描述，会带来怎样的现实改变呢？这还需要一定的解释。如果如尼采所说，自哥白尼之后人才滑向斜坡，那么哥白尼之前的世界或许对我们应对今天的问题更有启示。在那个古典世界中，地球固然处于宇宙的中心，但这个中心并非一个优越的位置。相对于完美天体的轻盈与永恒，地球是沉重和多变的，是那些较低等级的元素不断汇聚塌缩形成的。因此，在古典世界的宇宙等级中，中心实际上是最低一等的，相对于天上的神明，生活在中心的人类也是低等而可悲的。“地心说”所对应的是对人类限度的接受，因此在希腊悲剧中俄狄浦斯才会感叹最美好的事情是不降生到这个世界上。然而，就是在这样一个低劣的位置，接受了自己限度的人类却获得了特殊的机会能够“观察天堂以及

① HUBERT DREYFUS. Nihilims, art, technology, and politics[M]//GUIGNON. The Cambridge companion to Heidegger. Cambridge: Cambridge University Press, 1993: 305.

整个宇宙的秩序。”这个故事的寓意在于，一旦人接受了自己的限度，接受了自己的不足与缺陷，可能反而会有机会获得更为美好的“世界”图景。哥白尼对理性的信心打破了这种谦虚，从而导致了“客观世界”的价值虚无。或许我们应该回到前哥白尼时代，不是恢复亚里士多德的宇宙模型，而是重新接受对人类限度的认识，重新树立对宇宙、对“大地”的敬畏，由此才能真正为“安居”的实现奠定基础。

死亡是人的限度最重要的体现。接受限度，也就是接受死亡。在断裂的二元体系之下，人们会尽量逃避死亡、否定死亡。接受死亡，不是通过永生去替代和消除死亡，也不是对死亡视而不见，而是意识到在死亡所限定的边界内，“大地”才呈现为“世界”。我们的一生就在这个边界中展开，就像在“向死而生”中所论及的，因为边界的作用，我们的一生才具备了其特有的价值与意义，而这个“世界”的精彩与丰富很大程度上就来自于人们生活的价值与意义。所以，作为边界，死亡的作用是积极的。在二元体系的生死对立之中，死不仅是边界，也指代在边界之外的东西，只是在这个体系中，生的边界之外就是虚无。但是在“大地”的启示之下，我们知道边界之外并不是虚无，而是神秘的源泉，虽然我们对它所知不多，但是它的确为“世界”提供了支撑，而且还将自己“无穷的丰富性”隐藏在黑暗中。在这一视角下，死也可以指代边界之外的那些东西，也就是“大地”及其黑暗与神秘。死亡是生命历程的结束，是一段“生活世界”的结束，但并不是“大地”的结束，不是源泉的结束。如果生命是一段蜡烛，它的燃烧照亮了“大地”的一小部分，让其中一小块领域在黑暗中呈现出来。当蜡烛熄灭，这块领域重新归于暗淡。但是，这段烛光至少让我们看到了“大地”的一种可能性，而在烛光之外，还可以有其他方式去照亮“大地”的其他角落。死亡是大地黑暗的回归，但这种黑暗所对应的不是恐惧的压迫，而是无穷无尽的还没有被照亮的可能性。在一篇名为“诗人为何?”（What Are Poets For?）的文章中，海德格尔借用了里尔克的语句来对此予以说明：“在已经提到的1925年11月13日的一封信中，我们读到：‘死亡是生命避开我们的一面，没有被我们所照亮。’死亡和死者的领域属于所有存在之物（beings）的另一面。那个领域是‘另一个草图，’也就是被打开的草图的另一面。在所有存在之外所构成的星球最宽广的轨迹中，有一些领域和地点，避开了我们，它们看起来是某种负面的东西，但如果我们在存在最宽广的轨迹中将事物作为存在来考虑，就会发现实际上并不是这样的。”[①]所谓“最宽广的轨迹”就是要在“世界”，在生命，在生命的限度之外，看到“大地”的存在。死亡不是消亡，而是回到“大地”之中，之所以用“回到”，是因为我们也正是从“大地”的神秘中诞生。从这个角度来看，死亡就不会只是“负面的东西”，它与新生一样神秘，也一样对生作出积极的贡献。

正是考虑到死亡与“大地”的关系，考虑到死亡与生的意义，海德格尔才将死亡也列为实现“安居”的条件之一。在《建筑，安居，思考》中，他写道：“人就是由安居构成的，安居的意义是指有死之人在大地上停息。”[②]“有死之人”当然是指死亡，而“大地”则是指源泉。为了更具体地说明，也是为了更清晰地给人们的行为提供指引，海德格尔后续用“四重要素”的方式说明如何实现安居。他写道，“通过安居，有死之人处于四重要素之中。但是安居的基本特征是佑护。有死之人通过佑护四重要素最本质的展开的方式来实现安居。”[③]具体是哪“四重要素”（fourfold）呢？是天（sky）、地（earth）、神（God）、有死之人（mortal）。对于海德格尔所说的这“四重要素”到底是指什么，不同的学者有不同的理解。海德格尔虽然给予了一些解释，但仍然模糊不清。在这里我们所借用的是朱利安·杨的解释。他认为天和地是指自然，不过这个自然不能理解为外在的物质环境，而是应该理解为采药人所依托的山林，它们是“大地”的馈赠最直接的体现，所有的人都要在地之上、天之下生存。神不是指宗教中的崇拜对象，在一个文明中，神往往是凝聚所有价值关系的集中点，无论是在古希腊、古罗马、佛教文明还是基督教文明中都可以看到这一点。所以朱利安·杨认为“神”是指代了让“世界”具有了结构，也就有价值与意义的“关联性背景”，它往往蕴藏在传统之中，我

① MARTIN HEIDEGGER. What are poet for?[M]//HOFSTADTER. Poetry, language, thought. New York: Harper & Row, 1975: 124, 125.
② MARTIN HEIDEGGER. Building dwelling thinking[M]//KRELL. Basic Wrtings. San Francisco Harper Collins, 1993: 351.
③ 同上，352.

们被抛入的就是一个被传统定义和揭示的“世界”。而有死之人就不用说了，死亡的边界塑造了人的存在，对这种存在方式，它的限度与源泉思考，让我们理解了“世界”与“大地”的关系，并且在这种关系之中找到了自己的位置。所以，简单地转译一下，对“四重要素”的“佑护”就是体现了对自然、对传统、对文化以及对人自身的尊重和佑护。只是必须牢记的是，这不是简单的教条，而是来自于在“最宽广的轨迹”中思考存在的特性与条件。

“安居的基本特征就是这种珍视与保护（sparing）。它渗透于安居的整个范围之中。一旦我们意识到人的存在就是由安居所组成的，以及实质上是作为有死之人在大地之上逗留这种意义上的安居，这整个范围就都向我们展现出来。”[①]对“四重要素”的“佑护”就是这种“珍视与保护”，它构成了安居的基本特征。应该意识到，这种“珍视与保护”不是一个可有可无的选项，就好像一个人可以珍视一块石头，也可以对一块石头不屑一顾一样。“珍视与保护”应该是一种理想的存在方式——安居——的前提，而这将有助于我们在根本意义上对抗虚无主义。我们前面提到，现代虚无主义实质上是指价值与意义的虚无，所有的价值目标都显得缺乏根基，从而失去意义。而之所以失去根基，是因为二元论的断裂，一方面一个“客观化”的世界完全与价值和意义的问题无关，所以不可能提供根基；另一方面，价值与意义都是来自于人自身，是人自行设定的。但人很清楚自己也没有充分的根据去给予任何价值以不可辩驳的支撑。所以在二元论的两面，都无法为价值提供支撑，所以虚无主义才变得如此难以挥去。

在“珍视与保护”中，首先被去除的是断裂的二元论。取代它的是“大地”“世界”“关联性背景”“有死之人”所组成的联系密切的整体。人并不需要完全依靠自己去臆造所有的价值，而是应该认识到因为“大地”的馈赠，才会“在我们的身边有一个世界作为世界存在”。存在本身就是一种价值，如果不承认这一点，那么就不可能讨论任何问题，因为你

① MARTIN HEIDEGGER. Building dwelling thinking[M]//KRELL. Basic Wrtings. San Francisco Harper Collins, 1993: 351.

甚至无法论证为何人应该继续存在。所以在思考存在问题之时，已经肯定了存在的价值。而我们之所以有这样一个存在各种问题但也充满了奇妙和美好的“世界”，应该归因于“大地”“关联性背景”“有死之人”的共同作用，这当然值得肯定。这是一种绝对的价值。不同于虚无主义之下人们无法找到任何可靠的价值源泉，懂得“珍视与保护”的人明白，是“大地”这个源泉时刻支撑着“世界”，支撑着人的存在，他不会认为是人自己一手捏造了所有的一切。对源泉的“珍视与保护”成为一种绝对的、第一性的价值诉求。只要我们继续存在，承认存在的价值，就应该接受这种价值诉求。而在具体的现实生活中，这种形而上学的“珍视与保护”可以转化为对待“四重要素”的立场与态度，如对自然、对传统、对他人的尊重，对源泉的谦逊，对作为“奇迹”的“世界”的欣赏，以及对人自身限度的认同。这些立场与态度会指导我们行为的倾向，如不能将自然仅仅作为资源随意挥霍，不能将他人仅仅视为达到自己目的的工具，不应对世界中美好的事物视而不见，不应狂妄地将自己看作至高无上的神，也不应妄自菲薄认为自己对任何事情都无能为力。这些倾向实际上就是传统伦理学中所说的美德（virtue），而美德不仅能够约束我们的行为，也在这种约束之中赋予日常行为以价值。

因此，我们能够确认，某些美德与价值是来自于对“大地”“世界”“关联性背景”“有死之人”这一整体的形而上学思考。一旦我们认同存在的价值，当然这也是人的存在以及我们可以进行任何讨论的前提，就应当认同这些美德的价值。它们不是来自于任何个人的臆测与捏造，而是来自于存在的根本特性的思考，因此就像康德所说的“绝对律令”（categorical imperative）那样超越个人，不以任何个体的目的与爱好为转移。这些“绝对律令”般的美德与价值是对虚无主义的根本否定，它们告诉我们有一些价值与意义是根本性的，来自于存在的形而上学源泉，而不是任何个人的好恶。它们可以成为日常行为价值体系的基石，在此基础之上，我们可以扩展到相互关联的其他美德与价值，进而为所有人的日常行为提供指引。

正是通过这种方式，利用“四重要素”的连接，海德格尔得以将抽象的

“安居”概念与人们的日常生活联系起来。他还用了一个建筑的例子来说明如何具体地实现对“四重要素”的“珍视与保护”。他举的例子是一座桥。桥横跨两岸，让河流从桥下流过，承受天空所带来的风霜雨雪，它的建造材料，如传统桥梁中的木头与石头，往往就来自于自然。一座理想的桥梁，会顺应这些自然特性，如同样是通过，将水流阻断、将河道填塞和覆盖也可以达到目的，不过这些都属于粗暴的扭曲，而不是尊敬的佑护。过往的事实告诉我们，这些举措可能带来一时的便利，但是也常常带来沉重的灾害，如无法应对洪水的冲击。桥不仅仅是顺应自然，它也让自然在“世界”中呈现出来。“只有在桥跨越流水时，河岸才呈现为河岸。”“通过河岸，桥将河岸一边以及另一边的宽广景观带给流水。它将流水、河岸以及土地领至相互的近前。”[①]这两句话的意思是，通过桥，这些自然的要素才在“世界”中彰显出来，否则可能我们甚至不会关注它们，更谈不上将它们“领至相互的近前”。只有对于采药人，山林才成为特殊的山林，才成为“大地”的馈赠被储藏的地方。传统的桥梁往往会给“神”留下专属的位置，可能是祭祀河神的神龛，也可能是纪念建桥者的碑刻。一些特定的桥梁，如中国南方的廊桥，本身就成为传统生活方式的传承地，如作为市场以及特定仪式的举办场所。这当然让桥梁具有了文化意义，也就是朱利安·杨所指的对“神”的佑护。在这一点上，现代的很多桥梁显然是缺失的，它们只是被当作了通行的工具，除此之外别无他途。桥对“有死之人”的服务自然不必复述，海德格尔写道：“总是如此，但又总是不同，桥开启了人们前往和归来的徘徊与急行，这样他们就可以去往其他河岸，以及最终，作为有死之人，到达另一面（the other side）。”[②]最后的这几个字，海德格尔明显不是指普通的过桥，而是指从一面——生，走向另一面——死，这是“有死之人”共同的旅程（图7-2）。

这让我们又一次想起尼采的比喻，“人的伟大之处在于他是一座桥”，我们是在讨论斯卡帕设计的布里昂夫妻的石棺时提到了这个比喻。从海德

① MARTIN HEIDEGGER. Building dwelling thinking[M]//KRELL. Basic Wrtings. San Francisco Harper Collins, 1993: 354.

② 同上。

图7-2

图7-2

英国威尔士比斯威尔斯的一座石桥

（Percy Benzie Abery, CC0, via Wikimedia Commons）

格尔的视角看，斯卡帕所设计的拱显然就是一座佑护了“四重要素”的桥，它联系了“大地”两岸、承受天空的雨露、继承了罗马的墓窟传统，也让约瑟夫·布里昂与奥诺里娜·布里昂最终抵达他们的另一面。“桥以自己的方式将大地、天空、神与有死之人汇聚在自身之中。”[①]斯卡帕用“造就”的方式，而不是词句，在建筑中实现了这种汇聚。这座桥让布里昂夫妻获得安居，也使那些观察它、理解它、接受它的人获得安居的启示。

在《建筑，安居，思考》中，海德格尔还用一个更为建筑的案例来说明对“四重要素”的“佑护”——他的家乡黑森林地区的农宅。它的基础扎入大地之中，屋顶的茅草抵御风霜雨雪。“它没有忘记在家庭长桌后面的圣坛角落；它在自己的房间中挖出了一块地方，作为放置儿童床以及‘死者之树’的空地——那就是那里的人对棺材的称呼：*Totenbaumand*，以这种方式，它为同一屋顶下的数代人设定了它们穿越时间的旅程的特征。”[②]令人惊异的是，斯卡帕设计的布里昂墓园小教堂也将圣坛放在了角落之中，这里是人们最后送别有死之人的地方，圣坛的天窗以及底部双门可以让人们看到天空与深沉的水面，烛台上摇曳的烛光仿佛在讲述“穿越时间的旅程的特征”（图7-3）。海德格尔强调：“我们提及黑森林农场并不是说我们应该回去建造那样的住宅，而是说，它通过一个曾经存在的安居之所，揭示了它如何可能被建造。”[③]海德格尔的论述告诉我们安居在过去是如何存在的，他并不希望我们去模仿过去，无论是黑森林农庄还是鸭长明（Kamo）的小屋。而斯卡帕设计的布里昂墓园告诉我们，即使是在今天，我们仍然可以以安居的方式去建造。

本书原本打算再谈谈斯卡帕的那些设计手段如何对应了安居诉求，但是行文至此，忽然觉得似乎已经没有这样的必要，本书已经提供了些许提示，或许让读者自己去建立联系会更有帮助。所以，我们只最后举一个例子说明布里昂墓园与安居的关系：从沉思亭中奥诺里娜夫人，或者是斯卡帕妻子妮妮（Nini）的眼睛高度的“鱼鳔”形双孔看出去，可以看

① MARTIN HEIDEGGER. Building dwelling thinking[M]//KRELL. Basic Wrtings. San Francisco Harper Collins, 1993: 355.

② 同上，362.

③ 同上。

图7-3

图7-4

图7-3

德国黑森林地区的传统农宅

（Photochrom Print Collection, Public domain, via Wikimedia Commons）

图7-4

透过双孔看石棺、村庄、山脉与天空

（黄也桐摄）

到近处的水池、从石棺流向水池的水道、抬高的草坪、阳光中的拱桥，以及拱桥之下的石棺。如果将眼光再放宽一些，越过镶嵌了“囍”字图样的围墙，就会看到远处圣维托达尔蒂沃勒村民宅的屋顶。凸显在屋顶之中的是村庄的教堂，它高耸的钟塔会将钟声送至墓园。视线继续延展，就会看到村庄之后的阿尔卑斯山余脉，在山峰之上，白云在蓝天中飘过（图7-4）。长廊、水池、围墙、沉睡的人、高塔、树木、天空与白云，这些元素令人惊异地与德·基里科的“形而上学绘画”之间产生着共鸣，也将海德格尔所强调的“四重元素”即“天、地、神、人”汇聚在布里昂墓园之中。

显然，“伟大艺术的特权”并不仅属于拉斐尔，它也属于建筑师卡洛·斯卡帕。

结　语

Postscript

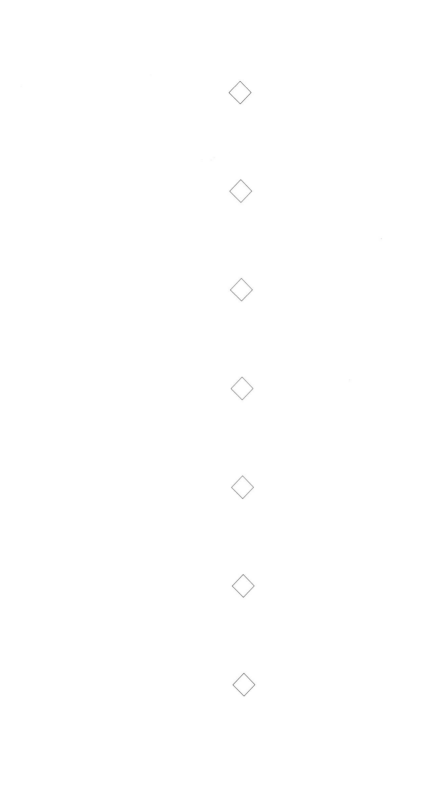

《建筑，安居，思考》是海德格尔于1951年8月5日在达姆施塔特（Darmstadt）一次主要由建筑师参加的主题为“人与空间”（Man and Space）的会议上所做的发言。当时的联邦德国仍处在战后重建的阶段，建筑师面对的重要任务是应对住房短缺的问题。但是海德格尔认为，建筑的危机并不在此。“尽管住宅的缺失问题仍旧艰难和苦涩，充满险阻和威胁，但安居的困境并不只是在于缺少住房。安居的真实困境要比世界大战及其带来的破坏更为古老，也比地球人口增长以及产业工人条件的提升更为古老。安居的真正困境在这里，那就是有死之人总是不断重新寻找安居的本质，他们必须学会如何安居。如果人的无家可归是由下述原因造成的会怎样，即人仍然甚至没有将安居的真实困境看作困境?”[①]在哲学家看来，住房短缺的技术问题虽然艰难，但并不是真正的困境，因为我们知道解决这一问题的路径，即使在资源上有暂时的短缺。真正的困境是如何实现安居，而人的本质性特征就是他会不断地探寻如何实现安居——如何找到自己理想的存在方式。人终有一死，这注定了他不可能去尝试所有的生活方式，那么在有限的生命中，选择什么样的生活就成为每个人都必须面对的一个问题，也是在这个意义上，“有死之人总是不断重新寻找安居的本质”。这个问题是无法避免的，属于所有人存在的前提，但是在一些特定条件下，人们会忘记这一前提，也就不会“将安居的真实困境看作困境”。这才是真正的威胁，海德格尔认为，当代人的“无家可归”就是由这种遗忘所造成的。

所以，要解决“无家可归”的问题，首先就是要“将安居的真实困境看作困境”，我们要开始“寻找安居的本质”，“学会如何安居”的历程。海德格尔乐观地写道：“一旦人开始考虑他自己的无家可归，它就不再是一件悲惨的事。正确地考虑并且牢记心头，它是将有死之人召唤到他们的安居之中的唯一声音。”[②]一旦我们开始正确地思考“无家可归”的问题，安居的困境就不再是悲惨和恐惧的，而在海德格尔看来，这不仅是一种有效的引向安居的召唤，也是唯一的召唤。

① MARTIN HEIDEGGER. Building dwelling thinking[M]//KRELL. Basic Wrtings. San Francisco Harper Collins, 1993: 363.

② 同上。

从这个意义上来说，阿尔多·罗西、乔治·德·基里科，以及卡洛·斯卡帕都是追随这一召唤的人，因为他们的作品都触及了“无家可归”的问题，因此都属于对安居的思考。他们三个人都在“寻找安居的本质”，只是罗西与德·基里科更多地“揭示”了困境，而斯卡帕则尝试着给予某种应答。本书将他们的联系称为“建筑对话”，因为这是以建筑为载体展开的。但在实质上，这应该是关于安居的对话。这一对话的意义，也并不局限于建筑设计的问题，而是可以延展到更为宏大和深远的人的存在根基的问题。建筑与哲学思辨有内在的紧密联系，“除非我们能够安居，只有那时我们才能建造，”海德格尔写道。建筑师无疑能够为安居作出更大贡献，不仅是在建造的层面，也是在思想的层面。“建造与思考，每一个仅仅依靠自己是无法实现安居的。如果它们相互分离，忙于自己的事物，而不是相互倾听，那么即使两者都有也不足以实现安居。只有在这样的情况下，它们——建造和思考——才能互相倾听，那就是它们都属于安居，它们都在自己的限度之内，并且意识到另外一方也像自己一样来自于漫长的经验与无尽的实践之中。”①所以，海德格尔最终给予建筑师的建议是倾听和思考，而不是任何具体的设计技巧。我们假想了罗西与斯卡帕的对话，也是为了同样的目的，让倾听与思考来到建筑身边，让这些思想者引领我们进入对生命意义的沉思之中。

本书中能够记录的仅仅是一个微小的片段，罗西、德·基里科与斯卡帕还有很多话语需要被理解，但是我们无法在这里详述，只能简要提及。

在《一部科学的自传》中，罗西提到，圣卡塔尔多公墓结束了他青年时代对死亡的兴趣，从基耶蒂学生宿舍开始，他的建筑转向了欢愉。我们看到，他此后的设计中除了继续使用类型以外，也越来越多地使用符号性元素。罗西没有解释这样的建筑会带来什么样的欢愉，或许它们更丰富的色彩、更多变的形态可以带来某种欢快。不过，这样的欢快是否真的能够帮助替代他之前的忧伤？在很多人看来，可能这并不成功，这甚至影响了很多人对他后期作品的评价。

① MARTIN HEIDEGGER. Building dwelling thinking[M]//KRELL. Basic Wrtings. San Francisco Harper Collins, 1993: 362.

德·基里科也有很大变化，他的“形而上学绘画”主要集中在1910～1919年，此后他的画风有很大转变，转向了更为古典和传统的题材与技法。这些画面中不再有此前“形而上学绘画”中“鬼魅”式的忧伤，变得平静和淡然。在他后期的文字中，德·基里科也不再像之前那样喜欢谈论尼采或叔本华，他谈的更多的是一些细微的工艺问题，比如如何制备特定的颜料。这种对“物性”的兴趣是否与形而上学忧伤的消散有关系，已经不在本书的讨论范畴之中。

在1978年斯卡帕动身前往日本之前，他在威尼斯建筑大学外的广场上碰到了好友曼利奥·布鲁萨廷（Manlio Brusatin），他告诉布鲁萨廷，他即将前往远东，就像500年前的马可·波罗一样。不过，“他仍然渴望回来之后在阿索洛找一间公寓居住，如果他可以劝诱或者恳求朋友们或者傲慢的房东租给他一间的话。”①阿索洛就在圣维托达尔蒂沃勒的北面，从沉思亭向北望去，就是望向阿索洛的方向。

1978年11月30日，星期四，斯卡帕从日本回到了意大利，他穿着紫色的和服，躺在一个简单的木层板订成的箱子中。根据他此前的愿望，他被安葬在并未完全完工的布里昂墓园的拐角角落中。不过，奎塔·皮特罗波利告诉我们，人们并没有按照他之前的提议，像古代骑士一样以站立的方式安葬他。斯卡帕曾经解释了为何想要这样安葬：“当我死了，我想他们把我的棺木竖起来下葬，过了一段时间之后，当所有的韧带都腐朽了，妮妮回来看我时，她会听到很响的砰的一声，那是我的骨头落下来汇聚在底部发出的声音，这时她会说‘现在，卡洛才真的死掉了’”②（图1）。

只有卡洛·斯卡帕，才能为我们带来这样的欢愉。

① MANLIO BRUSATIN. The architect in Asolo[M]//CO & MAZZARIOL. Carlo Scarpa: the complete works. New York: Electa/Rizzoli, 1984: 196.
② 引自GUIDA PIETROPOLI. Una mattina con Carlo Scarpa: l'invito al viaggio: la tomba Brion. Youtube, 2020.

图1

图1

布里昂墓园中的斯卡帕墓

（杨恒源摄）

参考文献

Bibliography

[1] FRANCESCO DAL CO, GIUSEPPE MAZZARIOL, CARLO SCARPA. Carlo Scarpa: the complete works[M]. New York: Electa/Rizzoli, 1984.
[2] CRESCENTE INTERNI 1939. Cassina Simoncollezione Carlo Scarpa[M]. Youtube. 2014.
[3] CARLO SCARPA. A thousand cypresses[M]//CO & MAZZARIOL. Carlo Scarpa: the complete works. New York: Electa/Rizzoli, 1984: 286.
[4] RENE DESCARTES. Discourse on the method[M]. New York: Cosimo, 2008.
[5] ALDO ROSSI. The architecture of the city[M]. American ed. Cambridge, Mass.: MIT Press, 1982.
[6] GIULIO CARLO ARGAN. On the typology of architecture[M]//NESBITT. Theorizing a new agenda for architecture: an anthology of architectural theory, 1965-1995. New York: Princeton Architectural Press, 1996: 240-247.
[7] RAFAEL MONEO. On typology [J]. Opposition, 1978 (13): 22.
[8] ALDO ROSSI. The blue of the sky[M]// O'REGAN. Aldo Rossi selected writings and projects. London: Architectural Design, 1983.
[9] ALDO ROSSI. A scientific autobiography [M]. Cambridge, Mass.: MIT Press, 1981.
[10] EUGENE J. JOHNSON. What remains of man-Aldo Rossi's modena cemetery[J]. Journal of the Society of Architectural Historians, 1982, 41 (1): 17.
[11] ALDO ROSSI. An analogical architecture[M]//NESBITT. Theorizing a new agenda for architecture: an anthology of architectural theory, 1965-1995. New York: Princeton Architectural Press, 1996: 345-353.
[12] ALDO ROSSI. La cittá analoga[M]// GEISERT. Aldo Rossi Architect. New York: Academy Editions, 1994.
[13] GIOVANNI LORETO. Giogio de Chirico[J]. Grey Room, 2011 (44): 86-89.
[14] PAOLO BALDACCI. De Chirico: the metaphysical period, 1888-1919[M].1st North American ed. Boston: Little, Brown, 1997.
[15] PAOLO PICOZZA. Giorgio de Chirico and the birth of metaphysical art in Florence in 1910[J]. METAPHYSICAL ART, 2008 (7/8): 56-92.
[16] MAURIZIO CALVESI. Giorgio de Chirico and "continuous metaphysics" [J]. METAPHYSICAL ART, 2006 (5/6): 29-33.
[17] GIORGIO DE CHIRICO, JEAN JOSÉ MARCHAND. Interview with de Chirico Archives du XXe Siècle[J]. METAPHYSICAL ART, 2013 (11/13): 13.
[18] GIORGIO DE CHIRICO. "L'Europeo" asks De Chirico for the whole truth[J]. METAPHYSICAL ART, 2013 (11/13): 264-273.
[19] GIORGIO DE CHIRICO. Considerations on modern painting [J]. METAPHYSICAL ART, 2016 (14/16): 11.
[20] ARISTOTLE. The complete works of Aristotle[M]. Princeton: Princeton University Press, 1984.
[21] GIORGIO DE CHIRICO. A discourse on the material substance of paint[J]. METAPHYSICAL ART, 2016 (14/16): 6.
[22] FRIEDRICH WILHELM NIETZSCHE. The birth of tragedy: out of the spirit of music[M]. London: Penguin, 1993.
[23] JULIAN YOUNG. Schopenhauer[M]. London: Routledge, 2005.
[24] GIORGIO DE CHIRICO. We metaphysicians[J]. METAPHYSICAL ART, 2016 (14/16): 29-32.
[25] GIORGIO DE CHIRICO. A discourse on the mechanism of thought[J]. METAPHYSICAL ART, 2016 (14/16): 3.
[26] GIORGIO DE CHIRICO. Pictorial classicism[J]. METAPHYSICAL ART, 2016 (14/16): 3.
[27] GIORGIO DE CHIRICO. Form in art and nature[J]. Metaphysical Art, 2016 (14/16): 124-126.
[28] GIORGIO DE CHIRICO. Giorgio de Chirico[J]. Metaphysical Art, 2006 (5/6): 524-525.
[29] GIORGIO DE CHIRICO. On metaphysical art[J]. METAPHYSICAL ART, 2016 (14/16): 40-41.
[30] GIORGIO DE CHIRICO. Raphael Sanzio[J]. METAPHYSICAL ART, 2016 (14/16): 5.
[31] PAUL GUYER. Kant[M]. Routledge, 2006.
[32] GIORGIO DE CHIRICO. Gustave courbet[J]. METAPHYSICAL ART, 2016 (14/16): 42-45.

[33] GIORGIO DE CHIRICO. Thoughts on classical painting[J]. Metaphysical Art, 2016 (14/16): 62-64.
[34] GIORGIO DE CHIRICO. Architectural sense in classical painting[J]. METAPHYSICAL ART, 2016 (14/16): 3.
[35] GIORGIO DE CHIRICO. Metaphysical aesthetics[J]. METAPHYSICAL ART, 2016 (14/16): 40-42.
[36] FRIEDRICH NIETZSCHE. The gay science[M]. Cambridge: Cambridge University Press, 2001.
[37] GIORGIO DE CHIRICO. Zeuxis the explorer[J]. METAPHYSICAL ART, 2016 (14/16): 1.
[38] RICCARDO DOTTORI. The metaphysical parable in Giorgio De Chirico's painting[J]. Metaphysical Art, 2006 (5/6): 203-220.
[39] GIORGIO DE CHIRICO. Theatre performance[J]. METAPHYSICAL ART, 2016 (14/16): 5.
[40] HANS BLUMENBERG. Work on myth[M]. London: MIT Press, 1985.
[41] GIORGIO DE CHIRICO. The memoirs of Giorgio de Chirico[M]. Da Capo Press, 1994.
[42] FREDRICH NIETZSCHE. The complete works of Friedrich Nietzsche[M]. Edinburgh: T. N. Foulis, 1910.
[43] GERMANO CELANT. Aldo Rossi drawings[M]. Milano: Skira. 2008.
[44] DIOGO SEIXAS LOPES. Melancholy and architecture: on Aldo Rossi[M]. Zurich: Park Books, 2015.
[45] ALDO ROSSI. Architecture and city: past and present[M]//O'REGAN. Aldo Rossi Selected Writings and Projects. London: Architectural Design, 1983.
[46] ALDO ROSSI, BERNARD HUET. Architecture, furniture and some of my dogs[J]. Perspecta, 1997, 28: 94-113.
[47] JOSÉ RAFAEL MONEO. Theoretical anxiety and design strategies in the work of eight contemporary architects[M]. Cambridge, Mass.: MIT Press, 2004.
[48] PLATO. Plato: complete works[M]. Cambridge: Hackett Publishing Company, 1997.
[49] ALDO ROSSI. Autobiographical notes on my training, etc.[M]//FERLENGA. Aldo Rossi: the life and works of an architect. Cologne: Könemann, 1999: 23-27.
[50] FRANCESCO DAL CO. Introduzione ai quaderni azzurri[M]//DAL CO. Aldo Rossi: I quaderni azzurri. Milano: Electa/The J. Paul Getty Research Institute, 1999.
[51] EMMANUEL LEVINAS. God, death, and time[M]. Stanford, Calif.: Stanford University Press, 2000.
[52] 汉斯·约纳斯. 灵知主义、存在主义、虚无主义[M]//刘小枫. 灵知主义与现代性. 上海：华东师范大学出版社，2005：35-58.
[53] HANS JONAS. The Gnostic religion: the message of the alien God and the beginnings of Christianity[M]. 2nd ed., rev. ed.: Routledge, 1992.
[54] BERND MAGNUS, KATHLEEN M. HIGGINS. The Cambridge companion to Nietzsche[M]. Cambridge: Cambridge University Press, 1996.
[55] DAVID E. COOPER. Existen-tialism: a reconstruction[M].2nd ed. Oxford: Blackwell, 1999.
[56] KAREN LESLIE CARR. The banalization of nihilism: twentieth-century responses to meaninglessness[M]. Albany: State University of New York Press, 1992.
[57] JULIAN YOUNG. The death of God and the meaning of life[M]. London: Routledge, 2003.
[58] EDMUND HUSSERL. Phenomenology and the crisis of philosophy [M]. Evanston: Northwestern University Press, 1970.
[59] COLIN ST JOHN WILSON. Architectural reflections: studies in the philosophy and practice of architecture[M]. Oxford: Butterworth-Heinemann, 1992.
[60] ALBERTO FERLENGA. Aldo Rossi: the life and works of an architect[M]. Collogne: Könemann. 1999.
[61] ROBERT VENTURI. Complexity and contradiction in architecture[M]. London: The Architectural Press Ltd., 1977.
[62] LUDWIG WITTGENSTEIN. Tractatus logical-philosophicus[M]. London: Routledge & Kegan Paul Ltd., 1955.
[63] LUDWIG WITTGENSTEIN. Philosophical investigations[M]. New York: Macmillan, 1959.
[64] MARTIN HEIDEGGER. Being and time[M]. London: SCM Press, 1962.

[65] JEAN BAUDRILLARD. The implosion of meaning in the media [M]//BAUDRILLARD. Simulacra and Simulation. Ann Arbor: University of Michigan Press, 1994.
[66] BRUNO ZEVI. Beneath or beyond architecture[M]//CO & MAZZARIOL. Carlo Scarpa: the complete works. Electa/Rizzoli, 1984: 271-278.
[67] GIUSEPPE ZAMBONINI. Process and theme in the work of Carlo Scarpa[J]. Perspecta, 1983, 20: 21-42.
[68] ELLEN SOROKA. Restauro in Venezia[J]. Journal of Architectural Education, 1994, 47 (4): 18.
[69] CHARLES SAUMAREZ SMITH. Architecture and the museum: the seventh Reyner Banham memorial lecture[J]. Journal of Design History, 1995, 8 (4): 14.
[70] ROBERT MCCARTER. Carlo Scarpa[M]. London: Phaidon Press, 2013.
[71] CARLO SCARPA. Can architecture be poetry?[M]//CO & MAZZARIOL. Carlo Scarpa: the complete works. New York: Electa/Rizzoli, 1984: 283-285.
[72] CARLO SCARPA. Interview with Carlo Scarpa[M]//CO & MAZZARIOL. Carlo Scarpa: the complete works. Electa/Rizzoli, 1984: 287-304.
[73] MANFREDO TAFURI. Carlo Scarpa and Italian architecture[M]//CO & MAZZARIOL. Carlo Scarpa: the complete works. Electa/Rizzoli, 1984: 72-96.
[74] KENNETH FRAMPTON. Alvaro Siza: complete works[M]. Phaidon Press, 2000.
[75] CARLO SCARPA. Furnishings [M]//CO & MAZZARIOL. Carlo Scarpa: the complete works. New York: Electa/Rizzoli, 1984: 282.
[76] FRANCESCO DAI CO. The architecture of Carlo Scarpa[M]//CO & MAZZARIOL. Carlo Scarpa: the complete works. Electa/Rizzoli, 1984: 24-71.
[77] GEORGE DODDS. Directing vision in the landscapes and gardens of Carlo Scarpa[J]. Journal of Architectural Education, 2004, 57 (2): 9.
[78] LICISCO MAGAGNATO. The Castelvecchio museum[M]//CO & MAZZARIOL. Carlo Scarpa: the complete works. Electa/Rizzoli, 1984: 159-163.
[79] DAVID WATKIN. Morality and architecture revisited[M]. Chicago: University of Chicago Press, 2001.
[80] FRANCESCO DAL CO. A lecture on Carlo Scarpa[M]. 2018.
[81] JOSE ORTEGA Y GASSET. Meditations on Quixote[M]. New York: Norton, 1963, 1961.
[82] MAURIZIO CASCAVILLA. Un'ora con Carlo Scarpa[M]. 1972.
[83] MARTIN HEIDEGGER. The question concerning technology[M]. Harper & Row, 1977.
[84] PHILIPPE DUBOY. Scarpa/Matisse: crosswords[M]//CO & MAZZARIOL. Carlo Scarpa: the complete works. Electa/Rizzoli, 1984: 171-174.
[85] ITALO CALVINO. Invisible Cities[M]. San Diego: Harcourt Brace & Company, 1974.
[86] LEON BATTISTA ALBERTI. On the art of building in ten books[M].1st MIT Press pbk. ed. Cambridge, Mass.: MIT Press, 1991.
[87] MARCO FRASCARI. Architec-tural traces of an admirable cipher: eleven in the opus of Carlo Scarpa[J]. Nexus Network Journal, 1999, 1 (1): 16.
[88] ALESSANDRA LATOUR. Louis I. Kahn: writings, lectures, interviews[M]. New York: Rizzoli International Publications. 1991: 352.
[89] KENNETH FRAMPTON, JOHN CAVA, GRAHAM FOUNDATION FOR ADVANCED STUDIES IN THE FINE ARTS. Studies in tectonic culture: the poetics of construction in nineteenth and twentieth century architecture[M]. Cambridge, Mass.: MIT Press, 1995.
[90] MARTIN HEIDEGGER. Introduction to metaphysics[M]. Yale University Press, 2000.
[91] MARTIN HEIDEGGER. The origin of the work of art[M]//KRELL. Basic Wrtings. San Francisco Harper Collins, 1993: 139-212.
[92] JULIAN YOUNG. Heidegger's philosophy of art[M]. Cambridge: Cambridge University Press, 2001.
[93] FRIEDRICH WILHELM NIETZSCHE, ADRIAN DEL CARO, ROBERT B. PIPPIN. Thus spoke Zarathustra: a book for all and none[M]. Cambridge: Cambridge University Press, 2006.
[94] JULIAN YOUNG. German philosophy

in the twentieth century: Weber to Heidegger[M]. London: Routledge, 2018.
[95] MARTIN HEIDEGGER. Building dwelling thinking[M]//KRELL. Basic Wrtings. San Francisco Harper Collins, 1993: 343-364.
[96] MARTIN HEIDEGGER. The essence of truth: on platos cave allegory and theaetetus[M]. London: Continuum, 2002.
[97] DAVID E. COOPER. The measure of things: humanism, humility, and mystery[M]. Oxford: Oxford University Press, 2002.
[98] MARTIN HEIDEGGER. Basic writings[M]. Rev. ed. San Francisco Harper Collins, 1993.
[99] GUIDA PIETROPOLI. Una mattina con Carlo Scarpa: l'invito al viaggio: la tomba Brion[M]//SECCO. 2020.
[100] ALASDAIR MACINTYRE. After virtue:a study in moral theory[M].2nd (corr.) ed. London: Duckworth, 1985.
[101] ZYGMUNT BAUMAN. Mortality, immortality and other life stragegies[M]. Stanford: Stanford University Press, 1992.
[102] MILAN KUNDERA. The unbearable lightness of being[M]. New York: Harper & Row, 1984.
[103] JULIAN YOUNG. Heidegger's later philosophy[M]. Cambridge: Cambridge University Press, 2002.
[104] HANS BLUMENBERG. The genesis of the Copernican world[M]. Cambridge, Mass.: MIT, 1987.
[105] KARSTEN HARRIES. Infinity and perspective[M]. Cambridge, Mass.: MIT Press, 2001.
[106] STEFAN BUSAZ. Scarpa in England[M]//CO & MAZZARIOL. Carlo Scarpa: the complete works. New York: Electa/Rizzoli, 1984: 286.
[107] HUBERT DREYFUS. Nihilims, art, technology, and politics[M]//GUIGNON. The Cambridge companion to Heidegger. Cambridge: Cambridge University Press, 1993 : xx, 389p.
[108] MARTIN HEIDEGGER. What are poet for?[M]//HOFSTADTER. Poetry, language, thought. New York: Harper & Row, 1975.
[109] MANLIO BRUSATIN. The architect in Asolo[M]//CO & MAZZARIOL. Carlo Scarpa: the complete works. New York: Electa/Rizzoli, 1984: 286.

图书在版编目（CIP）数据

忧伤与欢愉：罗西与斯卡帕的建筑对话 = Melancholy and Joy : An Architectural Dialogue Between Rossi and Scarpa / 青锋著. —北京：中国建筑工业出版社，2022.11

ISBN 978-7-112-27870-1

Ⅰ.①忧… Ⅱ.①青… Ⅲ.①建筑哲学 Ⅳ.①TU-021

中国版本图书馆CIP数据核字（2022）第162970号

责任编辑：易 娜
责任校对：张辰双

忧伤与欢愉
罗西与斯卡帕的建筑对话
Melancholy and Joy
An Architectural Dialogue Between Rossi and Scarpa
青 锋 著

*

中国建筑工业出版社出版、发行（北京海淀三里河路9号）
各地新华书店、建筑书店经销
北京锋尚制版有限公司制版
北京富诚彩色印刷有限公司印刷

*

开本：880毫米×1230毫米 1/32 印张：12¼ 字数：301千字
2022年9月第一版 2022年9月第一次印刷
定价：**88.00**元

ISBN 978-7-112-27870-1
（39986）